U0007905

引爆銷售的複利效應，
波士頓顧問公司、安泰保險等
財星500大企業都在用

THE SNOWBALL
SYSTEM

How to Win More Business and
Turn Clients Into Raving Fans

Mo Bunnell

邦內爾構思集團創辦人暨執行長

莫・邦內爾———著

陳琇玲———譯

雪球心法

謹以本書獻給愛妻貝琪（Becky），
感謝她忍受我無比強烈的好奇心，
並指引我展現最好的自己。

Contents

生意滾滾不窮忙

不管你相不相信，**你就是推銷員**。不這麼認為嗎？其實推銷員的人數遠比你所想像的要多，只不過我們的職稱不同。舉凡律師、顧問、行銷人員和會計師，以及婚禮攝影師、巴西柔術教練、平面設計師和脊椎按摩師，都是推銷員。就連管理重要且長久關係的客戶經理也在推銷，他們要管理現有業務並設法擴展業務。如果你擅長做某件事，並且需要客戶付錢給你來做，那就是推銷，就是業務開發（business development，BD），不管你喜歡怎麼稱呼它都好，歡迎加入推銷員的行列。這本書就是為你而寫。我每天都在教導像你這樣的人如何推銷他們的服務，但不用出賣自己的靈魂。

搏對感情賺對錢的銷售技藝

你正在看這本書，因為你希望自己的生意蒸蒸日上。你想要贏得更多客戶，跟現有客戶做更多生意。你需要跟**對**的客戶，做**對**生意，賺**對**錢。我會告訴你一個經過驗證、確實有用的系統，讓上述你渴望的事情全部成真。而且，讓這種做法成為持續一輩子的好習慣。

想像一下，某家知名專業服務公司的 12 位資深合夥人，坐在圓桌旁一起開會。他們跟你一樣，剛剛開始學習這個非常棒的系統。我們公司的一位引導師提出第一個問題：

「你們花多少時間發展自己的專業知識？」

大家想了一會兒，其中一位合夥人舉手回答。

「5 萬個小時。」引導師露出驚訝的表情。那位合夥人一邊盤算一邊瞇著眼睛看著引導師說：「我 1 年工作 3,000 個小時，而且已經連續 15 年都這樣。加上我取得專業學位的時間，很容易就達到 5 萬個小時。」

「很好。」引導師回答。「現在想想看，你花多少小時學習**業務開發**？也就是學習如何創造潛在客戶，將潛在客戶轉變為客戶，跟客戶建立穩固的關係，讓生意愈做愈多。」

這次，大家不用多想就回答：「7 小時，包括今天這 5 小時在內。」

在場的每個人都很尷尬地笑了。真相好傷人啊。

也就是說，你可能不是從零開始學習業務開發。也許你已經看過一些書籍，培養有效的業務開發技術，這些技術幫助你達到目前的成就。那很棒。但無論你對有效業務發展的原則了解多少，唯一真正重要的差異就是，知識與**行動**之間的鴻溝。請老實說，在平日工作中，你究竟花多少時間進行業務開發？

仔細算算吧，我等你的答案。

如果你跟我過去 10 年中訓練的成千上萬名業務型專業人士一樣，答案是，不到 1 小時。

沒關係，不要對自己太苛刻。這個問題很常見，我們不太擅長拿捏究竟要花多少時間工作，花多少時間擴展業務。

以往，就算對業務開發漫不經心，日子都還過得去。如果你工作做得很好，客戶還是會上門。畢竟不管各行各業，在地的專家還不算多，客戶會維持忠誠。你每週只要跟幾位客戶共進午餐，逢年過節寄出賀卡感謝，就能讓老客戶們開心地繼續跟你做生意。

現在，客戶更加精明。他們花更多心力上網比價，並深入比較研究。此外，市場更充斥著各種專業技能。

結果呢？你得來不易的知識只是交易的基本條件。今天，我們是「業務型專家」（seller-expert）這種混合體。首先，我們要負責滿足現有客戶的需求；其次，與客戶建立良好關係以促成更多交易；再者，還要吸引並留住新客戶。組織期望內部專家自己找生意上門，幫企業穩定營收。在這種情況下，客戶關係技能就比以往更為重要。

我們不但要處理好工作，同時也要說服人們，讓我們為他們工作。這還不包括每天回覆幾百封電子郵件，參加一場又一場的會議，以及提交詳細的費用報告所需的時間。如果你跟我訓練的大多數人一樣，現在你可能在想，**我做這份工作可不是要推銷自己啊！**沒錯。但無論喜歡與否，一旦你的專業知識和專業水準提升到一定的程度，你能有多大的成就，主要取決於本身建立客戶關係的能力。隨著職業生涯的發展，業務開發能力只會變得更加重要。專家若想要更上一層樓，就得具備業務長才。

從另一方面來看，業務人員發現愈來愈有必要針對本身銷售的

產品和服務，奠定策略思考和獨到見解的基礎。以前早上開心聯絡客戶，下午悠閒打高爾夫球的日子已經回不去了。

專家必須了解如何推銷自己的服務，而業務人員需要了解本身努力推銷的服務。畢竟，服務和銷售正逐漸成為一門技藝。它是一門通用技能和實務，旨在找到需要你幫助的人，然後盡可能有效地幫助他們。問題是，你能否比照自己在專業領域所展現的高水準技能和專業精神那樣，來拓展業務？

幸好，我可以告訴你怎麼做。我自己一直是相當成功的業務型專家，而且我已經教過成千上萬名其他專業人士，如何以世界級的熟練程度拓展業務。我之所以能做到，是因為我是過來人。

現在講起來可能很難相信，但當我從專家轉型為業務型專家時，我發現我開始喜歡拓展業務。這一點讓我相當驚訝。當然，我剛開始開發業務時，根本不知所措，因為我不知道從何著手。畢竟，當時這本書還不存在。對我來說，真正且可持續的業務開發，跟傳統認定的推銷無關，而跟**在策略上提供協助有關**，上述事實讓一切改觀。

身為專家，我們喜歡幫助人們。推銷就是助人，而這也應該是我們的第二天性。那麼為什麼我們會認為推銷自己很難？畢竟向某人展現我們能為他們做的事，未必是壞事。然而，也不能怪你認為推銷自己並不容易，尤其如果你看過坊間以推銷為主題的書籍，或參加過銷售研討會。傳統的銷售培訓總是強調「完成交易」，好像之後發生的任何事情都不是重點。傳統做法告訴我們，按照這個順序使用這些技術，傻呼呼的客戶就會在虛線處簽名。一旦交易完

成，並在業績看板上註記，就能拿到應有的獎勵。

這種態度源自於一個不同的時代，當時業務人員面臨每月業績達標的龐大壓力。然而，無論他們如何達成業績目標並因此獲取豐厚回報，都是短視近利，因為他們將短期業績擺在長期關係之上。

如今，訂立業績目標和祭出獎金的做法仍然存在，但這種心態已經過時。由於消費者意識抬頭，加上評論網站和社群媒體的出現，意謂著我們從以前到現在的**所有**客戶關係，永遠不會真正結束，即使我們已經完成工作並且分道揚鑣。客戶在跟我們共事後的隔天、隔週、隔月或隔年，可以自由分享與我們共事的經歷。如果先前某位客戶在吃完一場倍感壓力的推銷午宴後，後悔自己決定購買，那麼客戶只需要花幾分鐘上網，就可以知會任何對貴公司感興趣的潛在客戶。現在，消息傳得快，而且壞消息傳得更快。

幸好，這種轉變是雙向的。雖然傳統推銷方式很容易遭受網路負評波及，但只要透過「雪球系統」（Snowball System）取得策略性協助，就能在交易結束後長久獲益。你將在本書學到一套具全面性、既豐富有效又有持久力的方法。雪球系統旨在教你建立一種以信任和互惠為基礎的關係，而這種關係將持續多年。人們喜歡跟真正了解他們，並幫助他們解決問題的人做生意，甚至最好連他們自己都不知道的問題也幫忙找出來解決掉。當客戶遇到這種問題解決者時，他們就會廣為宣傳、昭告天下。

破解銷售迷思的刻意練習

顯然，誰也承擔不起「無視業務開發活動」的代價。但因為我們害怕推銷，所以我們拿日常工作搪塞。然而，當我們真埋首於日常工作時，光想到有**更多**客戶、**更多**工作、**更多**電子郵件，就可能讓我們偏頭痛。現在已經忙得焦頭爛額了，幹麼火上加油呢？所以，我們寧可低頭專注於眼前的工作。以後的事，以後再說。

當然，我們遲早要解決掉自己的問題，但新的業務飛輪卻已停止轉動。我們發現從上次新潛在客戶名單出現後，已經過了好幾週或更久的時間了。無論如何，我們的收件匣是空的，也就是說潛在客戶的商機渺茫。我們開始慌了。突然間，我們沒有先擬妥計畫，就急著撥打電話，並以極快的速度安排跟潛在客戶或現有客戶共進午餐，直到飛輪再次轉動。

問題解決了嗎？怎麼可能！我們只是一再拖延，不解決問題。幾週後或幾個月後，一切又會恢復原狀。與此同時，無論我們當時多麼有效率，如今我們的努力看起來既不可靠又不一致。唯一不變的是，我們一直很焦慮。

我們都知道，吸引客戶和留住客戶，贏得他們的信任和讚賞，並持續跟客戶交易的能力，會決定個人職業生涯的成敗。然而，我們幾乎沒有時間學習怎樣培養這種能力，儘管這件事如此重要，但我們投入的時間卻如此之少。我稱這種現象為「**業務開發悖論**」（business development paradox）。

往好的方面來看，這個悖論有可能為學習雪球系統的人士帶來

快速回報。當你剛開始學習雪球系統時，只要投入一些時間和精力，就能帶來可觀的回報。因為這本書的每個章節都指導你落實一組關鍵工具，所以早在看完這本書以前，你就會看到成效。

現在，你可能心想，老兄，我不吃這一套。我因為絕望無助才挑選這本書來看，但你不可能教會我「喜歡」推銷，更別說要我把業務開發當成某種有趣的遊戲了。有些人天生是推銷員，有些人卻不是。

當然，有些人天生就比其他人更會推銷。但不管說到哪位業務高手，我保證你會發現，他們都非常努力，才培養出贏取客戶信任的能力。業務高手將銷售當成一門技藝，並視其為核心專業知識，有系統地精益求精。無論一開始的程度如何，總有改進的空間。

佛羅里達州立大學（Florida State University）的研究員安德斯‧艾瑞克森（Anders Ericsson），以研究專業知識聞名世界。他研究人們如何成為專家，他的研究顯示，人們透過他所說的「刻意練習」，發展本身的專業知識。簡單講，人們將所要學習的技藝拆解成各個部分，這樣他們就可以改善每個部分，然後再重新組合各個部分。把一件事情一做再做是不夠的，你必須拆解整件事情成數個部分，**刻意**練習每個棘手部分並加以改進。如此一來，你就會進步，同時培養專業知識。你跟「天生」業務高手之間的唯一區別是，你們當中有一個人運用刻意練習，讓自己更擅長推銷。

雖然我們偶爾會奮力督促自己要去推銷，但在缺乏穩定強化的練習下，這些英勇的努力就會持續耗弱，直到再一次聽到激勵人心

的演說，或再次發現沒有生意上門而驚慌失措。要成功，就需要建立始終如一和在各種狀況中持續推銷的能力。為了持續推銷，我們必須改變觀念。我們必須了解，推銷是最有價值也最有助益的事情之一，值得我們每個人花時間去做。

有些潛在客戶知道他們需要像你這種具有專業知識的專家，但不知道你如何解決他們的特定狀況。有些人甚至沒有意識到他們需要什麼，或者在你的幫助下，情況可能變得多好。而你現有的客戶，則是以你過去提供的服務為基礎，甚至沒有想到你接下來可以為他們做些什麼。重點是，**人們不清楚自己不知道什麼**。讓對的人知道你的服務，引起他們的注意，並幫助他們發掘如何從中獲取最大價值，這就是業務開發的核心。

真正的業務高手始終牢記怎樣對客戶最好。我相信這個道理，我就是這麼做，也這樣教。

雪球系統的精髓

在深入探討雪球系統的具體細節前，讓我們從雪球系統依據的簡單想法開始講起，也就是要讓買家覺得自己在過生日。

我不知道你的想法，但我喜歡過生日。這是 1 年當中，一切都與**我**有關的 1 天。幾個星期前，我的老婆和女兒問我要怎麼度過這個特殊節日。那天早上，她們親筆寫了卡片告訴我我有多棒。白天，我收到世界各地親朋好友的貼心賀禮、卡片和臉書訊息。當我覺得好像完成某種自我放縱的冒險回家時，女兒們看著我並問我當

天是怎麼度過的。

我說她們看著我，對吧？這表示她們真的放下手機 1 分鐘。

我會告訴你要站在客戶或潛在客戶的立場去想，我也明白你早就心知肚明這一點，但你可能沒有確實做到。客戶跟你一樣，整天都被開不完的會、看不完的電子郵件和績效評估轟炸。壓力一直都在。如果他們是在大型組織工作，每隔幾個月就要經歷一次重組，那他們更是你要推銷的對象，他們跟你一樣，工時非常長，要不斷擔心自己是否符合公司的期望和達到各種量化目標。

以購物為例，當你在購物時，會變得備受關注。在消費時，終於有人注意到你的需求，詢問你的意見，甚至做筆記！雖然上述情況聽起來並不常見，但是如果你在購物時從未受到如此待遇，你會知道被冷落是多麼令人失望。

這正是雪球系統的精髓，也就是讓客戶覺得自己備受禮遇。那實際該怎麼做？答案是，**傾聽客戶的內心渴望，然後提供他們所要之物**。還有什麼事能比「對症下藥」更棒？

一旦你學會讓人們覺得自己很重要的方法，其餘的推銷過程就會變得輕而易舉。你會納悶，當初你為什麼要害怕嘗試。

關於我，以及雪球系統的源起

看到這裡，你可能想知道我在面對種種障礙時，如何學會有效進行業務開發。現在，是我上場介紹自己的時候了。

我是莫・邦內爾，曾經擔任精算師。

隨著專業領域的發展，精算師是會計行業中的搖滾明星，這樣講是有道理的。要成為精算師，需要學習並牢記大量資訊。為此我甚至無法參加萬聖節的家庭派對，因為精算師考試都排在萬聖節的隔週。（不過我還是會聽到有關這些派對的故事。顯然，派對辦得很棒，或許是因為沒有任何精算師出現，搞砸了派對的歡樂氣氛。）

如果要記住計算殘障準備金、分析風險調整後遞減額，以及使用卜瓦松分配（Poisson Distribution）進行等候分析（queue analysis）等主題，每本厚達 3 公分的巨作內容，不會讓你感到興奮，那麼很慶幸，你不是當精算師的料。以我個人來說，我很喜歡科學研究跟《魔球》（*Moneyball*）這類分析，那是我的樂趣所在。（我們會在另一章更深入討論不同的思考偏好及其如何影響業務開發。那可是打破格局，讓一切改觀的差異所在。）

我進入這一行，只是想直接面對業務開發悖論。考完試後，我開始擔任管理顧問，接觸的層面更廣。從技術專業本位的職務，升遷到跟財星 500 大企業人力資源高階主管互動的角色，我立即了解到自己的不足。突然間，我的公司期望我跟大客戶建立良好關係，而不是整天做精算師工作。奇怪了，我突然從專家轉變成業務型專家，而且要為達成截然不同的一套成效而努力。

說到害怕。在升遷前，我只需要了解自己部門的產品。在升遷後，我不得不了解幾十個部門的幾百種產品。以往，我跟客戶的員工福利主管共事。但現在，我直接跟管理高層接洽，他們通常是工作經驗多我 20 年以上的專業人士。一夜之間，我從處理員工福利

工作，**轉變**為處理客戶高階人才提案的所有事宜。

我接下新職務時，天真地以為有人會給我一本手冊。我以為有人會說：「照這本手冊去做，你就知道怎樣進行業務開發。只要記住這本手冊的內容就行。」畢竟，我花了將近 10 年的時間，把大量資訊塞進腦子裡，學習我的主要技能。新工作應該沒有什麼不同才對吧？

讓我訝異的是，我發現根本沒有任何手冊可以參考。我的辦公桌上只有一台電腦和一支電話。現在，我真的嚇壞了。突然間，我的未來完全取決於我的推銷能力，但我不知道如何練就推銷本領。謝天謝地，我有一些很棒的導師帶領我熬過這段過渡期。但我想得更多，我想要一個可以依循的流程，我希望這個流程具有科學依據。

我這個人凡事講究方法，所以我決定先擬定一份簡單的推銷流程文件，好讓業務開發變得更加自動化。我知道，如果不努力讓自己的業務開發工作「步上軌道」，在面對日常要求時，我一定無法保持衝勁。

沒錯，我想成功，但我更有動機讓自己**不會失敗**。因此我做了任何優秀精算師都會做的事情，也就是拼了命地學習。當初為了通過精算師各階段的考試，我每 6 個月必須記住多達 1,200 頁的技術資訊，然後參加通過率約為 35% 的考試。為了達成這個目標，我必須學會如何迅速有效地學習，而我也從此過程中學到學習的本領。

我從心理學開始著手，先研究動機，了解人們為何購買，理解為什麼「業務型專家」會再三拖延和提早放棄。最重要的是，我想為自己解決業務開發悖論的困境。所以我埋首於書堆中，閱讀相關

書籍引用的同儕審查研究論文。我盡一切努力將建立客戶關係的流程，分解為我可以重複執行的小步驟。那時，我還沒有發現艾瑞克森針對刻意練習的研究，但我本能地遵照他的建議。事實證明，恐懼就是一種強大的動力。

在設計業務開發流程初期，我面臨了一個相當重要的會議。當時我在翰威特顧問公司（Hewitt Associates，現隸屬怡安集團〔Aon〕）工作，剛獲得升遷，首次負責接觸面更廣的客戶管理職務。由於我野心勃勃地訂定年營收目標，所以我管理的客戶中，只有一個客戶有成長空間，能讓我達成年營收目標。好消息是，以往我們並未對這家財星 500 大企業客戶提供什麼服務，因此我能有發揮的空間。但這也是壞消息。我們所做的工作被埋沒在這家企業的組織中，我們認識的人無法跟我購買足夠的服務，讓我達成年營收大幅成長的目標。透過一些努力和憑藉一點運氣，我得以跟他們的人力資源長開一次會（而我們公司裡只有一個人認識那位人力資源長）。我**必須**跟那位人力資源長聯繫，但我只有一次跟她開會的機會。如果搞砸這次機會，我的年終獎金肯定泡湯。壓力好大啊！

我渴望取得優勢，所以先向同行成功人士請益。我想知道，怎樣做對順利完成一場重要的初次拜訪會議有幫助？我跟一位傑出導師共進午餐並提問，人們在第一次見面時不應該做什麼？我甚至向其他客戶徵詢意見，詢問在第一次見面時，我要怎麼做才能讓對方對我有好感？我將我學到的所有內容，集結成一套具體步驟，然後有條不紊地逐步遵循這些步驟，就像準備起飛的飛行員一樣。

在會議當天，我比平時更早到達。當人力資源長的助理叫我進

辦公室時，我樂觀地昂首闊步，走進 52 樓光鮮亮麗的主管辦公室，那裡非常特別，還有自己的警衛站。我甚至在心裡一邊唱歌為自己打氣，因為我知道為了這次會議，自己做了畢生中最多的準備。我坐下來拿出精心準備的名單，為了要讓那份名單看起來更整齊有序，我還寫了第二遍。我打開新的柔軟皮革公事包，抬頭準備講出我演練純熟的開場白。就在那時，我腦子裡那首打氣歌曲戛然停止，好像唱針劃過整個唱片那般。

我的潛在客戶嚴肅地看著我，聲稱她擁有人力資源領域所需的所有資源，而且她沒必要認識我。

她告訴我，她有一名主管薪資顧問、一名醫療保健顧問，和一名退休計畫精算師，他們並沒有計畫在短期內更動任何福利管理工作。她繼續談論她喜歡其他公司的各種人才專家，並詳細解釋以便證明自己的說法。這次會議的前 10 分鐘都聽她一個人主講，她告訴我，她不需要這次會議，也不需要我的服務。我從她的言談中得知，她顯然想知道我怎麼有辦法安排這次會議。她要確保日後這種浪費時間的事情不會再發生。

雖然我心跳加速，但我並沒有讓眼前的情況撼動我。我不能那樣做，因為賭注太高了。我堅持完成自己的流程，並試圖重新框架整個會議。我告訴那位人力資源長，我來這裡不是要推銷任何東西，而是我們的團隊已經針對如何改善她的業務，提出一些想法，她只要花幾分鐘時間聽聽就行。我再次向她保證，我們會免費提供每個想法。她鬆了一口氣，當我向她提出報告時，我發現她對報告內容有興趣。她喜歡我的第一個想法和第二個想法。我繼續報告，

最後留下十幾個有待跟進的執行事項。

我還記得開車回辦公室途中，自己開心地唱起野獸男孩（Beastie Boys）的《搖擺你的臀》（*Shake Your Rump*，音量開大會更好聽）。我的方法奏效了，儘管遭到一些嚴重反駁，但仍然有效。太棒了，因為我可不打算用說唱歌手那套來推銷。

我找到問題的答案，也就是一套可以重複執行的推銷流程，而且我可以透過練習來精益求精。畢竟，無論多麼重要，我不是想做**一次性**推銷，我想改變整個推銷方法。我想達到營收目標，想享受我的新工作。我希望我的客戶告訴他們的朋友和同事，他們有多麼喜歡跟我共事。

現在，我步上軌道，我閱讀關於關係、信任和溝通心理學的最新研究，並運用這方面的知識，開發一個系統化的方法，處理業務開發流程的各個層面。我繼續分析工作，為每個重要的業務技能制定方法和工具。

由於我在實務上快速進步，公司挑選我負責全球 4 大客戶中的兩個客戶。大約在同一時間，公司要求我負責領導一個由 700 名員工組成的辦公室，其中包括數百名各種行業的資深業務型專家。使用這個原型系統，讓我有幸領導一個人才濟濟的團隊，負責金額高達幾億美元的大型複雜外包專案，以及高度客製化的諮詢服務。就在那個時候，我明白自己有了重大發現。

我決定跨出一大步。於是，我離開自己的職業生涯，創立邦內爾構思集團（Bunnell Idea Group，BIG）。在後續 10 年內，我花很多時間建構和教授一種完整的方法論，讓**任何人**都可以使用這套方

法來培養新客戶和發展既有關係。在那段時間裡，事實證明「雪球系統」幾乎對各行各業的人們都有價值。

這一切起因於一位朋友雇用我教他「我是怎麼做到的」。現在，邦內爾構思集團做得很成功，我感念在心。過去 10 年內，我們在 300 多個組織，培訓 1 萬多人。我們跟許多極負盛名的專業服務公司以及世界各地的財星 500 大企業合作，並獲得最有身價的客戶經理和領導者的信賴。這真是一個瘋狂的旅程。

但有一個問題仍然困擾著我。我知道我所解決的業務型專家問題，除了存在於我們目前在邦內爾構思集團服務的國際顧問公司、高效律師事務所和全球品牌內，也遍及更廣泛的領域。因此，我開始好奇，對於最大型企業的最高職級專家如此奏效的系統，是否適用於**各行各業**要面對客戶的專業人士。

比方說，那些無法負擔讓重要員工接受企業培訓的小公司呢？人數不斷增加的自由業人士呢？這個系統能否幫助任何人，包括從鋼琴老師到催眠治療師，從網路撰稿人到小企業行銷顧問？零工經濟到來，人們比以往更努力奮鬥，並為自己工作。我也可以幫助他們嗎？

雪球系統的其中一個關鍵主題是，定期追求目標。而我的做法是，我練習設定目標，就像我練習其他我所教授的工具那樣。1 年前，我為自己擬定的新職業目標是：寫一本記錄我們系統的書，讓需要這方面技能的人都能擁有這本書。當你看到這段話時，我已經達成這個目標。

各行各業適用的雪球式複利

許多專業人士認為，推銷技巧是教不來的。他們認為，有的人天生就有推銷技巧，有的人沒有。我的成功證明他們錯了。事實上，**你**可以做得到，你會推銷。你需要做的就是學習和整合一套新的行為。請把推銷當成一門值得研究和刻意練習的技藝。就像你學習個人專長那樣，你也可以學會推銷。

在邦內爾構思集團，我們幫助各行各業的專家掌握客戶管道，從社交型人士到內向型人士，從小型諮詢業務到跨國公司極其複雜的產品都包含在內。為不好意思推銷的專業人士提供頓悟時刻，已經成為我最熱衷的事情。無論你是大公司的客戶經理，還是全職的自由工作者，或是專業的銷售人員，還是一邊工作一邊想要離開企業界為自己打拼的人士，這本書介紹的技巧，道出生意勉強糊口和生意好到擴大規模之間的差異。

這本書介紹的方法既有效又實用，可輕鬆融入你的日常工作中。一旦你讓這些工具和實務成為日常工作的一部分，它們就會成為你的第二天性。

雪球系統的真正美妙之處在於，客戶終將對你的工作感到滿意，所以他們會跟任何願意傾聽的人談論此事。他們幫你做行銷，效果比你自己來得好。你不會覺得自己努力推動生意蒸蒸上升，而是感覺有股動力讓你的生意愈做愈多，愈做愈大，像雪球般愈滾愈大。多年來，雪球系統已經幫助成千上萬名專家和數百個組織，建立並維護本身的事業。那麼，你希望你的雪球滾多大？

1 ｜ 大處著眼、小處著手、順勢擴展

專家都是後天造就出來的，而非天生。

——艾瑞克森，《後天天才製造法》（*The Making of an Expert*）

雪球系統包含協同運作的策略、工具和方法，組成一個能夠自我強化的整合系統。這個系統不僅集結處理客戶的技巧，也是讓業務成長的一部機器。一旦整部機器的零件安裝就緒，只要你定期維護，系統就會推動業務進展。

有效的業務開發需要定期投入一點時間。為了充分利用這些時間，我們現在需要付出額外的努力做好事前準備，這樣在開始執行雪球系統時，就不會遇到阻礙。畢竟，許多事情需要我們關注也令我們分心，導致我們無法進行對業務成長有利的活動。另一方面，成功的業務開發系統需要以習慣為基礎。因為習慣是後天養成的自然反應，不會像執行一般工作那樣消磨我們的意志力和注意力。所以在事情繁忙時，習慣得以照做不誤。

賽波・伊索－阿荷拉（Seppo Iso-Ahola）和查爾斯・多特森（Charles Dotson）研究「心理動力」（psychological momentum），他們發現在培養新習慣時，每天成功完成一些小事，而不是每週完

成某件大事，更有可能建立起持之以恆的行為。他們說，這些小小的勝利產生一股心理動力，類似運動團隊連贏幾場比賽的感覺，而這股一切順心如意的感覺相當強大。當你持續完成一些小事，建立起自己的心理動力時，你就會感受到那種感覺。每當你成功養成一個習慣後，你也會更有衝勁去持續執行該習慣。一旦讓習慣扎根後，你就能擴展該行為到不同層面。

現在是時候讓你以一種小而有力的方式，開始使用雪球系統。就像參加我培訓的一位專業人士所言：「大處著眼、小處著手、順勢擴展。」

理由

請拿出一張白紙，用幾句話寫下你為什麼要在業務開發方面做得更好。

接受我們訓練的一些人最初寫道，他們想「賺更多錢」。但這樣寫還不夠具體，我總會要求他們再寫詳細一點。這筆錢是多少錢？是要讓孩子上大學？還是為了提早退休？或是買那間很棒的度假屋？切記：想清楚、寫明確、**說實話**。

對於一些人來說，他們希望做好業務開發，是因為他們想在職場上出人頭地。專業人士一旦開始主導客戶關係，業務開發技能就會變成跟個人主要的專業知識一樣重要。有時，這些技能成為職業發展的**最重要**因素。

無論你想做好業務開發的真正目標為何，現在都要坦承自己的

目標。然後，用一個句子解釋為什麼業務開發值得學習。你寫下的個人理由愈多，就愈有可能堅持使用這套方法。善於推銷自己的專業知識是一項技巧，也是一個有挑戰性的工作。通常，為了把事情做對而強化自身行為，當然不會有什麼樂趣可言。但只要了解自己為什麼要刻意發展這項技能，就可以幫助你度過難關。

那麼，你**為什麼**要學習業務開發？

對象

現在，拿出另外一張白紙，在左邊寫下跟你的業務發展成果最為相關的 7 位重要人士。這些人可能包含現有客戶、你想見到的關鍵人士，以及幫忙轉介的人士。你很可能寫出現在讓你投入最多時間的那些人，但這是不對的。相反地，你要寫出你**應該**把對外聯絡時間花在哪些人身上。

哪 7 個人最可能對你的業務事業有利？

行動內容

讓我們先做好行動前的準備。首先，請針對每段關係寫出接下來要採取的步驟，也就是你下一步可以分別採取什麼行動，來為那 7 位重要人士服務。而你所採取的行動應根據能讓**對方**得到什麼好處來設計。這些行動可能是介紹對他們有用的人士，或是他們可能感興趣的相關行業文章等有利資訊。也可能是邀請對方共進午餐，

談論如何幫助他們解決目前面臨的問題。發揮你的想像力。你可以怎麼做來取悅這群人？

讓每次對外聯繫的行動都具體明確，每項行動都能在短時間內完成，並且100％在你的控制下。如果覺得那些行動更像是長期計畫而不是短期任務，就將其分解為具體明確的後續行動。

相較於寫下「跟珍妮佛打好關係」（這樣寫太不具體）或「跟珍妮佛共進午餐」（這樣寫太籠統），你應該寫：「寄電子郵件給珍妮佛，說明我有辦法協助她達成目標。」無論每天工作多麼繁忙，你都可以在幾分鐘內完成這種小事。

現在，從你寫下的清單上，圈出3個最重要、最有價值的行動。只挑3個，而那3個行動將是你本週的最重要事項。

時間

我們發現接受培訓的專業人士都行程滿檔。他們喜歡用行事曆註記待辦事項，這樣就更有可能把事情完成。但大多數人並不會規劃業務開發計畫，只是在靈光乍現時採取行動。可是你不會用這種方式管理你最重要的專案吧？但從長遠來看，業務開發卻是你要進行的最重要專案。

想更有效地執行這項專案嗎？那你就要馬上把本週最重要事項記在你的行事曆上。你可以選擇空出足夠時間完成每件最重要事項，或是定期撥出一段時間處理以業務開發為主的重要事項。只要找出適合自己的做法就行。

接下來，在每週結束前安排一個會議，檢討這 3 個最重要事項的進度，並決定下週的 3 個最重要事項。在每週評估中，記錄最重要事項的達成率。你這週完成幾個最重要事項？如果 3 個都完成了，了不起！若有 1 個、2 個或 3 個沒完成？那請重新調整重點。幸好，下週你可以做得更好。如果你照這個方法去做，那麼每週針對業務開發選擇並完成 3 個最重要行動的習慣，就會讓你的業務開發機器運作順暢。

關於每週檢討，我發現熟能生巧，因此花 30 分鐘檢討就夠了。比方說，你可能希望週日晚上在家進行檢討，這樣你可以不被打擾，專心制定下星期要完成的明確計畫。但週五下午也可能是不錯的選擇。一切就看你的行程安排和工作性質而定。

一旦你養成每週進行業務開發規劃與檢討的習慣，你就會知道沒有這種好習慣，你根本不知道如何完成重要工作。

地點和做法

希望你覺得我要求你採取的步驟是可行的。或許你興致勃勃地想要嘗試，但也許你憤世嫉俗的一面已經開始嘀咕，懷疑自己是否能在撐過第一週後，繼續保持這個習慣。然而，那股心理動力是你成功的關鍵，也將促使你採取**做法**。

一種經過驗證的習慣養成技巧是，每次在同一個地方做同樣的事情。你打算在哪裡進行每週檢討？如果你在辦公室上班，這件事就很簡單，但你可以決定是否要在家裡或在通勤途中進行此事。如

果你在上班時很容易有其他事情干擾，或環境嘈雜、注意力無法集中，那麼在家裡或通勤途中進行每週檢討或許效果比較好。

重要的是，持之以恆並提前確保自己掌握所有必要的資料。如果你用筆和紙做規劃，你就要把筆記本和其他用品擺在身邊。如果你使用筆記型電腦，你必須確保你的聯繫人、行事曆和其他資訊能夠正確同步，因此像美國鐵路客運（Amtrak）這種不穩定的 Wi-Fi 連線就要排除在外。

人們以各種方式追蹤自己的待辦事項，從複雜的生產力軟體到電腦螢幕旁邊貼滿的便利貼。無論你用什麼方式管理目前的工作，**請將這套系統跟追蹤日常工作區分開來，因為此套系統需獨立運作才能達到最佳成效**。所以，你可使用不同的應用程式，或在複雜任務管理應用程式設立一個單獨項目，用不同的筆記本或不同顏色的便利貼來區別。

請造訪我的網站 mobunnell.com/apps，查看我目前對這方面應用程式的建議。重點是，不要自找麻煩。一些最傑出的業務高手只用筆和紙來規劃。

注意：每當我以粗體顯示特定工作表的名稱時，你都可以在 mobunnell.com/worksheets 免費下載這些表格。**你不用跳過這些工作表**，它們可以幫助你落實雪球系統。雖然透過我的解說，大家能輕鬆在空白紙上重新設計工作表，但如果你沒有先看過預設的工作表格式，就會在設計上疏忽很多細節。因此，就算你選擇手寫或以自己喜歡的應用程式重新設計工作表，也希望你先參考我設計的完美格式。

好吧，儘管我已經費一番唇舌介紹工作表，但我知道這種做法並非人人適用。或者，你目前無法上網查看工作表究竟長什麼模樣。但那也無妨，請繼續看下去。我們會讓你輕鬆閱讀本書，並使用紙和筆這種最簡單的工具就能慢慢進步。你可以日後再下載那些工作表。

無論是用工作表、應用程式，還是從空白紙張著手，請你把有助於落實雪球系統的所有東西都擺在同一個地方。我希望你趕緊就緒，這樣你就可以馬上看到這套系統的好處。我想讓你**大呼過癮**，這就是我在課程現場訓練的方式。在現場接受訓練者都是高收入人士，他們的時間相當寶貴，絲毫不能浪費。（你不也一樣？）由於我們處理的是實質目標和實質指標，所以每個人都可以在研討會結束後，回到工作崗位實際應用並看到成效。

但在我們開始規劃你的個人策略前，我們需要先介紹一些其他內容，也就是跟人們如何思考有關的神祕科學。我們的思考方式各不相同，只有約 3% 的人以平衡的方式思考。這一點突顯出個人策略規劃的重要，如果沒有它，我們 97% 的人可能會遺漏掉重要事項。

我們需要全腦®思考＊。當我學習全腦®思考時，它不僅改變我的業務開發方法，更全面地說，是改變我所做的一切。

全腦®思考

雪球系統的核心是人。要了解人，你需要了解他們的想法，或者更準確地說，他們**比較喜歡**怎樣思考。那麼，你必須搞懂的最重

要人物是誰？答案是，你自己！這就是為什麼在本書開宗明義就要探討此事。我們會馬上使用全腦®思考來改善你的個人策略規劃，同時確保整個方法沒有偏頗。我們也會在整本書中，使用全腦®思考來改進其他事宜。全腦®思考是相當重要的基礎。

1980 年代初期，納德・赫曼（Ned Herrmann）在奇異電氣公司（General Electric）開發出 HBDI® *（赫曼全腦®優勢發展測驗，Herrmann Brain Dominance Instrument®），這是一項依據思考和大腦研究所做的評估。我每次跟客戶互動和我所採用的大多數方法，都以此為依據。HBDI® 是加速關係進展的利器，我不經意發現它時，一**切**也因此改觀。

你有沒有這種經驗，你試著讓一名潛在客戶感興趣，結果卻踢到鐵板？想想看，你上次寄出的電子郵件或發送的廣告，往往引起收件人的質疑。然而，由於一些莫名其妙的原因，你的話似乎被當成耳邊風。這實在太令人沮喪了。

當事情進展不順利時，我們傾向於關注訊息的實質內容。但跟他人聯繫的問題通常跟你傳遞訊息的**方式**有關，而不是跟訊息本身內容有關。通常，你並沒有根據受眾喜歡接收和處理資訊的方式來傳遞資訊。身為業務型專家，我在工作上踢過很多鐵板。我跟你一樣，把這些事件歸咎於個性不合或是會議室的冷盤點心不合客戶胃口。然後我發現全腦®思考模型的獨特性，它衡量個人對於溝通、學習和解決問題的偏好。更重要的是，全腦®思考模型不衡量

---

* 全腦®思考和 HBDI® 皆為赫曼全球公司（Herrmann Global, LLC）的註冊商標。

能力，只衡量偏好。

　　我喜歡這個模型的一點是，它有堅實的研究做依據。它是利用獲頒諾貝爾獎的神經科學家的廣泛研究，以及赫曼在加州大學柏克萊分校的研究開發出來的。這個模型問世後，已經過嚴格的驗證和更新。

　　這種方法的效力不僅限於評估本身，也可當成大腦運作方式的一種隱喻。重點是**全腦**，而不是你經常看到被過度簡化的「左腦或右腦」二分法。

　　全腦®思考模型如下：

【圖 1-1】 全腦® 思考模型

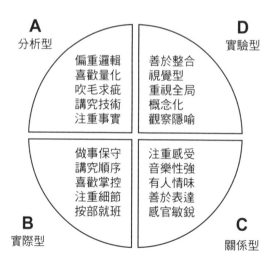

每個象限代表相較於其他思維類型，人更偏好其所屬類型的思考模式。

A 分析型
偏重邏輯
喜歡量化
吹毛求疵
講究技術
注重事實

D 實驗型
善於整合
視覺型
重視全局
概念化
觀察隱喻

B 實際型
做事保守
講究順序
喜歡掌控
注重細節
按部就班

C 關係型
注重感受
音樂性強
有人情味
善於表達
感官敏銳

全腦® 思考模型為赫曼全球公司之註冊商標，版權所有隸屬該公司。

A：喜歡分析的思考者

這群人在決策過程中，傾向於合乎邏輯並以事實為依據。他們衡量風險和收益。比方說，精算師計算事件的可能性或訴訟律師策劃精確的法律論證。這些人解決問題的「內容」。如果預算達成共識並制定明確的績效目標，他們就更可能認定會議是成功的。對了，要是會議餐點有打折，那就再好不過。

B：講究實際的思考者

這群人比較重視流程和策略。如果將喜歡分析的人比喻為腦子裡有一部計算機，那麼講究實際的思考者，腦子裡就有甘特圖（Gantt chart）。你一定認識這種類型的人。比方說，當你說「看起來我們需要重新安排會議。」他們會說「對。但我們下週沒辦法開會，因為鮑勃在洛杉磯，貝齊要休假。再下來那週可以，但要記得週一無法使用會議室。」講究實際的人會說「怎麼做？」和「什麼時候？」對他們來說，成功的會議應涵蓋時間表與實際行動，以利完成目標、取得資源、貫徹措施和達到品質標準等。他們喜歡製作一份檢核表，並**完成**事情！

C：重視關係的思考者

這群人在決策時，會直覺性地考量他人的觀點和看法。他們就是有辦法寫出或說出讓對方了解的訊息，也懂得抓住人心，並會問「誰？」這種問題。通常，如果所有參與者都表達自己的觀點，也都

喜歡這種體驗，關係型思考者會認為會議成功了。比方說，「吉姆，我注意到你的茶喝完了。你要找人幫你加一點茶嗎？有機烏龍綠，是嗎？你安靜好一會兒了，你對珍的提議有何看法？」

D：重視實驗的思考者

這群人傾向於創造性和策略性的解決方案，也是那些會問「為什麼？」的人。他們通常很擅長把事情概念化，能找出重要主題並產生新想法。對他們來說，成功的會議涉及人們創造或調整大格局、願景和解決方案。「我們從審查 10 年計畫開始講起，用新的落地式白板進行腦力激盪！也可以把想到的點子寫在窗戶上！」

花點時間想想，你是哪一種類型的思考者。根據你溝通和解決問題的方式，以及你做決策和排列事情優先順序的方式，你會如何評估自己對每個象限的思考偏好程度？請記住：這些是偏好，不是能力。你覺得哪個象限讓你最**自在**？如果有的話，又是哪個象限讓你最**畏縮**？

這個模型是我們在培訓時，最先討論的內容之一。這是因為大多數人都會將自己的思考方式，投射到買家的身上，並以能夠說服自己的方式傳達本身的價值。那更好的方法是什麼？當然是以買家喜歡的方式，傳達你的價值。

赫曼的女兒安・赫曼－納迪（Ann Herrmann-Nehdi），是赫曼國際公司（Herrmann International）的執行長，也是全球全腦®思考模型的最重要專家。我向她請教這種方法對業務型專家的重要

性。她簡單地說：「客戶的購買決定與他們大腦裡的思考流程直接相關。同樣重要的是，你要了解自己的想法，才能隨機應變呼應客戶的想法，加速雙方的溝通流程。」

我喜歡安的觀點，相當寶貴。

如果你學會找出自己和他人對不同思考流程的偏好，你就會培養出溝通和協同工作的第六感。這就是將全腦®思考應用在業務開發的神奇之處。你幾乎會在本書每個章節中，看到全腦®思考的影響力。

最後一項事實是，超過 300 萬人做過 HBDI®這項評估，其中約 95％的人表現出 **1 種以上**的主導思考偏好，可能是 2 種或 3 種主導思考偏好，或者在某些情況下，甚至是 4 種。幾乎所有人都一樣！思考是微妙的，我們必須避免像「吉姆是實驗型思考者」這種簡化的錯誤陳述。吉姆可能偏向於某種思考方式，但統計數據顯示，他可能還有一種或多種其他強烈偏好。而且，就算他沒有其他強烈偏好，**正因為他排除了某些觀點**，他也可能於日後從那些觀點獲益。

我會在本書後續章節說明如何在跟客戶互動時，落實上述 4 種思考方式。這樣做將是你的萬全之策，讓你的說法不會跟一個或多個客戶的多重思考偏好起衝突。如果你能以這 4 種思考模式進行良好溝通，就能提高你成功的機率。

如果你有興趣取得自己的 HBDI®個人檔案，相關資訊詳見 mobunnell.com/HBDI。雖然進行評估很理想，但你並不需要取得 HBDI®個人檔案才能使用本書。不過，廣泛了解你的客戶和潛在

客戶傾向如何思考、表達和**與他人溝通**，能幫助你迅速跟客戶建立友好關係。這個模型將強化我們所做的一切。

目前我們的任務是，讓你考慮自己的業務成長計畫，並使用我們剛剛學到的原則，讓自己的業務計畫更完善。最佳計畫應該涵蓋了全腦®思考模型的 4 種思考偏好，這樣你就不會過分強調或太不重視計畫的不同層面。這是你以前從未見過的規劃方式。

個人策略規劃

先前，你寫下自己為什麼想在業務發展方面做得更好。而你寫下的**理由**，就是你學習成為業務高手和在最後階段的終極目標，你的目的是想超越當前專案、現有職務，甚至目前職業生涯。決定你要做好業務開發的理由，可能讓你大受鼓舞和啟發，但你不想停在那裡。要想成功，就需要退後一步，弄清楚你究竟該怎麼做，如何日復一日，月復一月，年復一年地追求你的目標。除非這些事都跟一項明確又有目的的策略呼應，否則本書的所有技巧不會對你有任何好處。那麼，你如何建立一個明確又有目的的策略呢？

雖然在業務開發方面對「策略」一詞有許多不同的定義，但我仍希望能採用簡潔有力的解釋。所謂的策略，就是指一種由上而下的計畫，讓你從目前所在的位置，到達你想要的位置。這就是你要強調的一切。

首先，我們需要弄清楚自己所在的位置。記住：工作表若以粗體字表示，代表你可以在 mobunnell.com/worksheets 上找到相關表

格。利用**開始狀態記分卡**（Beginning State Scorecard）工作表，完成以下以百分計的自我評估，你也可以用筆記本算出你的分數。如果你目前無法下載這個工作表，你可以利用下述的速成版本，讓你繼續閱讀，不必中斷。

當你填寫第一張記分卡時，不要擔心你的分數高不高。如果分數只有 3 分或 4 分，也不要嚇到。你不需要做到完美（或在進行雪球系統的任何部分時也一樣），追求完美會讓你的速度大幅變慢。你只是想大略了解自己有關業務開發的現況。想想奧運比賽評審針對跳水或體操等藝術賽事給分的情況。這是評估主觀表現的分析方法。它完美嗎？不完美。但量化評估可以幫助追蹤和改善幾乎任何類型的表現。我們的目標是迅速分析你目前的業務開發狀態，好讓我們改善現況。

關係

關係的基礎決定我們在業務開發方面能否成功，所以我們就從關係開始計分。每項評分為 1 到 5 分，最高分為 20 分。

- 我是否找出並記錄理想客戶的主要特徵？（分數 1 到 5 分）
- 我是否利用理想客戶的關鍵特徵，找出和記錄我想接洽的組織？（分數 1 到 5 分）
- 我是否有一種方法，可以投資並幫助那些對我業務成長最有利的最重要人士（客戶、策略夥伴、影響者）？（分數 1 到 5分）

- 我是否擁有適量的接觸點，以便跟這些最重要人士保持聯繫，並追蹤我的接觸點？（分數 1 到 5 分）

願景

你的業務開發願景有多清楚？每項評分為 1 到 5 分，最高分為 20 分。

- 我是否界定出理想客戶未來會把錢花在哪些方面？（分數 1 到 5 分）
- 我是否在市場上的相關領域，推廣一個明確的品牌？（分數 1 到 5 分）
- 我是否針對從收集客戶名單到完成交易這整個流程的各個步驟，都制定清楚的業務開發策略？我是否一直遵循著這些策略？（分數 1 到 5 分）
- 我是否有將現有客戶、策略夥伴和同事，整合到我的整體業務策略的願景中？（分數 1 到 5 分）

評量

接下來，讓我們弄清楚我們可以評量什麼，好讓我們知道一切是否依照進度進行。我們需要收集一些數字：

- 去年，你原本希望賺多少錢？
- 結果，你實際賺了多少錢？

如果你不知道實際數字，也無法輕易找到那些數字，那麼請快速估算一下。現在，我們比較一下兩個數字。如果你在過去 1 年賺的錢超過你訂定的目標，就給自己 5 分。目標收入達成率為 90 到 99％給 4 分，80 到 89％給 3 分，70 到 79％給 2 分，低於 70％給 1 分。

現在，我們用類似的流程，檢視你在業務開發活動中投入多少時間，以及這些時間的有效性：

- 你認為自己每年應該投入多少時數開發業務？時間該如何投資最好？（如果你不確定，請繼續看下一段。）
- 實際上，你花多少時數開發業務？

每週工作 40 個小時，每年工作 50 週，加總起來等於每年工作 2,000 個小時。以此作為粗略基準，來計算出業務開發時數。換新東家並依據禁止挖角條款而不得拉攏原公司的人馬和顧客的專家，可能在第一年投入 2,000 個小時進行業務開發，因為一切從零開始。有 40 年經驗的資深顧問在他人要求下加入大型專案時，可能投入很少時間做業務開發，但他們可能也沒有做自己喜歡的工作，更沒有在組織中獲得升遷。

我認為對於大多數業務型專家來說，每年至少要投入 200 到 400 小時進行業務開發。而且，這是在你營收狀況穩定後的投入時數。對於許多人來說，需要投入更多時數進行業務開發。如果投入時數沒有達到這個底限，即便你忙壞了，也可能無法吸引你想要的

高價值、高利潤工作。或者，如果你是客戶經理或客戶主管，你可能無法如領導階層預期般迅速提高業績。

無論你做什麼，都要注意自己在業務開發上投入多少時間，其中也包含設定目標的時間。時間是你擁有的最寶貴資源，跟我合作的專業人士在我們的課程中做此分析時，都發現這項評估功能強大。別跳過這個步驟。如果你忽略這個步驟，就會讓世界決定你的時間和命運，而不是由你自己主宰你想要的生活。

現在，讓我們比較你實際投入與期望投入的時數。如果你今年投入的時數等於或超過目標時數，就給自己 5 分。投入時數是目標時數的 90 到 99%，給 4 分，投入時數是目標時數的 80 到 89% 給3 分，是 70 到 79% 給 2 分，低於 70% 則給 1 分。

在完成評量部分前，還要問最後兩個問題：

- 我是否有一套持續進行的流程，能衡量和加強我的個人績效？（分數 1 到 5 分）
- 我是否有一套持續進行的流程，能衡量和加強我所屬團隊的績效？或者，如果我是單兵作業，是否有一套持續進行的流程，能衡量我跟外部合作者和策略夥伴的績效？（分數 1 到 5 分）

行動

讓我們仔細檢視你在落實計畫方面的表現，檢查你是否擬定適當計畫，並依據計畫執行。

重點提示：這些問題每題 10 分，不是 5 分，因為持之以恆是讓業務管道暢通並贏得更多生意的關鍵所在。因此，我們大幅加權流程計分，提高分數。

- 我是否有一系列會議，衡量和追蹤我的業務績效？這些「會議」可以是個人自行檢討，或跟責任夥伴或所屬團隊一起檢討。關鍵是，你必須分配時間管理銷售管道，就像管理任何重要專案一樣。（分數 1 到 10 分）
- 我是否有一個便於使用的系統，衡量和追蹤我的業務績效？（分數 1 到 10 分）
- 我是否對自己的承諾負責？（分數 1 到 10 分）
- 我跟同事是否慶祝自己**逐步取得的**成就？（不只是最後達成交易，也包括向目標步步邁進。）（分數 1 到 10 分）

請加總你的分數。記住：「行動」部分最多是 40 分，其他部分最多是 20 分。那麼你的分數有多接近 100 呢？

看到自己的弱點這樣暴露出來，可能讓你很痛苦，但不要因此就被擊倒。這張記分卡很全面。不管測試者本身多麼有經驗，沒有人能在各方面都拿到高分。在我們的訓練課程中，大多數專業人員的得分在 40 分到 60 分之間。當然，他們的分數不會停留在那裡。（記住你的分數，因為每隔一段時間你要檢查一次，看看你進步多少，還有哪些方面需要努力。我每年更新和檢查我的記分卡，但當你開始執行雪球系統時，你可能需要每季更新一次記分卡。）

現在是設定一些目標，進行改善的時候了。這是一個機會，你可以利用評估現況得到的見解，概述下個年度的計畫。你可以到我的官網下載**未來狀態記分卡**（Future State Scorecard）工作表，或拿一張白紙在中間畫一個大加號，然後在不同區域分別寫下關係（右下）、願景（右上）、評量（左上）和行動（左下）。你也可以利用電子文件製作這張工作表。

關係

- 描述理想的潛在客戶，包括首次聯絡新公司時應接洽的最佳職務人士。
- 描述理想的策略夥伴，這群人有能力幫你推薦潛在客戶，或在決策時可以發揮影響力選擇跟你合作。
- 描述你要持續採取的做法，為這些潛在客戶和策略夥伴提供幫助並保持高度關注。

願景

- 描述理想潛在客戶在未來幾年內，會把錢花在哪些方面。你所屬行業的最強勁趨勢為何？
- 描述你會為人所知的品牌，以及這個品牌如何跟理想潛在客戶的消費模式相呼應。

評量

- 量化明年預計產生的收入。

- 選擇你可以直接掌控的 1、2 個業務開發指標。通常，我會建議從以下兩個指標開始著手，一為你花在業務開發上的時間（業務開發時數），以及你所篩選並完成的最重要事項數量（已完成的最重要事項）。這兩個指標可以協同工作，提供量化和質化的觀點。如果你有更適合的做法，請發揮創意並選擇一組不同的評量標準。

行動

- 描述你將實施的業務開發例行作業。
- 描述你如何對完成業務開發工作負責。

我們用一個例子來說明整個過程。假設你是一名引導策略計畫制定的顧問。在過去 10 年內，你在 4 個大型組織**內部**擔任策略規**劃職務**，最近才創辦自己的事業。你擁有 56 名具有重要預算權限的高層領導職位聯絡人，而這些領導人現在分散在 17 個不同的組織中。

好消息是，你知道很多高階主管對你評價很高。但壞消息是，你的收入來源是零，沒有人付你薪水，而你想負擔子女大學學費，也想偶爾去高檔咖啡店消費。

你的業務開發計畫可能如下所示：

關係

- 理想的潛在客戶：我的完美潛在客戶是領導階層，最好有

100 多人向他們報告。我認為這種預算水準會跟我的訂價相符。

- 理想的策略夥伴：我將在第一季定義我的完美策略夥伴，因為我不確定誰是我的完美策略夥伴。我認為我的完美策略夥伴會是資深領導人需要的其他專家，該專家可能具備溝通技巧或主管人才招募等專業知識。
- 人脈投資：我會透過分享自己多年來針對策略規劃和團隊管理收集到的建議和文章，不斷投資自己的人脈。我希望每個月跟這 56 位聯絡人接洽一次，提供一些對他們有價值的東西，但我並非要跟他們推銷，也不是要請他們雇用我，而是要強調我的專業知識。

焦點

- 理想潛在客戶的未來預算：資深領導者需要更有策略思維並承擔所有責任，這是一個很容易證明花錢有理的領域。
- 我的品牌：我的專長是引導策略規劃。由於我沒有一批分析師協助我，今年我將專注於引導策略會議，讓客戶深入了解數據，也讓我聚焦在使用自己開發的流程，進行互動式的規劃會議。這個流程以初期互動式對話為特色，可以促進團隊整合並建立關係，並藉由反覆修正做法敲定策略計畫。因此，簡要陳述我的品牌為：我能夠有效領導團隊制定策略計畫，協助團隊脫離功能失調或效率不彰的困境，**轉型為高績效的團隊**。

評量

- 收入：我想在第一年創造 100 萬美元的營收。由於每個策略引導專案，我會收取大約 10 萬美元的費用。因此我必須銷售和完成其中 8 到 9 個專案，其餘部分由規模較小的單次引導會議和簡報補足。假設我提案的接受率為 50％，那麼我必須提出 200 萬美元的新業務，才可能達到年營收 100 萬美元的目標。這表示我有很多事情要做！

- 可追蹤的指標：我會用自己設計的方法，分別依據我認定合格的 56 位聯絡人的需求，提供 1 小時的免費策略分析。我的聯絡人可以使用我提供的策略分析，或將它們提供給他們知道可能需要的人。我只重視我親自提供或透過電話提供分析的案子，因為我想跟每個人進行更深入的對話。此外，由於我重質勝於量，所以我不會透過電子郵件提案。我會在第一個月接洽 30 位聯絡人，第二個月接洽 15 位聯絡人，第三個月接洽最後 11 位聯絡人。我可能會在 3 個月結束時，重新審視應該追蹤的內容。雖然我會擔心自己的目標能否達成，但我會為此努力。我需要動力，否則我會失敗。我**不想**失敗，因為我的家人和朋友都在看。

行動

- 我的業務開發慣例：我會每週進行一次進度檢討，並提供免費分析服務及寄發建議和文章，作為業務拓展的一環。我會

持續專注於取得與客戶會談的機會，並提出這些提案。我要提醒自己：我是在幫助他們，不是在銷售。就算提前完成1、2個專案，也要保持業務拓展的一致性。在剛開始的前3個月，每天晚上和週末都不屬於個人時間，而是要用來拓展業務。

- 問責制：我會寄發每週數據給我的問責夥伴，來為自己的工作負責。我的問責夥伴比我早幾年創辦自己的公司，他同意每週審查我的數據。我每週五下午4點前把數據寄給他，他則會在每週五下午4點30分檢討我的進度，或檢討哪些方面沒有進展，這種檢討真的鞭策我繼續前進。我的問責夥伴答應我，如果我沒做到我必須做的事情，他會嚴厲地斥責我，但若我順利完成進度，我們也會一起慶祝。我們專注於**我所掌控的事物**。如果我按照目標去做，那麼業務就會上門。我迫不及待地想幫助我的客戶獲致成功！

不要害怕訂定崇高的目標。雖然你的目標應該是可以實現的，但最有效和最具激勵性的目標，往往讓人**倍感挑戰**。因此，不要將標準訂得太低，以致你太輕而易舉就完成了。

現在，寫下你的計畫吧。

完成了嗎？恭喜！你已經為未來創造了一個願景。科學證明，這種行為本身就具有強大的作用。

善用習慣的力量

當你制定好一些目標，現在就該檢視讓雪球系統如此有效的另一個核心行為工具。雖然訂好目標很重要，但建立正確的習慣並去除錯誤的習慣，才是達成目標的基礎。

如同本章稍早的討論，習慣非常強大。研究顯示，我們花在「慣性行為」的時間遠超乎我們的自覺。想想看：你今天早上醒來時做了什麼？是先喝一杯咖啡？查看電子郵件？抱抱睡在你床上的大黑狗？（好吧，可能只有我才那樣做。）

現在，比較一下你今天早上醒來做的事，跟你昨天醒來做的事。看起來非常相似，對吧？大腦喜歡依照例行作業運作。當大腦按照例行作業運作 100 次或 1,000 次時，大腦就知道該做什麼和如何做。順利完成事情的感覺很棒，你會覺得很快活。於是，你渴望不必花太多心思努力，便輕鬆完成任務的感覺。當然習慣也是有益的，因為習慣通常讓我們得到實際獎勵，就像刷牙讓你有股牙齒乾淨、口氣清新的振奮感。

你的大腦一直想方設法尋找獎勵模式，並依據獎勵建立習慣來節省力氣。有道理，對吧？但是這種說法還有另一個層面，如同丹・希思（Dan Heath）和奇普・希思（Chip Heath）這對兄弟在他們的著作《學會改變》（Switch）中所做的解釋。希思兄弟以騎大象做比喻。騎士是我們心智的理性部分，有意識的「我」認為它負責並做出所有決定。大象則代表潛意識，是我們心智的感性部分。正如你可能從隱喻中猜到的那樣，潛意識比理性思考更強大。

在某種程度上，騎士可以操縱大象的行為。來吧！請你眼睛離開這本書，往上看，盯著牆壁從 1 數到 3，然後繼續看這本書。

有用嗎？你的騎士做出有意識的決定來執行該行為。對於像盯著牆壁般簡單的事情，大象當然照做不誤，但是當事情變得困難或有壓力時，大象無疑會照自己想的去做。假設你刻意減重讓自己餓肚子，大象會把你直接推到餅乾罐裡。就是在這種時刻，你才能感受到騎士的影響力是多麼有限。

在某種程度上，騎士呼應 HBDI® 個人檔案的上半部，也就是涉及邏輯和策略的分析象限和實驗象限。比方說，你知道每塊餅乾有多少熱量（分析），而你也希望自己能擁有足以在海灘展現的完美體態（實驗，以這個例子來說是實驗的願景部分）。然而，跟 HBDI® 下半部的實際象限和關係象限呼應的大象則需要甜點，因為晚餐應該由甜點劃上句點（實際，以這個例子來說是一個過程）；因為，天啊，今天真是相當難熬的一天（關係，以這個例子來說是自我感受）。過了一會兒，餅乾吃完了。好吃！等等，我不應該吃那塊餅乾！真該死，我又被大象擺布了。

所以，談到建立良好習慣和去除不良習慣時，就由慣例（實際象限）和情緒（關係象限）主導。那是大象掌管的象限。長遠來看，跟它們對抗，你注定會失敗。但若駕馭它們，你幾乎無事不成，而你只是需要善用大象的力量。

在這個系統中，我們使用「慣例」（ritual）一詞來表示有助於實現目標、有生產力的習慣。具體來說，慣例是一系列行為，一旦啟動後，你就會習慣性地執行，而且無須刻意花心思去做。

慣例可以利用行事曆來啟動。比方說，你可以在行事曆上設定週日早晨洗衣服。慣例也可以透過事件啟動，如收到雇主寄來的扣繳憑單，就提醒你要開始報稅。

你利用行事曆啟動哪些習慣？你用事件啟動哪些習慣？哪些習慣讓你邁向成功，哪些習慣阻礙你成功？

在我們開始設計業務開發慣例以讓你實現特定目標前，還要說明習慣養成的兩個重點。首先，養成一種新習慣的最簡單做法是，連結該習慣跟已經發生且有效執行的事情。此舉有效地跳過一個步驟，因為你已經有一個提示或啟動因子做依據。其次，在完成一項慣例後，總是馬上獎勵自己。雖然大腦中的騎士可能發現獎勵和當天稍早完成的慣例之間的關聯，但大象卻不知情。因此，獎勵要立即且有趣，如早上喝第二杯咖啡時，在大樓附近散步，並打開社群媒體瀏覽 5 分鐘。

接下來，用兩個例子來說明不同的慣例，一個是由行事曆啟動的慣例，另一個則是由事件啟動的慣例。

假設你想建立一個由行事曆啟動的每週慣例，好讓你每週主動向一位重要客戶寄送實用資訊。你可能計畫在週一早上的團隊站立會議前，寄送相關資訊。當你聚焦於在會議開始前就完成這件事，這樣不僅為你設下了截止時間，也讓你急著在會議開始前把事情完成。你會覺得分秒必爭，這樣很好。藉由充滿動力地做好第一件事，為新的一週揭開序幕，把困難的事情先完成吧！這件事本身就是一種獎勵。在此，啟動因子是「快要開會了！」獎勵則是「知道自己搞定一項難題，真滿意。」

現在，看看由事件啟動的慣例。假設你一直被告知，你過分強調分析型思考，所以你想要改善客戶發展的關係層面。從現在開始，每當你打算跟客戶交談時，就先決定好要問客戶一個真心的問題，不是那種「週末過得如何？太棒了！言歸正傳！」這種客套話。而是善用你到目前為止對客戶的了解，詢問一個真心的問題，再由後續問題表達出你的關切。比方說，如果你已經知道客戶熱衷某種運動，你可能會問他這個週末是否有比賽。這當中的微妙差異在於，這樣問表現出你的深謀遠慮和對他們的真正好奇。如果你對這個客戶一無所知，社群媒體也幫不上忙，那就先找跟他們的興趣和喜好有關的問題來問。

促使你準備問題的原因將是，「每次打電話或跟客戶親自會面」。你的慣例可能是在便利貼上寫下問題，並將它放在你一定會看到的地方。獎勵呢？你可以用一張紙來記錄你提出問題的機會，以及你成功提出問題的次數。但你得真的傾聽客戶的回答，接著又提出 1、2 個問題，才算有做到。

你甚至可以在週末總結你的成果，當成某種關係記分卡。關鍵是，馬上統計你得到的機會和締造的成就。記住：穩定啟動，立即獎勵。（你可能會發現，你擔心自己的問題聽起來不真心，但只要多加練習，就更容易提出聽起來真心的問題。）在每週結束時，你可以累計自己擁有的機會，了解你提出真心問題的成功率是增加或減少。看到自己的數字隨著人際關係的發展而增加，你一定會很開心。

了解這些例子後，現在是設計你個人慣例的時候了。下載**慣例**

（Rituals）工作表，或是在一張白紙最上方寫下這些字：

慣例　　行事曆或事件啟動因子　　獎勵

現在，設計一些慣例，為自己建立一些業務開發的動力。接著，挑選一些慣例就可以著手行動了。一旦你看到慣例變成真正的習慣，你就會有動力去設計更多慣例。

完成了嗎？太好了！你可以隨時修改和改進，但這已是個很好的開始。畢竟，初始計畫非常重要，在起步前勢必得先掌握正確的方向和優先順序。然而，設計和實際**執行**你的慣例，才是你能否成功的關鍵。

如果你跟我們訓練的大多數專業人士一樣，那麼你一定覺得目前的工作量已經達到極限。不管你多麼肯定自己需要開發業務，但你也可能納悶，要是這個系統真正發揮作用怎麼辦？那我真的麻煩大了。

天啊，很諷刺吧。你正在讀一本讓你的業務得以成長的書，也想找到有用的做法，但你卻擔心這件事會成真。畢竟，如果雪球系統就像邦內爾說的那麼有效，工作可能多到超乎自己的負荷！那該怎麼辦？

根據我的經驗，業務成長也會改善工作的性質，即使過渡期很難熬，但轉型後卻能變得更好。當你有更多合格的潛在客戶和更多新客戶，表示也會有你所喜歡的更有挑戰性、更高利潤的工作，同時你可以藉由擴展自己的團隊，將其餘工作委派團隊處理。就算你

把不太理想的潛在客戶推薦給其他組織，他們仍會有強烈動機，將你最想要的工作介紹給你。不管怎樣，此舉對雙方都有利。

此外，你在本書學到的技能，會讓你在各方面變得更有效率。雖然有時，你會覺得我讓你的工作量大增，但藉由學習更具策略性的思維，並且只把心思花在最有效之處，你會發現自己清理掉了平日一直窮忙的工作。即便生意愈做愈大，你的職場生活也可能非常平靜。我已經看到這種情況發生了。而這也是游泳時，狗爬式和蛙式的區別。

事實上，**你原本就已經在推銷**。實際上，你也有一個業務開發策略，但對大多數人來說，那只是一個大雜燴的策略，是你在職業生涯中累積的先入為主觀念。現在，是好好升級該策略的時候了。當你完成這項更新後，你唯一的遺憾就是，你怎麼沒有早一點學會雪球系統。

2 | 讓事業飛輪持續轉動的開發策略

> 如果你通往成功的梯子沒有擺在正確的牆面上,那麼你走的每一步,無疑會加速你邁向失敗。
>
> ——史蒂芬‧柯維(Stephen Covey),
> 《與成功有約》(*The 7 Habits of Highly Effective People*)

就算你擁有世界上最棒的工具,如果你不使用它,那也沒用。我從精算師轉行為客戶經理時,我知道自己需要一個真正有效的業務開發**系統**,以提升我的職業生涯到新高度。然而我也知道這套系統必須萬無一失,這樣無論事情變得多麼忙亂,我都能堅持下去,否則我終究會精疲力盡。

當你的工作涉及到客戶時,無論你從事什麼行業或職業,你都要具備某種程度的應變能力。比方說,人們會在最後 1 分鐘更改午餐日期,或在沒有設定議程的情況下開會。或是說好的電話會議卻晚 15 分鐘開始,還花很長時間討論交易**以外**的事情。有時候,你可能覺得自己的進度就像遺失一串車鑰匙那樣不見了。

無論**你**多麼有章法、多麼有紀律,「事情偶爾會失控」正是客戶業務工作的本質。當其他人的行為讓你每天、每週,甚至每個月

的行程脫離常軌時，你就需要更多時間和精力，讓自己重回常軌。

相較之下，如果做好業務開發，它就會像飛輪一樣加速運作。一旦你最初的努力讓整個系統開始加速轉動，後續就只需要少量穩定的投入來保持業務成長。但如果你無法持之以恆，這個飛輪終究會停止轉動。

1990 年代，我在翰威特顧問公司工作便親身體驗過這種飛輪現象，當時我協助的公司醫療保健諮詢業務大幅成長。但這項工作本身就有不可預測性，全年都會出現季節性的額外業務高峰。我們冬天很閒，夏天卻忙到無法休假。當時我們有各式各樣的合約，但交易規模都很小，通常幾週內就完成。所以我們很難預測下個月的業務，更別提後續幾個月的工作了。每次我們從危機中脫困時，就會發現我們的潛在客戶來源幾近枯竭。我們透過業務開發，投入大量精力重新啟動這個飛輪，卻看著這個飛輪在下一次的繁忙工作中愈轉愈慢，因為工作忙到讓我們再次把業務開發擱置一旁。

我面臨可怕的業務開發悖論，亦即先忙著談成交易，再趕著完成交易內容，但因為工作太多，就無暇兼顧業務開發，最後一切又得重頭開始。

持續進步的兩個祕訣

我開始負責自己的客戶關係時，覺得害怕極了。我不得不解決業務開發悖論難題，所以我決定專注於行為面向。但我不是要鎖定客戶的行為，因為它不可預測，基本上也不受我控制。相反地，我

要關注自己的行為，想想我能做些什麼不同的事情。起初，我嘗試埋頭苦幹。透過每週工作 70、80 個小時，來確保自己無論多忙還是能完成業務開發工作。我要確保**無論如何**，都能讓業務開發飛輪持續轉動。

但是工作時數並不是問題的解方。當我開始對工作感到倦怠，我知道必須找到一種方法，完成我的業務開發工作，讓我還有時間見見家人，每天晚上也不用只睡 4 小時。

最後，我開始檢視自己的習慣。習慣是讓我持續受益的禮物。一旦你養成一種好習慣，它就會提供所有有益的行為，不會讓你勞心耗神。雖然好習慣需要花好幾年才能養成，但是這些小小的變化，最後卻能產生重大的影響。

那麼，我要如何建立一些對業務開發有利的新習慣呢？從表面來看，我為業務開發所做的事情，似乎沒有轉化成對業務開發有利的習慣。針對新潛在客戶設計推銷簡報，跟記住用牙線清潔牙齒是不一樣的事。值得慶幸的是，當我深入研究時，相關研究為我提供一些線索。

在前一章中，我們討論到初期成功能創造心理動力。事實證明，幾次快速獲得的小勝利，不但讓你更有可能繼續進行某種行為，甚至讓你**覺得**整個活動更加容易。簡單講，**初期的成功孕育出長期的韌性**。但研究也發現，這種好處很容易被破壞掉，在習慣尚未根深柢固前，一旦原本的衝勁被打斷了，你就可能徹底停止養成習慣的行為。

考慮到這個概念，我決定開始設定一些小目標。如此一來，無

論我多忙，我都沒有理由不去做。我必須儘早獲得一些勝利，才能創造動力。這會讓工作變得更容易也更愉快，讓我更可能繼續實行並養成習慣。持之以恆就是關鍵，不管怎樣，我每天都要達成小目標。

正如你在後續章節所見，那些業務高手仰仗且有利於業務開發的行為，都是以這個框架為基礎。他們從小處著手，以初期勝利為目標，而持之以恆則為他們的首要原則。如果你以前從未刻意養成某種習慣，你可能會訝異，一個行為從不熟練到自然完成的速度，竟然如此之快。

當然，愈複雜或挑戰性愈高的行為，就需要愈多時間才能變成習慣。我的客戶告訴我，練習業務開發新習慣 2、3 個月後，往往就能成功養成該習慣。之後，他們會持續改善，不過業務進展已經因為新習慣產生的動力而順利推動。所以請耐心等待，尤其是一開始，因為每個新行為起初都會讓人感到不舒服和沮喪。但是你的努力，終將讓你的職業生涯獲得回報。

這不僅僅是我經歷過的事情，研究也證實這一點。關於這個主題，哈佛大學教授泰瑞莎‧艾默伯（Teresa Amabile）是我最欣賞的專家。她在《職場進步定律》（*The Progress Principle*）一書中，詳細說明專注於小規模、漸進式的改善，並經常為這些進步慶祝的工作者，就是最有成效**也**最快樂的工作者。這正是大處著眼、小處著手、順勢擴展會奏效的原因。你從一個微小的改善開始，完成了就慶祝一下，並繼續從那裡成長。一段時間之後，你將難以阻止自己持續前進。

最後，雖然習慣很強大，但它也有局限。雖然習慣可以督促你，但它無法為你指引方向。接下來，我思考著該如何讓我的日常工作呼應最重要的目標，也就是找到更多對的客戶，並跟他們進行更多對的生意。習慣確保穩步前進的動力，但如果沒有明確的方向，人很容易會做出適得其反的行為。這表示我們必須設定目標。

現在，有些生產力專家將嘲笑目標設定當成一股風潮。但是，他們錯了，設定目標是有效的。我在訓練課程教授設定業務開發目標，也一直驚嘆於目標設定的成效。此外，我也找到支持目標設定的科學論據。關於目標設定有效性的研究在 1960 年代成為主流。心理學家想要理解，為什麼有些人在個人和專業方面的表現，比其他人好很多。儘管多年來進行許多研究，但總體的答案仍然難以捉摸。許多研究發現目標設定有效，但少數人持不同看法。後來，研究人員艾德溫・洛克（Edwin Locke）審視使用數十年數據進行的 100 多項研究，發現目標設定與績效之間存在一個**極強**的統計相關性。研究顯示，寫下你想完成的事情，就能增加你順利完成那些事情的機率。這就是便利貼的好處。

要做到有持續性又成功的業務開發，就要掌握兩個祕訣，其一為精心設計的習慣，讓你度過順境和逆境，外加清楚且志向遠大的目標，讓你知道往哪裡前進。這同時結合起艾默伯跟洛克的觀點，而這種組合勢不可當。

業務開發能力是後天造就的

「我在研究所拿到好幾個學位，也成為所屬領域頂尖專家之一。不過在涉及客戶關係時，有些人天生就有這種技能，但我卻沒有。」

這種想法是我最討厭的事情之一。人們開始接受雪球系統訓練時，經常說起「有些人天生就有這種技能，但有些人沒有」。這根本是胡說。事實上，這種說法是有害的。有些人之所以能有效地建立關係，絕非 DNA 中某些基因造成的結果，相信這種說法只不過是逃避學習的藉口。

想想你所屬行業中的業務高手，無論他是任職於你的公司或其他公司皆可。相信你至少認識一位。儘管他的工作幾乎跟你一樣，對方卻能更迅速發展自身的業務。最糟糕的是，這種人什麼都懂，從尋找新機會、跟策略夥伴會面、吸引優質的潛在客戶到拿下大專案，一切看起來都輕而易舉，甚至趣味十足。對於我們這些平凡人來說，業務高手看起來就像擁有神奇魔法似的。

然而，我最喜歡引用以下這句話來回應上述說法。這句話出自科幻小說家亞瑟·克拉克（Arthur C. Clarke）：「任何足夠先進的技術，皆與魔法無異。」

這就是為什麼人們會妄下斷論，認為業務開發技能隱藏在 DNA 的一些祕密鏈結中，因此有些人「天賦異稟」。當他們看到業務高手採取行動時，他們認為那些技能似乎太先進了，他們無法做到。問題是，他們沒有看到業務高手依據成長策略運作，沒看到業

務高手工作疲憊，航班誤點，很晚才到家。他們沒有看到業務高手努力適應某種思考方式，也沒有看到業務高手寫下一份核心關係名單，以便維持客戶關係，並月復一月地與核心客戶保持聯繫。沒錯，業務高手是後天造就的。

我們想出各式各樣的理由解釋業務高手為什麼能夠**贏**得優質客戶的青睞、談成利潤豐厚的專案，並且擔任團隊領導職務。而那些理由包括，天生的魅力、迷人的外表，以及「厚顏無恥」的推銷技巧。然而，上述理由只是我們為了逃避讓人感到不舒服的事實：儘管我們可能是一位能力勝過他人的專家，**但那樣還不夠**。一旦我們在所屬領域達到某種能力水準，具備業務開發能力才能讓自己迅速升遷。

業務開發跟其他技能一樣，都需要學習和練習，但這兩件事你早就知道怎麼做。畢竟，你就是透過學習和練習，才掌握目前工作的基礎知識。因此，選擇刻意學習業務開發，只表示你接受以下事實：一旦你有足夠的專業知識跟客戶和潛在客戶溝通，學習業務開發是最可能讓你成長的途徑。

我明白現在你可能很沮喪，因為我自己也遇過同樣的阻礙：「你在開玩笑嗎？我花 10 年功夫才讓我的工作上手，現在我必須重新開始學習某樣新事物？」

初心（Shoshin）是禪宗的一個概念，意指「初學者的心態」。保持初心的意思是，就算你的能力達到某種高水準，在練習時也要沒有任何先入為主的觀念或期望。一旦你在所屬領域成為專家，就需要謙卑，才能掌握另一項新技能。倘若只是安於現狀，仰賴原有

的成就和一切，那當然很容易。

在職業生涯初期，學習技能要容易得多。但是身為專家，要在學習新事物上獲得進展，就需要大量的初心。無論在本身專業領域的成就多麼傲人，每位學習業務開發的學生都是從零開始學起。

在你成為業務高手的過程中，最後一個重要注意事項是，現在你有兩門課要修，必須排好優先順序。那麼，應該是你的核心專業知識比較重要，還是業務開發比較重要？

人們自然會認為應該優先考慮自己的專業知識，也就是自己拿薪水做的工作。但是，從我培訓成千上萬名業務型專家所看到的情況來說，優先考慮業務開發，反而能帶來更多的成功。原因很簡單，如果你先專注於自己的核心專業知識，那麼你可能永遠無法改善業務開發工作。但是，如果你把業務開發當成首要任務，你在過程中自然會精進自己的專業知識。這是一舉兩得的交易，當你學習業務開發，你的專業知識自然免費升級。你會跟更多的潛在客戶交談、在專業會議上發言、設計宣傳資料、跟策略夥伴共進午餐等等。因此，你會了解產業的脈動，並直接切入客戶最迫切的問題。業務開發應該成為你專業發展努力的目標。只要你用心去做，就會獲得回報。

業務高手的特徵

所以，業務開發並不神奇，只是跟先進技術有關。**業務開發這門技藝就是找到合適的潛在客戶，然後為其設計完美的購買體驗。**

身為專業人士，我們不願意將這個流程稱為「推銷」。「推銷」一詞讓人想起一種形象，也就是不老實的汽車推銷員推銷停車場裡各式各樣的車款，但卻不是你需要的車款。他們不太懂車，也不聽客戶說什麼，當你跟他買的新型油電混合轎車故障，要找他處理時，他卻不見人影。

這跟我們想要努力的方向背道而馳。身為長年鑽研專業知識的專業人士，我們最大的志向就是成為值得信賴的顧問。我們認為傳統推銷違背我們的想法，也使「推銷」一詞被汙名化。（如果你還沒有看過大衛·梅斯特〔David Maister〕的著作《值得信賴的顧問》〔*The Trusted Advisor*〕），請把這本書加進你的閱讀書單中。我在職業生涯初期就看過這本書，也一直重新翻閱。）

成為值得信賴的顧問意謂著什麼？想想你在生活中信任的顧問。比方說，你聽從會計師的建議，買了很多股票嗎？你會依循律師的建議做法嗎？還是你會遵照醫生的處方服藥呢？我們每個人都信賴少數幾位專業人士，因為首先，他們有自己的專長；其次，他們清楚地表明，他們考量到對我們最有利的做法；再者，他們告訴我們實際做法，而不是講我們想聽的話。你知道當風險很高時，你可以相信自己信賴的顧問，而不會想找其他人求助。

當你認識的人遇到你的顧問擅長解決的問題時，你會建議對方找你的顧問幫忙。你是一位狂熱粉絲。有你這樣的客戶，你信賴的顧問根本不需要浪費時間開發潛在客戶。

為了讓自己成為值得信賴的顧問，我們不想向對方推銷，而是想幫助對方。業務高手就是客戶幫手。當我們將負面的「推銷」，

重新定義為積極的「幫助」時，我們對整個流程的厭惡感就會消失。我們不是在尋找新的潛在客戶並對他們推銷，而是在提供他們真正需要的幫助。跟名單上的客戶第一次碰面嗎？找出可以幫對方什麼。跟你想贏得的客戶共進午餐嗎？找出可以幫對方什麼。沒辦法讓對方回你電話嗎？那就找出可以幫對方什麼。

成長的首要步驟就是，將你的心態從推銷轉變為幫助。消極看待成長的人不會進步。而那些真正想要用更重要、更深入的方式，幫助更多更多人的人則自然會找到機會並發展機會。

牢記這一點後，接下來我們將深入探討人際關係。我們常常因為錯誤的原因，把時間和精力花在不對的人身上，然後納悶自己為什麼沒有得到想要的結果。那麼我們該如何成為最重要客戶所信賴的顧問？現在，我要介紹一個工具，讓你在建立關係時找對重點。

投資你最重要的關係

身為專業人士，你最重要的任務是穩定經營每個重要關係。當然，這不僅適用於客戶關係，也適用於可能對業務產生有利影響的其他人士。

為了成為真正的業務高手，你需要一套系統化的方法，將你的關係善用到極致。其中一部分的挑戰是，弄清楚在眾多可能的關係中，哪些關係才值得投資。時間和精力是最寶貴的資源，我們卻將它們廣為分散。因此，我們應該著重在那些容易接近且已經想要花時間跟我們討論的人。不管情況有多麼艱難，若想在業務開發方面

取得成功，就要採取嚴格審慎的方法，建立最重要的關係。

更好的人際關係將改變你生活的各個層面，包括個人生活和專業生活。當然，對你的業務和職業來說，善用周全有系統的方法創造更多、更強大且更有價值的關係，才能產生更大的影響。這個系統的目標很簡單，就是將重要人士變成狂熱粉絲。

管理暢銷書作家肯・布蘭佳（Ken Blanchard）在其著作《顧客也瘋狂》（*Raving Fans*）中，率先提出「狂熱粉絲」（raving fan）一詞。他認為，擊敗競爭對手的最佳方法是，妥善照顧你的客戶和顧客，讓他們忍不住要跟所有人談論你。當你持續為客戶提供優質服務時，他們會開始為你、你的誠信、你的服務和你的公司感到瘋狂。狂熱粉絲是迄今為止最棒的行銷策略，而興奮客戶的熱情推薦，就是最棒的銷售線索。

我們大多數人都很少考慮到投資關係這件事。通常，我們只是靠運氣、工作和計畫跟客戶談成交易。然後，在我們應該對剛談成交易的新客戶花加倍的心思，找到讓關係更深入的方法時，我們反而忙著解決其他客戶的問題，讓這個剛建立的脆弱關係因此枯萎。

心理學告訴我們，建立新的行為需要時間和重複練習。我們希望新客戶養成跟我們和我們的產品或服務互動的習慣。這就是為什麼，最初幾週和幾個月的關係最重要。現在就打好客戶關係，那麼未來幾年，你的客戶關係就會在穩定的基礎上繼續發展，這也是研究人員所說的「初始效應」（primacy effect）的更廣泛應用。所謂的初始效應指的是，我們會更記得最初的印象，因為初始印象像錨一樣制約我們。關係的萌芽是相當微妙的時期，搞砸了，想要恢復就

很難。但若做對了，你就建立難以阻擋的動力。

不相信我說的嗎？那麼，讓我介紹我的業務開發碰撞測試假人（crash-test dummy）＊彼得‧賽勒斯（Peter Sellers）。他來這裡是為了犯錯，這樣你就不必犯錯。

彼得要跟潛在客戶莎莉‧貝爾（Sally Beier）開會。他透過共同朋友得知莎莉對彼得的公司印象不好。莎莉認為以往彼得的公司浪費她的時間，做出承諾卻未能實現。事實上，莎莉是因為給共同朋友面子，才答應跟彼得見面。

彼得下定決心要消除莎莉的懷疑，因此為這次會面做好充分準備。他知道他和他的公司可以提供莎莉很多東西，沒理由讓以往不愉快的經驗，阻礙彼得跟他的公司為莎莉提供服務。

在會議當天，彼得打扮入時，提前 10 分鐘到達會場，並完成一個精彩且引人入勝的簡報，同時把重點放在莎莉和她的業務迫切需求的事項上。正如你所期望的那樣，所有準備工作都得到了回報。雖然莎莉起初很冷淡，但彼得的專業精神和承諾，讓她開始做出善意的回應。他們針對後續步驟進行良好溝通，會議按時結束，彼得同意在幾週內打電話跟進。

幾週過去了，彼得忙著準備跟另一位潛在客戶會面，這次的商機比他和莎莉會面的商機更大。他還要準備一份備忘錄，他的姻親們正要來城裡度假，而這次家族假期就在幾天後。他怎麼有時間做他應該為莎莉做的事呢？給莎莉寄一封電子郵件嗎？那下一步究竟

＊ 【編注】碰撞測試假人，原指用來模擬車禍對人體影響的擬真人偶。此處作者借喻為讓彼得先犯下業務開發常見的錯誤，替我們收集資料並能加以改善。

是什麼？**好吧，我會慢慢想起來！**彼得做出錯誤的決定。他在筆記上寫下，度假回來後，馬上跟莎莉聯絡。

兩週後，彼得度過一次很棒的旅行，全家人都開心享受戶外活動。他回到辦公桌前，發現自己在筆記上的註記而感到悶悶不樂。他決定打電話給莎莉，談談 1 個多月前碰面的事。他會弄清楚自己應該做什麼，因為他正在這樣做。

彼得跟莎莉通上電話時，他馬上意識到情況有點不對勁。莎莉對他很冷淡，就像她在第一次見面時一樣。她的回答簡短乾脆，甚至是策略性的開放式問題，以致整個對話無法繼續。

彼得很困惑，當初莎莉對他的印象很好啊。彼得再次跟進，結果踢到鐵板。

這種事經常發生。潛在客戶有先入為主的想法，而專業人士試圖在初次拜訪會議上改變潛在客戶的先入之見，並承諾能做出不同的結果。然而，專業人士最後卻無法兌現承諾，因此強化了潛在客戶原有的印象。如此一來，當然就失去了另一個機會。

以上述例子來說，莎莉原先就對彼得公司的專業人士印象不好。彼得在跟莎莉第一次開會時努力表現，讓莎莉知道他不一樣。但他卻沒有依照承諾跟進，因此加深了莎莉先前的想法。所以，雙方就沒戲唱了。

我們總是把業務開發的失敗歸咎於潛在客戶和他們的想法、態度和意見。畢竟，如果你想跟莎莉這種抱持懷疑態度的人推銷，結果沒有成功，你可能會歸咎失敗在她的「態度」上。如果她已經對你的組織或一般業務人員吹毛求疵，那你何錯之有？

但事實上，客戶的「態度」根本不重要。就算莎莉對彼得的組織持中立態度，她也可能對她在其他地方遇到的其他業務型專家有成見。我們先前被要求採訪客戶的客戶，他們當中大多數人告訴我們，初次拜訪會議往往都以失敗告終。遺憾的是，像彼得那樣缺乏後續行動卻是常態。你應該在進入每一段新關係時，想像自己在爬山，因為情況通常是這樣。

　　要是彼得採取不同方式處理那位潛在客戶，情況會怎樣呢？讓我們重新以不同方式，再進行一次碰撞測試。

　　在初次拜訪會議隔天，彼得寄了一封謝函給莎莉，也在信中摘要彼此達成的共識要點，以及他仍需要在內部釐清的事情。他還透過 LinkedIn 發出加友邀請給莎莉，並指出他們共同認識的一些朋友。

　　3 天後，彼得進行另一次跟進，也回答了待釐清的問題，只剩下一個問題需要徵求專家的意見（但那名專家正在休假）。

　　4 天後，他針對最後一點提出後續行動。

　　接下來那週，彼得把《哈佛商業評論》（*Havard Business Review*）一篇報導的連結寄給莎莉，那篇報導跟莎莉目前面臨的問題有關。「我想妳可能會覺得這篇報導有幫助。」他跟莎莉這樣說。「看看第二頁討論……的引述。」

　　2 天後，彼得透過電子郵件將莎莉介紹給一位處理過同樣問題的現有客戶（也是彼得公司的狂熱粉絲），並提到這位客戶樂意跟莎莉討論她的問題（彼得當然要在場或三方通話或連線）。

　　最後，彼得依照承諾打電話給莎莉，跟進上次進行的初次拜訪

會議。

這通跟進電話會怎樣發展呢？莎莉還會對彼得的公司有成見嗎？她還會拒絕回應嗎？

行動勝於雄辯。在初次拜訪會議前費盡心思是沒有意義的，但在初次拜訪會議後，對後續行動全力以赴卻很重要。你可以透過重複和一致性建立信任。你對潛在客戶投入愈多時間，你跟潛在客戶的關係就愈好。

這裡說的時間未必只是跟潛在客戶面對面的時間，也可能是寄發研究結果、有助益的引介，或分享對方可能有興趣的文章連結。雖然我們無法控制他人的整體觀念、看法、信念和價值觀，但我們可以控制自己的行為。塑造他人對你的看法的最簡單方法就是，說出你的計畫行動，然後一遍又一遍地據實完成你說的事項。

當你照這樣去做時，就能建立信任。信任是關係中最重要的特質，但也是最脆弱的特質。一旦失去信任，就很難恢復。信任需要慢慢地培養，每次做出承諾並保持承諾時，就會提高一點點信任。但信任卻會迅速縮小，當你違背各項承諾時，信任感就會大幅降低。

當然，建立超出熟人程度的關係，需要的不僅僅是持之以恆地說到做到。對於大多數專業人士來說，最艱難的一步是讓付費客戶跟你的關係不僅止於工作夥伴。一旦有人跟我們簽約，委託我們工作，我們大多數人傾向於認為建立關係的工作「已經完成」。然而實際上，建立關係的工作才剛剛揭開序幕。

行為科學家使用 R 作為**強化**行為的簡寫。R+ 是正強化物，R−

是負強化物。當彼得準時出席初次拜訪會議，並針對莎莉的需求進行一場有用的簡報時，他為莎莉創造了 R+ 體驗。當他沒有按時跟進，無意中重複莎莉跟公司其他專業人士接洽時經歷的相同行為時，他就創造一種 R– 體驗，強化莎莉原本的負面看法。

雖然先前的 R+ 沒有造成損失，但唯有透過反覆持續、積極的強化，一個人才會從負面意見轉換為正面意見。研究顯示，需要一小撮 R+ 事件才能中和一個 R– 事件！壞的行為比好的行為更強大。在一篇名為〈壞比好更強大〉（Bad Is Strong than Good）的論文中，美國凱斯西儲大學（Case Western Reserve University）和阿姆斯特丹自由大學（Free University of Amsterdam）的羅伊‧鮑梅斯特（Roy Baumeister）等人，針對 100 多項心理學研究進行統合分析。他們發現，人類的心智會把負面事件記得比正面事件更久，而且負面事件的影響也更強大。（我們對自己做的事情卻是例外，我們傾向於過分強調自己什麼事做得好，卻不太強調自己什麼事做不好。我一定是怪咖，因為我似乎只記得自己的失敗！）

那麼，壞究竟比好強大多少呢？這取決於事件的背景和研究。他們引用的一個研究發現，在浪漫關係中，負面事件比正面事件強大 5 倍。在我們的訓練中，我們以 4：1 的比例作為一般經驗法則。你可以想成是，你可能會在一家新餐廳連續享用幾次美食，但是遇到非常粗魯的服務生和食物中毒事件後，你就再也不會去這家餐廳消費。

你在每次互動中的目標都是為對方創造大量的 R+ 體驗，這可以讓你不會受到難以避免的負面影響。當然，你可能必須先克服潛

在客戶過去跟其他人接洽獲得的 R– 體驗。由於每段關係都是你與對方之間所有 R+ 和 R– 互動的總和，以及他們透過其他來源聽到關於你的評價。因此努力累積 R+，你會看到你跟潛在客戶的關係愈來愈好。

培養狂熱粉絲的做法

每一個不斷發展的業務開發關係都會經歷以下 7 個階段。

目標客戶。這是你想認識，但還不認識的人。你的下一個步驟是獲得引介，或以其他方式為他們提供非常有價值的東西，讓他們覺得有必要跟你聯繫。

認識的人。這是你見過，但沒有進一步接洽的人。能見上一面可能是一件大事，但你還沒有跟對方討論過你的工作，所以下一個步驟就是讓對方好奇你的專業知識。

好奇的懷疑論者。他們有興趣學習更多，但也懷疑你是否能滿足他們的需求。也許他們認為他們的需求已被滿足，或者還有更容易或更好的方式滿足他們需求。下一個步驟通常是提出給予就會有收穫提案（稍後會詳細介紹），好讓他們可以大略了解你提供的價值。

新客戶。這是已經雇用你進行初期付費專案的人，但這種關係仍未經過考驗，所以相當脆弱。做好工作很重要，但還不夠。你需要了解客戶的未來目標，這樣你才能從更重要的層面幫助客戶。下一個步驟是持續參與或提供其他專案。

穩固的工作關係。這是信任你做某些類型工作的人，但這種關

係並沒有超越付費工作。你的價值仍然局限於你執行的付費工作。我們看到很多專業人士停留在這個階段，因為他們認為做到這樣就可以停止投資關係。但是，當你只是做好自己的收費工作，沒有更全面地提供價值，你就是把自己打造成商品，因此很容易被替換掉。下一個步驟是繼續在新的領域增加價值，超出你的收費範圍，特別是那些跟客戶個人和業務優先事項呼應的領域。

忠誠客戶。這種關係不再局限於目前處理的具體工作，客戶現在視你為商業專家，也就是梅斯特所說的「值得信賴的顧問」。因此你會樂意幫忙客戶處理收費服務以外的事情，而客戶也會向你請教重要主題。這種「超越工作本身」的互動就是你可以幫助客戶的最寶貴方式之一。讓人出乎意料的是，要提升這種關係到下一個階段，就得要求客戶當推薦人或介紹人。正如我們稍後會看到的，**互相幫助**的關係是最重要的。你現階段的客戶希望幫助你獲得成功，而你只需要開口要求。

狂熱粉絲。這些人非常熱愛你的工作也欣賞你如此樂於助人，所以他們忍不住要告訴所有可能因為認識你而受惠的人。這是你在每個重要關係中的目標，也就是狂熱粉絲成為你的個人銷售團隊。做到這種程度的下一個步驟是，要求客戶介紹更多可能因為認識你而受惠的人。在這裡，你再也不是一種商品，你是客戶過去和未來成功的重要一環。

在你的業務管道中的每個關係，都存在於這 7 個階段的其中一個階段。正如你所看到的，每個階段都需要一個不同的策略，才能前進到下一個階段。通常，要讓目標客戶變成狂熱粉絲，可能需要

幾年的時間。但是當業務高手有系統地進行此事時，整個流程就可以縮短到幾個月。幸虧有首要名單（Protemoi List），讓我看到這麼美好的事情得以一再發生。

首要名單

關係是你未來成功的核心。有些人讓宇宙決定他們認識誰、日後會認識誰，以及關係進展的速度。有些人則善用一套流程，總是一步步地向前邁進，每週有一點進展。猜猜看，誰能獲得更多業務？

對於業務型專家來說，狂熱粉絲是終極獎勵。這些人積極主動地幫助你成功。如果預算枯竭，他們會在資金開始流動時，先打電話給你。在競標中，他們是你的內部支持者。當他們跟同事交談時，他們會談論你有多麼棒。

從目標客戶階段進展到狂熱粉絲階段，顯然適用於潛在客戶和客戶。但正如我們所看到的，這 7 個階段也是讓我們**解所有**重要業務關係的實用濾鏡。想想到目前為止，對你的業務和**職業**發展軌跡產生最大影響的人，不只是那些重要的、快樂的客戶，還有熱心當你的良師，早在你知道自己夠資格前就讓你升職的老闆。或那位經常介紹潛在客戶給你，人脈很廣的影響力人士。或一直讓你了解所有行業變化的前任同事。有些人真心為你著想，如果他們處於正確的位置，就能發揮極大的影響力。

你的狂熱粉絲有什麼共同之處？他們為什麼這麼喜歡你，喜歡

到願意竭盡全力幫助你獲致成功？對大多數人來說，人際關係總神祕地形成，因此跟新認識的人要麼投緣，要麼就不投緣。但實際上，我們的關係能發揮的作用，遠超乎我們的想像。

事實上，我們的確有可能把**所有**最重要聯絡人都變成狂熱粉絲。但正如我們在 64 頁的彼得和莎莉的例子所見，要把客戶變成狂熱粉絲得透過長期且持續地努力。你不能在第一天讓人留下好感後，過 1 年才跟對方聯絡，還指望這段關係跟 1 年前一樣。雖然客戶幾乎都能成為狂熱粉絲，但要做到卻一點並不容易。因此，你無法指望投入並維持每個潛在客戶需要的時間和關注，更不用說接觸聯絡人名單中的每個人（雖然你可能覺得有義務要聯繫所有人）。

那麼，你該把心思花在哪裡？是在你最優質的客戶，還是讓你最不開心的客戶？或當你邀請他們共進午餐時，真心答應的人？還是職務頭銜最高的人？

正確答案是，首要（Protemoi）名單上的人。Protemoi（發音為 pró-tuh-moy）是希臘文，意思是「同儕之首」（first among equals）。無論你跟對方是否存在積極互動，首要名單能幫助你投資最重要的關係。畢竟，有些人對你獲得成功的重要性，比其他人來得高。由於你的長期成功很仰賴這群人，因此你的首要名單就是列出這群人的名字，並將他們牢記在心。

你的首要名單代表你的潛在狂熱粉絲名單，你必須跟這群最值得投資的人建立特殊的關係。在一段關係中，「投資」可能意謂著透過電子郵件發送相關文章、打電話告知某個酷炫的產品創意，或邀約晚餐一起腦力激盪。

有些人的首要名單從 5 個名字開始，有些人從 25 個名字開始，但這個數字大概是上限。研究顯示，當目標變得更有挑戰性但仍能實現時，人們就能堅持該項新習慣。記住：大處著眼、小處著手、順勢擴展。

我最喜歡的關係專家之一是《別自個兒用餐》（*Never Eat Alone*）的作者啟斯・法拉利（Keith Ferrazzi）。在書中，法拉利談到制定一系列關鍵關係的重要性：「事實上，你甚至不需要方法來開始了解關係。你需要的是專注和關注。」

我在寫這本書時，剛好有機會請法拉利針對業務型專家的關係管理發表高見。「關係對每個人都很重要，但對業務型專家來說特別重要。」法拉利告訴我。「許多事業開發商推銷產品，但以業務型專家的例子來說，很多時候他們**本身就是**產品。這讓關係管理的重要性提升到最高水準。當關係至關重要時，你就**必須**將它們寫下來。**你必須擬定一個計畫。**」

你自然會與你日常接觸過的許多人建立聯繫，比方說，你小孩的終極飛盤隊（Ultimate Frisbee）中的其他家長，或碰巧坐在你旁邊工作的人。但對於關係導向的業務開發，我們不能依靠意外發現，也不能仰賴記憶，而是必須擁有一個好的計畫，而每個好的計畫都從名單開始做起。

設計自己的首要名單

那麼誰會列在你的首要名單上？健全的組合通常是客戶和潛在

客戶占 3/4，其他可以間接幫助你進行業務開發的人占 1/4，包括推薦人、你的老闆、影響力人士、策略夥伴或你仰賴的其他專家。

這個比例會因為業務領域而異。有些業務型專家為特定客戶做了大量工作，然後客戶再也不需要他們的服務，譬如：婚禮策劃人員和損害控制公關專家。在這些情況下，首要名單可能完全由策略夥伴組成，他們可以推薦合適的客戶。而對於只為一個主要客戶提供服務和拓展業務的客戶經理來說，整個首要名單可能是由客戶公司的領導者組成。無論你的業務領域是什麼，都要定期根據對你的業務最有價值的關係進行調整。

我們現在要設計你的首要名單。取得**首要名單**工作表或拿出你在第 1 章寫下 7 位重要人士名字的那張紙，並再次查看左側的人名，想想這 7 個人真的是你關係管道中最重要的人士嗎？請編輯你的工作表或你當初寫的名單，我們要更新這張名單。

專業人士經常犯以下錯誤，他們只關注已經在自己人脈網絡中的人。雖然關注自己認識的人，而沒有關注想認識的人是人的本性。但業務高手懂得權衡，他們不但關注現有關係，也會關注未來最值得認識的人。儘管你可能覺得，把素未謀面的人加到首要名單上有點奇怪，但你不妨試試，同時眼見有價值的新關係漸漸發展。你更會因此著迷於尋找和拉攏新的首要人士的過程。

每月快速修改一次你的首要名單，並牢記名單。瞄準你認為可以投資的人數，但不要被工作範圍局限，也別卡在選擇首要人士的過程中。如果你很難想起某人，就表示他們對你的首要名單不夠重要。現在，馬上將你需要的任何人加到首要名單中。動作要快，立

即行動。

接下來，在首要名單的頁面上再添加兩欄：「關係階段」（還記得先前列出的 7 個階段，如目標客戶、新客戶、狂熱粉絲等）和「下一個步驟」。首要名單是一個管道，目的是協助你逐步促進與這些人的關係。了解首要名單上的每個人在那 7 個階段的位置，可以告訴你下一個步驟該做什麼。但當你在釐清每段關係的所處階段時，請對自己誠實。

「下一個步驟」是最重要的一欄。在這裡，寫下你可以採取的具體行動，好讓你邁入關係的下一個階段。在實務上，這些具體行動可能是打電話詢問對方跟女兒參觀那些大學有何感想，或透過電子郵件發送《哈佛商業評論》的相關文章，或建議共進午餐討論下一個會計年度的目標。而下一個步驟應該是建立關係，而不是被客戶認定為業務拜訪。所以，避免「跟進我們上週寄出的提案」。（我會介紹另一個工具讓你管理特定機會。）

現在，你已經完成第一份首要名單。隨著時間演變，你會愈來愈熟練如何製作這份名單，並依靠它的力量將你的努力集中在最重要的地方。現在，你已經掌握雪球系統基礎的主要部分，但我們才講到本書第 2 章呢！

大多數高階專業人士會告訴你，關係是成功的最重要因素。然而，他們並沒有用系統化的方法，為關係和對關係的投資排列優先順序，甚至多半只是設法把這些事情放進腦袋裡。你就是這樣嗎？當你在開車上班途中，突然想到「要給卡里姆寫一封電子郵件！」然後其他事情突然卡進來，結果那封電子郵件根本沒寄出去。5 年

過去了，卡里姆被任命為執行長。現在給他發電子郵件好像有點諂媚。「嘿，還記得我嗎？那個沒有保持聯繫的人？我剛剛看到你在我的客戶名單中。一起吃午餐吧，我可以跟你說說我們公司在做什麼，如何？」

因此，我們還有一種更好的做法。

利用資產清單創造 R+ 體驗

我們已經排定好最重要的關係，一切準備就緒。現在，要做什麼？首要名單只是提醒你依照目前的工作跟進客戶，但它無法代替你的工作清單。相反地，首要名單是一部**正向機器**，一個可持續和系統化地為每位首要人士創造 R+ 體驗的工具。有時，R+ 體驗是你所提供的服務。然而，更常見的是，這種 R+ 體驗來自於利用你跟客戶的下一次互動來增加價值。

價值可能以多種形式呈現，從推薦商業書籍、介紹你認識的人給客戶、分享相關談話的影片到約客戶喝咖啡等等。當你透過這類有形事項，為互動增加價值時，我們將其稱為一種**資產**（asset）。

在你接觸首要名單中的十幾位人士前，等待靈感出現是行不通的。你必須先花時間研究和挖掘一些東西，而不是**魯莽行事**。這部分的流程跟你的其他策略一樣，都要系統化，好讓你可以建立並維持這個習慣。最有效的做法是，設計一張**資產清單**（Asset List）。這張清單必須隨手可得，且清單上列出可以為互動增加價值的事項，讓你可以迅速發送給首要名單聯絡人，創造簡單的 R+ 體驗。

對你的首要名單聯絡人來說，資產可能是任何有用或有趣的東西。雖然我們的許多客戶首先考慮的是商業事項，但任何可以增加互動價值的東西都可能發揮很好的效果。比方說，跟興趣、運動隊伍和健康建議有關的資訊。或者使用影響力模型（gravitas model，你將在第 7 章中學到這個模型）以及你在雪球系統中學到的其他工具，找出你跟客戶的共通性，像是：你們都熱愛什麼？在選擇要發送的資產時，「雙方共通點」始終是一個好的開始。而資產類別包括以下內容。

有趣的人

在你認識的人當中，如果有人跟你的首要名單聯絡人有共同興趣、愛好或事業經歷相同，就介紹他們彼此認識。你介紹他們彼此認識時，通常也會一同參加初次拜訪會議或電話會議，並且很可能得到雙方的認可。

想法

你是專家，你有想法。而跟客戶超越工作關係的最佳方法之一是，除了本身工作外，為客戶提供額外的幫助。你可能會在餐巾紙背面畫草圖，說明一個新概念並跟客戶分享（我在本書後續介紹的一些模型就是這樣開始的）。你可以解釋跟交易有關的一個消息或工具，也可以向客戶建議其他行業的成功新技術，因為那或許可以應用於客戶的產業。你甚至可以跟客戶提出你設計好、但尚未找到合適客戶的某個解決方案。「**構思尋找客戶的方法**」是另一個開啟

對話的好方法，別人會幫助你集思廣益。

產業新聞

你可能每週已經投入一些時間追蹤所屬行業的最新進展。但不要只注意社群媒體的更新、部落格文章和新聞報導，而是開始將有價值的資料列入你的資產清單。如果你認為有些東西有用，很可能你首要名單上的很多人也會覺得有用。

書籍和文章

書籍和文章總能成為優質資產，尤其是如果它們有助於說明你已經跟對方討論過的想法或概念。但務必讓收件人知道該看哪個特定段落，你可不希望發送電子郵件跟對方提到《管理理論入門》並說：「你需要這個。」（這種方式可能適得其反！）相反地，你必須對收件人提出具體的建議。這就是神奇之處，是關懷的來源。如果你打算寄一本書，請寄實體書並附上一張便條紙，親筆列出對方應該閱讀的部分以及原因。至於文章，不要只發送連結，因為連結有時會更動，或者出現付費訊息或其他技術干擾，那反而讓你精心設計的 R+ 體驗，變成 R− 體驗。所以，除了分享連結外，不妨將對客戶有用的文章，製作成 PDF 檔，附加到你的電子郵件中，以簡化操作。

其他媒體

現在，你還可以分享有用的網站、影片、播客、網路研討會或

任何其他數位資產。再次提醒，讓人們容易操作使用。務必先看過或聽過你要發送的任何項目的全部內容，並讓收件人知道該收看或收聽哪些部分。別只是分享影片連結，對方不會觀看長達 1 小時的網路研討會。你要告訴他們直接跳到 14:05，看講者花 2 分 30 秒解釋他們會感興趣的行銷概念。

嗜好

　　如果你發現自己跟客戶有共同的興趣或消遣，不要猶豫，直接善用共同的興趣拉近關係。在談話時始終全神貫注，尋找線索。如果客戶提到看過一部獨立製作的藝術電影，你可能會告訴他們即將舉辦的電影節。如果他們是健身愛好者，你可能會告訴他們，你即將參加 5 公里慈善路跑，也許他們會跟你一起慈善路跑！

　　當你努力維護自己的資產清單，你將有很多可能的選擇，而你只需要花一點時間瀏覽資產清單，再把它們定期提供給你首要名單上的聯絡人即可。馬上開始在資產清單上增加許多有助於客戶互動的事項吧。之後，只需在白天時打開清單檔案，養成在瀏覽網頁或開完很有收穫的腦力激盪會議後，在資產清單上添加項目的習慣。

　　你的資產清單將包含 PDF 檔案、網址連結、影片和其他類型的文件，但文件檔或試算表可能無法滿足需求。以我個人而言，我使用跨平台應用程式 Pocket 儲存我的資產清單。這讓我能夠輕鬆地從網路上擷取任何類型的數位資產，並快速搜尋和發送相關資產，即使我在旅途中也是如此。我甚至可以透過儲存人們的 LinkedIn 個人檔案連結，把他們的資訊儲存到 Pocket。

我喜歡 Pocket，但許多軟體工具都有類似功能，從 Google Keep 到微軟 OneNote，每天都會出現更多類似功能的軟體可供選擇。挑選一個適合你個人、你的平台和工作方式的軟體工具。重點是，繼續擷取資產。我的學員告訴我，當他們開始努力擷取資產，便大幅改善他們為客戶的生活增加價值的能力。所以，看到很酷的資訊時，就趕快擷取下來！

推進關係的重要 3 個 C

恭喜！你已經設計出首要名單和資產清單，而你知道如何使用後者驅動前者。現在，讓我們建立你的 R+ 裝配線，也就是你持續且系統化地為最重要人士創造正向體驗的流程。

首先，每個月安排 1 小時專心做好首要名單上的工作。在這個小時內，檢視整個名單，針對這個月還沒有互動的每位人士，標註「我正想要跟你聯絡」。

接下來，策劃一個可以為其中幾個人增加價值的資產，增加的價值愈多愈好。依據個人差異來客製化資產，然後個別發送。客製化是這個步驟的關鍵。每個人都會瀏覽自己的電子郵件，以便從收到的所有一般訊息中，區分出真正為他們所寫的內容。所以，使用特定的措詞，說明對方為什麼會喜歡你提供的資訊。具體告訴他們要注意什麼，並盡可能地個人化。然後，找到適合其他幾個人的其他資產，以此類推，直到你當月跟名單上的每個人都聯絡過，便大功告成！

舉例來說，假設你最近將一篇跟你追蹤的產業有關的有趣文章，加到你的資產清單上。在你花 1 小時檢視首要名單時，找出這篇文章適合寄給首要名單上的哪些人。發送電子郵件給他們，列出文章摘要以及原始連結和 PDF 版本。簡單解釋一下，你特別寄送這篇文章給他們的原因。先寄出一封後，然後為名單中可能也會對這篇文章感興趣的每個人，發送同樣的資料，但內文訊息依據對象稍做調整。在某些月份，可能你要寄資料給名單上的每個人。但記住這 3 個 C：擷取（capture）、策劃（curate）、客製化（customize）。

　　實現這個簡單流程，就像設定退休帳戶的自動投資一樣。開始需要一點點努力，後來就不用多費心思。1、2 年過去，你「突然」發現自己的帳戶有好多現金。這些錢都從哪裡來的啊？我現在有錢了！同樣地，在實施首要名單和資產清單流程一段時間後，你會「突然」跟那些你很久以前幾乎不認識的人建立起良好關係，且那些人對你的業務日漸重要。

　　當然，你有一個每月流程並不表示你不能在任何其他時間，寄送相關資產給首要名單上的聯絡人。比方說，如果你跟某人講完電話，這段對話觸發你對一項資產的想法，請趕快行動，立即發送。

　　我們已經看到關注對的關係，如何推動成功。與其讓世界決定我們花時間在誰身上，不如自己掌控投資我們未來想要擁有的人脈關係。而且，我們有一個積極主動的計畫。

　　現在是時候向外看了。這個世界如何看待你？你目前在市場的**定位**為何？ 對於潛在客戶來說，你是他們想都不用想的首要選擇

嗎？

　　在下一章中，你將學習如何建立一個強大又好記的品牌，從策略角度定位自己，吸引理想客戶源源不絕地上門。定位是業務開發的核心。做對了，你永遠不需要再為尋找潛在客戶而奔忙。

3 | 精準定位
贏得客戶青睞

　　要創造更多你想要的業務，首先得主張你的價值。如果你不了解客戶的問題，或不知道如何定位自己為解決客戶問題的最佳人選，那你就麻煩大了。

　　你最擅長什麼？你的產品如何與其他產品區隔？你為誰而做，他們為什麼要選擇**你**？

　　試想有隻飢餓的熊站在河床上的某處。如果牠站對地方，午餐就會自動上門。這就是有效定位的美妙之處。如果你適當地定位自己，生意就會像扭動的鮭魚落在你的腿上。如果你不這樣做，最後必定會感到寒冷潮濕，一點成果也沒有。如果不堅守一個具有策略性的大膽位置，有效地讓你從競爭中脫穎而出，成長就會停滯不前。因為在你銷售的產品與潛在客戶想要購買的產品之間，存在著難以跨越的鴻溝。

　　麥克‧戴姆勒（Mike Deimler）了解策略和重點。他在波士頓顧問公司（BCG）負責公司的全球策略實務，而且一連做了兩任。

波士頓顧問公司是世界頂尖策略公司之一，該公司打破本身的規則，讓戴姆勒主導兩個任期的實務。基本上，一定要是非常特別的人，才能勝任全球最頂尖策略公司之一的策略業務，但要連做兩任，這個人肯定有**過人之處**。當我問戴姆勒在業務型專家這個圈子裡，具有獨特性並提供差異化產品的重要性時，他跟我說的話，完全出乎我的意料。（以下是戴姆勒提出的重點。）

身為波士頓顧問公司的合夥人，20 年來，我隨身公事包裡總是放著一個薄文件夾。打開文件夾，你會發現，我為每位客戶寫了 **1 頁資料**，並在上面寫下客戶執行長應該處理的**前 10 大最具策略意義的問題**，而且這份清單會持續更新。這些問題未必是波士頓顧問公司應該支援的部分，卻是我真心相信客戶應該解決的問題，所以我做出如此大膽宏觀的陳述。透過深入思考客戶該解決的問題，並將客戶的利益放在第一位，我可以吸引客戶討論這份清單。我不推銷，我只是有勇氣以一種主動深入的觀點，提出怎樣對客戶的公司最好，讓客戶感興趣。如此一來，生意就會源源不絕地上門。

戴姆勒找到自己在河床上的位置。他希望將自己定位為客戶執行長的首要策略資源。要做到這一點，他**善盡本分**。我保證這個定位幾乎對戴姆勒的所有客戶而言，都是獨一無二的，尤其是戴姆勒的做法更是針對個別客戶的需求而制定。這種做法顯示出 3 件事。首先，戴姆勒**了解客戶的業務，甚至可能比客戶自己都更了解**；其次，戴姆勒**主動積極**；再者，戴姆勒是一個資源，因此客戶不只享

有波士頓顧問公司的服務，甚至**任何重要事項都可以請教他**。戴姆勒的想法清單中蘊藏著這種獨特性。如果戴姆勒的想法被採納並獲得成功，那些客戶執行長會把這件事跟戴姆勒聯想在一起。當執行長們將成功跟戴姆勒聯想在一起時，他們會想更頻繁地徵求戴姆勒的意見。因此，除了波士頓顧問公司提供的服務外，戴姆勒更成為客戶處理所有重要優先事項時，會尋求的極其寶貴又獨特的外部資源。還記得先前提到成為值得信賴的顧問嗎？就是這樣做到的。戴姆勒沒有商標，沒有關於自己的行銷宣傳資料。他只是想出自己想以什麼聞名，然後透過每次互動強化它，並實現這個承諾。

讓我們把鏡頭轉向你。**你想要以什麼聞名**？在本章中，你會學習如何使用經過實戰考驗的 5 維定位流程，來設計你的定位。這個流程我已經向全國成千上萬名業務型專家講授過。你需要做的就是，跟隨它的引導，讓它告訴你如何傳達你的價值。在你的理想潛在客戶眼中，你將成為顯而易見的選擇，而且是唯一的選擇。你將使用這個流程的修改版本來定位你的組織、定位你自己和特定產品或個別交易。

要適當定位自己，你需要清楚了解你想吸引的客戶類型。我會告訴你如何鎖定目標客戶。但首先讓我們仔細檢視定位是什麼、定位如何運作，以及為什麼對像你這樣的專家來說，定位如此重要。

定位的力量

身為服務提供商，你的根本問題在於你不是城裡唯一的選擇。

如果你是提供獨家服務的業者，那麼業務開發當然很**簡單**。

「比爾，我需要找人幫助解決稅務問題。你能推薦一位優秀的會計師嗎？」

「當然可以，我朋友吉姆剛好是地球上最後一位會計師。」

「地球上最後一位？哇，那太好了。他的電話號碼是多少？」

在這種情況下，會計師吉姆的定位相當理想。在這個行業裡，他一人獨大，因此他可以挑選客戶。每個人（真的是每個人）都想跟他一起工作。只要客戶負擔得起，吉姆可以收取高價。市場上有無限的需求，但供給方只有一個，吉姆可以隨心所欲地發展自己的業務。而且，由於會計師如此新穎，他可以在晚宴上講起「這是會計界的事」這種詼諧笑話，來贏得眾人青睞。

但在自由市場中，吉姆如此輕鬆開發業務的狀態不可能繼續存在。要是珍也取得會計師執照時，會發生什麼事？現在有兩名會計師可供選擇。吉姆仍然很忙，但珍開始吸引他最喜歡的一些客戶。那麼吉姆該怎麼做來確保他的理想客戶選擇他，而不會選擇他的新競爭對手？（他已經知道，他的幽默感幫不上忙。）這就是定位派上用場之處，也就是向潛在客戶展現，為什麼你是滿足其特定需求的最佳（或唯一！）選擇。

定位不僅是為了對抗競爭對手。你在定位你的業務時，總有一個選項是「不是為了對抗誰」。比方說，潛在客戶往往可以選擇延後專案，或在內部完成工作。身體疼痛的人可以不做脊椎按摩療法調整，而是多吃一些止痛藥。以吉姆的例子來說，納稅人可以使用報稅軟體。定位不是讓客戶認為你是最不差勁的選擇，而是讓客戶

認為你是最有價值的選擇。當你這樣做時,潛在客戶就會渴望儘快跟你合作。

吉姆可以定位他的組織(或身為個人服務供應商的他自己)為「吉姆的會計比珍的會計準確率高出 3.2%」。吉姆也可以定位自家的服務、產品或實務為「吉姆的早鳥稅務服務,讓你最快拿到退稅」。或者他可以針對特定客戶的特定交易陳述道,「吉姆為鵪鶉蛋行業的獨特需求制定特殊策略,所以 QuailiCo 的企業稅務結構合理化。吉姆是最佳選擇!」

定位就是改變買家的看法。這可能會讓你懷疑,定位只是廣告的委婉說法。但事實上,情況剛好相反。

定位心理學

1970 年代時,企業在電視、報章雜誌和可以張貼的任何表面大打廣告,疲勞轟炸美國人。消費者一次又一次地被告知,汰漬(Tide)的深層清潔能力、香奈兒 5 號香水誘人的神祕感,以及可口可樂清涼解渴。

市場策略專家艾爾‧賴茲(Al Ries)和傑克‧屈特(Jack Trout)開始懷疑,光靠功能和承諾無法解釋為何有一些廣告特別能夠影響消費者,而其他廣告儘管**無止盡地**重複播放或刊登,卻一點作用也沒用。對於任何正常人來說,每天接收到太多廣告,反而讓他們根本無法有意識地處理所有產品資訊。因此賴茲和屈特決定,研究人們如何理解這種不斷增加的商品宣傳和品牌主張。

他們的研究顯示，產品做出的承諾愈少，消費者就愈有可能相信廣告。訊息的焦點愈明確，消費者的印象就愈深。

「定位，就是你如何在潛在客戶的腦子裡脫穎而出。」他們寫道。光是談論你的產品比較好是不夠的，你說得愈多，客戶聽到得愈少。定位的藝術是，務必要排除冗餘資訊，只說明最能區別和提升你的商品或服務的重點。換句話說，說重點才會贏。

30多年後，賴茲和屈特的建議仍然適用。它適用於為客戶定位和為消費者定位。你認為現在每個人都懂定位，因此只講重點讓人提心吊膽，畢竟，那意謂著有些事情不用講，即使那些事情聽起來真的令人信服。這就是要**制定定位聲明**的原因之一，也是業務開發流程中最重要的一環。你的定位聲明提供一個簡單的訊息，也就是你想要的客戶為什麼應該選擇你。

當然，這樣講看似「簡單」，做起來卻很難。這表示定位聲明要具體明確。但另一方面，專注於你最想要觸及的人們，意味著得拒絕其他仍有吸引力的機會。因此重點來了，「以所有人為目標對象」的品牌，並不像針對特定顧客或客戶的品牌那樣成功。

賴茲和屈特以卡夫食品（Kraft）為例。卡夫是一家擁有眾多優秀產品的傑出公司。但卡夫的名字對消費者來說，究竟**意謂著**什麼？卡夫擅長什麼？是焦糖？起司通心粉？美乃滋？乳酪絲？沙拉醬？

我去超市購物時，只會在烤肉醬架位前駐足分析比較。我會看看有什麼新品牌，並查看我喜歡的舊品牌。我詳細閱讀成分，但我絕對不會選購卡夫的烤肉醬。身為買家的我認為，卡夫的烤肉醬怎

麼可能像 Sweet Baby Ray's 的老饕蜂蜜辣醬那樣香甜？或像 Stubb's 的原創傳奇烤肉醬那樣獨特？ Stubb 如此具有傳奇色彩，甚至將自己的照片放在標籤上。但也許我應該買 We're Talkin' Serious 的烤肉醬。

卡夫的烤肉醬可能跟這些特色品牌一樣好，但很難令人相信。感覺卡夫烤肉醬應該很普通，沒有什麼令人驚豔之處，因為卡夫旗下產品眾多。我會認為卡夫烤肉醬只是卡夫這個大企業機器裡的一小部分，不是由只關心我的味蕾是否快樂的人手工調製。這是我們都採取的認知捷徑，人們傾向於認為專家比通才更好。遇到真正重要的情況時，無論是聘請專家進行重要專案，還是跟朋友一起烤肉，我們都想要找專家幫忙，因為我們希望從專家那裡得到最好的結果。

因此，滿足所有人的所有需求看似安全，但實際上卻很危險。記住：專業化才能創造需求。不過要適當地專業化，你必須知道你想要在哪裡創造那項需求。所以，你要滿足誰的需求？

以機會成本找出理想的潛在客戶

有效的定位道出潛在客戶的看法和需求。但是，是哪些潛在客戶呢？針對「每個人」就跟沒有針對任何人無異。在進行定位流程前，要先採取的步驟是，找出並鎖定你最想要服務的客戶類型。只有當你清楚知道理想的潛在客戶是誰時，你才能有效地定位自己來吸引他們。

目標選擇（targeting）是一套找出潛在客戶的商業價值的流程，以便釐清你的工作的輕重緩急與本末次序。從某方面來說，這表示對可能願意付錢的潛在客戶說不。然而，「對錢說不」是件非常困難的事。如果生意不太好，拒絕任何形式的付費工作，都會讓人覺得宛如生存受到威脅。即使在營收正常時，每當我們考慮介紹潛在客戶給另一家服務供應商，或跟已經沒有生意往來的現有客戶結束關係時，我們的生存本能仍會阻止我們這樣做。

　　從**機會成本**的觀點來進行目標選擇是有幫助的。當你把精力用在某個地方，就表示你無法把那些精力用在其他任何地方。無論對方付你多少錢，你總有可能因為無法服務他人而蒙受損失。身為服務供應商，你只能跟一定數量的客戶合作。但我們往往低估任何單一客戶或工作參與會耗掉我們多少時間與精力。雖然我們可能計算直接工作時數，但我們難免會忽略電子郵件往來、電話和投資客戶關係也會費盡我們的心思。就算生意不太好，但只要每週減少 1 小時跟不太理想的客戶互動，就能把省下來的這 1 小時，用在可能轉變為一個或多個理想客戶的潛在客戶身上。

　　在此舉一個例子說明，這是我在職業生涯初期經歷過的一個例子。當時我還是一名年輕的精算師，負責主導一家財星 20 大企業的大型醫療保健選擇與訂價專案。這是一個大案子。我急著想取悅客戶，甚至願意為客戶做任何事情。由於有超過 25 萬名員工仰賴該公司的醫療保健計畫，所以我的工作將產生重大影響。

　　有一天晚上，我們的客戶聯絡人發出緊急請求。她希望隔天早上 8 點開會，重新進行一些全面預測。然而，她不只是希望進行調

整，也提出一些新想法。但那些事情通常需要幾天時間才能完成，可是我接到請求時，已經是下午 4 點了。

我們公司跟這個客戶往來的經驗是，這個客戶往往不清楚方向，常常在最後一刻發出請求，還曾經情緒失控，但這還不是最糟糕的。我們都很怕她。我盡可能多問一些問題，試圖了解她的根本目標，並打電話給我老婆貝琪，讓她知道我無法回家吃晚餐。我設計複雜的基本模型，並多次打電話向客戶提問，設法釐清她想要的內容。我最後一次跟她通話是在晚上 9 點左右，當時她告訴我，有必要的話就做一些假設。「把結果算出來。」她用一種「你打擾到我」的語氣這麼說。

還有很多工作要做。我繼續工作完成建模，也盡可能完成結果並檢查所有內容。到了凌晨 4 點，我已經把結果算出來，打開傳真機把數字傳給客戶。我擔心資料太多，對方傳真機的紙張會用完，沒有人在那裡重新裝紙。幸好，傳真成功了！我回到家，睡了一下，洗了個澡，然後在早上 8 點跟她和她的資深團隊一起開會。

8 點了，她沒有出現。我等待他們打電話來，然後我開始向客戶端每位我認識的人留言。最後，我在 8 點 30 分左右（正常上班時間），跟她的助理通上電話。助理告訴我，那位主管還沒有進來。她的團隊正在一間會議室裡等著，而我的模型結果還靜置在客戶的傳真機上。顯然，她早上很晚才進辦公室，而她也承認自己開會時都在打瞌睡。那天早上，她那邊剛好有其他緊急事件要處理。幾天後，我們在公司內部報告那項分析。

當時我太年輕，不知道如何處理這種事，但我的實務領導者知

道該怎麼做。因為這種事情發生過很多次，他打電話給那名客戶，跟客戶說明結束合約關係。我處理的緊急非常規工作是壓倒駱駝的最後一根稻草。一直以來，我們只是完成難以擺脫的工作，但僅此而已，這樣做實在太不值得。我們整個團隊總是緊張到極點，設法取悅這名客戶，但我們意識到她並沒有被我們取悅。

好消息是，我們開除了客戶。這件事在客戶內部組織裡掀起風波，人們開始耳語。顯然，這位客戶聯絡人也一直對自己的內部團隊這麼做，但內部團隊因為害怕而遲遲不敢說出來。在我們表達為什麼要結束合約後，其他人也開始吐露實情，我們的客戶聯絡人在1週內被解雇。幾週後，客戶要求我們回來，**繼續跟團隊其他成員一起工作**，我們喜歡跟他們一起工作。後來，我們跟這個客戶合作愉快，業務愈做愈多。10年內，這個客戶成為我們公司的最大客戶。

如果客戶不合適，情況又無法解決，就該計畫切斷這種關係。對不合適的客戶說不，就可以向對的客戶說好，甚至跟好幾個對的客戶說好。無論我們是否願意承認，但難搞的客戶占用我們過多的時間和精力，根本不值得。

這不僅僅是跟不太有價值的關係說不，也為新的關係騰出空間，讓你能適當地排序自己的**所有**人際關係。這件事可以追溯到首要名單依循的想法，也就是我們要用系統化的方法，跟將會對我們的業務有最大影響的人，發展更穩固的關係。

這是業務高手跟其他同業有所區別的另一個原因。大多數人更願意花時間重新聯繫他們已經認識的客戶和策略夥伴。畢竟，對外

拓展更重要但不太穩固的關係，總是比較困難。但是，你要習慣這種不自在的感受。透過練習，事情就會變得更容易。

為了對不合適的客戶說「不」，向對的客戶說「好」，你需要清楚知道誰是對的客戶。這需要寫下來。你可能對你理想的潛在客戶有一種直覺，但你需要跟其他人溝通你的目標選擇，包括同事和策略夥伴等等。這樣，他們才能介紹更多你想要的業務給你，而不是把你不想要的業務轉介給你。

你必須先知道你要跟誰表達自己的定位，才能為自己做好定位，因此我們必須從他們的觀點去思考，優先考慮**他們認定**的價值。這就是為什麼目標選擇和定位息息相關。定位傳達出**你能幫忙解決他們的獨特問題**，而目標選擇則傳達出**是哪個類型的人花錢解決那個獨特問題**。因此首先，我們要確定你的目標選擇。然後，利用目標選擇，回頭調整你的定位。

設定標準，掌握關鍵客戶

有兩種方式可以創造新業務：

- 接洽新客戶。
- 在現有客戶組織中，開闢新領域或新關係。

最簡單的途徑是，花時間在現有領域，並運用現有的客戶關係。但要創造新業務，你必須遠離這條輕鬆的途徑。

被安排進入新組織的專業人士馬上了解這一點，而客戶經理也有此覺察。如果你的工作主要跟一個大客戶有關，那麼你要讓業務成長的主要機會，可能是在該客戶的其他業務單位或不同部門。從這個角度來看，「新客戶」是同一組織中的新購買中心。

舉例來說，假設你的公司為大型企業的人力資源管理部印製標示牌和培訓資料。如果這家公司是你負責的唯一客戶，那麼你要拓展業務的最佳機會，可能是幫行銷部門印製宣傳手冊和小冊子。或者，可能是在人力資源部門內投資新的關係。這樣，如果你的主要聯絡人離職了，你可以無縫過渡到後續接掌職務者。如果你集中所有注意力在一個人身上，那麼當新的決策者出現時，你可能會失去客戶，結果你的工作飯碗也連帶不保。

無論你管理哪種類型的客戶，也不管你採取什麼途徑拓展業務，目標選擇的流程都一樣。你需要優先考慮最重要的關係，而不是只跟你認識的人打交道。

最優秀的業務高手會設定明確的標準，評估他們的機會。他們可能會根據預算、購買的專案類型、產業或公司規模（依據營收或員工人數），評估潛在客戶。很多人根本沒有使用標準，或者他們只是非正式和隨意地使用標準，因為他們擔心需要達到營收目標和其他目標，以至於忽略要使用標準來評估機會。

若你已經設定好標準，你就會發現自己據此所做的選擇，會受到個人思考偏好所影響。比方說，如果你是一個偏重分析的思考者，你可能傾向根據預算和其他易於量化的數據點，排列潛在客戶和客戶的重要性。這種方法可能會遺漏其他不太容易列入你計算方

式的關鍵因素，譬如：文化契合度，或者潛在客戶是否過於厭惡風險。

最後，我們大多數人都過分堅持只用單一指標，譬如：跟對方取得聯繫的容易度。畢竟，人難免偏好投資那些較容易聯絡到的潛在客戶，而擱置那些長遠而言最有價值、卻比較難聯絡上的潛在客戶，這是人類的天性。基本上，我們幾乎每次都會挑選簡單達陣的關係，而不是有價值卻難以觸及的關係。但我們必須反抗這種天性。

無論你的業務開發職責為何，你都需要制定平衡的標準以評估潛在客戶，並分配時間將要事先辦。這項練習的目的是，找出最有價值的潛在客戶，這樣你就可以將時間投入到產生最大報酬之處。

哪種標準可以最準確地為你選擇理想的新客戶？不要聚焦在現有的客戶關係上，那會讓你把重點放在你現在認識的人，而不是那些你應該認識的人。我們稍後會將你目前的人脈關係，整合到目標選擇的流程中。另外也請注意，這些例子已經編排到我們的象限裡，因此你不會因為自己的思考偏好而有成見。

在一張紙上畫出 4 個象限或在**腦力激盪業務開發標準**（Brainstorm your business development criteria）工作表上，於**每個象限**至少列出你的業務特有的 4 個標準，相關內容請參考 96 頁圖 3-1 中的例子。

【圖3-1】 鎖定客戶的標準（範例）

A. 分析型	D. 實驗型
• 組織的總營收。 • 在你所屬產業的消費金額。 • 在像你這樣的組織的消費金額。 • 員工人數。 • 產業。 • 公司型態（如：民營或公營）。	• 客戶需求在策略層面與你提供的解決方案相符。 • 採取策略風險的意願。 • 組織品牌的聲望。 • 組織的紀律（如：創新、低成本、卓越營運等）。
B. 實際型	**C. 關係型**
• 我們在這個產業有實證有效的專業知識。 • 組織對安全的注重性。 • 營運程序文件化（或尚未文件化）。 • 採購流程的簡易度。	• 我們跟潛在客戶之間的文化一致性。 • 組織的健全性。 • 執行長或領導團隊在我們這個行業的風評。 • 董事會跟我們其他事業目標的關聯。 • 我們的策略夥伴跟這家公司的關係。 • 這家公司是否有熱心公益的特質。

依據赫曼全球公司的全腦®思考模型　©2018 HERRMANN GLOBAL LLC

　　舉一個簡單的例子說明。假設你是婚禮策劃師，在分析象限中，你會希望客戶有預算雇用你，並付錢讓你規劃適當規模的婚禮。那麼你覺得那筆金額大概是多少？請開始思考自己的分析標準。注意，這個標準可能不僅僅是金錢考量。

　　在實際象限中，你需要一位能給提前通知，讓你有充裕的時間做出適當規劃的客戶。你已經學到教訓，那種臨時變更的婚禮更令

人頭疼，因此那類案子根本不值得接。許多行業都在有足夠時間把工作做好時，才可能成功。但是，有一些行業則是因為它們**沒有**太多時間而被雇用！（比方說，處理緊急事件的公關專家。）開始考慮所有可能的目標選擇標準，並從中找出最適合你的標準。

　　有些間接標準可能並不明顯，尤其如果你傾向於分析型思考。現在讓我們透過實驗象限進行思考。以這個練習來說，我們可能認為這是策略考量。你可以考慮婚禮在當地社區的能見度有多高。一個高度宣傳的婚禮將為你帶來更多新業務。你是否考慮透過向鄉村俱樂部和當地其他有影響力的家庭團體積極行銷，來鎖定你的目標？如果能見度是你進行目標選擇的一個因素，那麼跟其他因素相比，能見度的權重是多少？我認為這是一個有趣的觀點：兩個工作內容相似、獲利能力相近的專案，未必提供相同的價值。那麼你應該尋求什麼標準呢？

　　在關係象限中，你可以添加關於新娘和新郎及其姻親的標準。對了，說到姻親，就要回到先前講的機會成本。難纏和要求嚴苛的客戶可能 24 小時巴著你不放。你是否真的想在凌晨 3 點收到全大寫字母的簡訊說，岳母跟女兒對伴郎的襪子意見不合？再次提醒，跟預算和時間（分析和實際）這類因素相比，客戶難纏度（關係）這項因素的權重是多少？我的許多客戶都認為，他們和客戶之間的文化契合度很高，這就是關係象限中的理想狀況。現在，開始考慮適合你的關係象限標準。

　　做這個練習的重點是，讓你在腦子裡清楚知道，自己對客戶的要求。透過這種方式，你可以定位自己以吸引更多你要的客戶，並

避免吸引你不想要的客戶。你可能無法自始至終都跟符合你所有標準的客戶合作，但具體說明這些標準，以及你打算如何決定這些標準的權重，自然會引導你往更好的方向前進。

完成腦力激盪流程後，從清單中選擇前 5 項標準。我們課程中的大多數專業人員，至少會從每個象限中各選 1 個標準，但你不必這樣做。此外，如果對你而言，選擇少於 5 個標準的效果最好，那也無妨。

現在，寫下你的目標選擇標準，並為每個標準設定百分比，表示這項標準的相對重要性。各個標準的百分比加總起來應該等於 100％。比方說：

- 有足夠的預算跟我們合作：45％。
- 文化契合：35％。
- 購買週期速度：10％。
- 跟我們所在位置的鄰近度：10％。

根據這套粗略的標準，認真考慮你目前的客戶和過去的客戶。如果客戶不符合標準，那麼你跟這名客戶的共事經驗如何？比方說，想想你上一次跟一個預算充裕的客戶合作（分析），但彼此文化南轅北轍（關係），最後你覺得這次合作愉快嗎？或者你後悔接受這個案子？這種痛苦的參與是否會帶來有用的推薦和策略關係？或者，這是一個消耗時間和精力的死胡同？

我無法保證，這個流程能防止你不再接下難纏客戶的案子。但

我可以保證，為客戶傷腦筋並納悶自己究竟在想什麼的情況一定會減少。

適當的目標選擇會持續變動。隨著時間演變，你鎖定目標客戶的能力也會持續提升。

目標客戶名單

接下來，我們採用並實踐你為業務開發制定的新標準。真正的業務高手會針對潛在客戶和組織列出一張目標客戶名單（Target List），以最有價值的客戶為優先來開發業務。

誰是最有價值的客戶？誰是你夢寐以求的客戶？你夢寐以求的公司是什麼類型？如果你能清理所有現有客戶並用理想客戶取而代之，那份名單會是什麼模樣？將這些名稱寫在**目標客戶名單**工作表或一張紙上。

一旦你確實寫好目標客戶名單，你終於可以看到自己是否將時間和精力，用於創造最高價值的工作，還是你一直選擇安逸的做法，只花時間跟你感到自在的人打交道。

我的保險經紀客戶有專精各種利基的專家。其中一位專家擅長餐廳加盟經營權，他的客戶有獨特的保險需求，從一般的滑倒跌傷問題到準備食物和提供食物的風險皆有。這位專家了解食品服務業的用語和行話，也了解食品服務業的風險。最重要的是，他很清楚保險條款，如哪個樣板條款必須修改，哪些條款保持原樣。如果加盟商的風險經理跟兩家保險經紀公司的專家討論，一位是通才，另

一位是我的客戶，那麼這就變成一個簡單的選擇。畢竟那位專家很清楚自己為誰服務，而理想的潛在客戶會馬上看出這一點。

現在，想想這個過程向你說明了什麼。排定目標客戶的優先順序，讓你得到什麼獨到見解？根據目標客戶名單上的排名，你認為自己一直花心思在最有可能吸引理想客戶的工作嗎？

幾乎每位接受我們培訓的學員都表示，一直以來，他們花大多數時間，在不對的組織和不對的人身上。潛意識一直要我們「跟認識的人打好關係」，這種拉力真是巨大，因此我們必須與其對抗。無論對方是誰，我們應該把時間和精力投入到理想的潛在客戶身上。儘管要跟你不熟悉的人接洽，可能會很嚇人，但這也是成長的最直接途徑。（我們將在第 6 章學會如何**輕鬆**做到這一點。）

說到這裡，就要回頭談談業務開發悖論。如果業務開發工作讓你忙於為客戶工作，難以持續拓展業務，那麼你還是沒有解決這個悖論。問題是，當我們進行業務開發時，我們正忙著做什麼呢？我們是否明智地善用有限的時間創造價值，還是我們只是虛度光陰、徒勞無功？

讓我們回過頭來看看你熟識，但對你的業務成長沒有很大幫助的人。你仍然可以花時間跟這些人相處。只是你得認清一項事實是，這單純是在跟老朋友聊聊近況。這樣做無妨，但不要欺騙自己，以為自己是在開發業務。不然，你也可以積極主動地跟這些愛你的朋友，分享你的目標客戶名單。也許他們可以幫上忙，介紹合適的人選給你。

定位自己

你已經設計一組選擇目標客戶的標準。因此，你可以清楚地了解自己正在尋找的潛在客戶。根據這些標準，你將投入愈來愈多的時間和精力，在重要性最高的關係上。而這也表示你要投入更少的時間在你認識、但**不**位列在目標客戶名單前面的人。一般來說，你的業務的最重大突破來自你不太認識的人，但你現在認識的那些人可能會幫你介紹一些機會。一旦我們將精力引導到舒適區之外，我們就能看到真正的成長。

更重要的是，我們開始全盤了解，我們真正想從客戶那裡得到什麼。身為專家，我們的工作生涯大都在為人們服務。因此，花更多時間跟符合我們標準的優秀客戶合作，是獲得更令人滿意和愉悅職業生涯的最直接途徑之一。

現在，我們已經了解自己想要吸引哪種類型的潛在客戶，也準備好定位自己和所處組織。

「等一下！」你可能在想。「我很高興能吸引更多客戶，但改變我的業務定位，可能會疏遠我已經擁有的客戶，或者趕走並非100％理想的新客戶。這聽起來太危險了，我不能這麼挑剔。我最好打安全牌，保持模糊。」

這是我聽到關於定位組織、實務領域、產品或特定從業者（建立品牌或「建立個人品牌」，視情況而定）的最大異議。人們和企業都不願意開發一個特定品牌，好像這樣會拒絕掉所有跟特定品牌無關的工作。

然而不管你喜歡與否，特定品牌的效果就是比較好。愈精準定義品牌，品牌的影響力就愈大。你想想自己喜歡的一些品牌就會發現，事實就是這樣。但當你自己是品牌時，你就覺得情況不然。回想一下那隻河床上的熊。如果熊很擔心自己抓不到魚，就在上次鮭魚跳出水面的地方徘徊等候呢？顯然，這會浪費寶貴的時間，讓其他熊有機會為自己開闢出一個抓魚的好位置。聰明的熊會在一個好位置靜靜守候，等待晚餐上門。

　　幸運的是，我們不需要在一夜之間轉移到一個全新的位置。我們不需要像開關啪一聲關掉那樣突然改變，而是能像調整電燈亮度旋轉鈕那樣漸進調整。你仍然可以對不十分合適但卻利潤豐厚的工作說「好」，以保持業務管道滿載。在此同時，你也可以根據你的新定位，**主動積極**地開發業務。

　　我們將在第 6 章討論的潛在客戶開發（lead generation），就是你的新定位全力發揮作用的領域。在其他領域，你仍可以依照你的判斷漸進發展。所以，如果在定位流程的任何時刻感到不安，認為這樣做太可怕了，記住你總是可以調整。

　　你只要確認：長期獲利成長，做到了；短期業務管道，掌握了！

制定定位聲明的關鍵

　　現在，是時候定位自己或你的組織，以吸引更多符合你目標選擇標準的客戶。做到這一點的方式之一是，為你的業務制定定位聲

明。定位聲明的目的是回答潛在客戶和客戶的**問題**。比方說，為什麼要跟你合作，而不是跟其他供應商合作？為什麼不能公司內部自行處理，或是乾脆忽視問題的存在？定位的目標是，在客戶心中創造一種感知，讓客戶認為你是幫他們解決問題的最佳解決方案。

出色的定位聲明要具備怎樣的條件？答案是，暫時忘掉定位聲明的內容，先問定位聲明應該寫多長？畢竟，如果定位聲明如此強大，那麼是不是寫一段話更好，而寫滿 1 頁就能改變市場的遊戲規則？如果我能想出十幾個跟我合作的重要理由，為什麼不跟大家分享呢？讓我們為小說《白鯨記》（*Moby Dick*）撰寫定位聲明吧！這將為上述問題提出解答。

我們會看到定位聲明不該過於冗長的原因。一個好的定位聲明使用 3 個簡短、獨特的概念，建構你的定位。假設你是一名負責網站開發的自由工作者。在目標選擇流程中，你決定你的理想客戶是營運不斷成長的小公司，這些小公司忙到無法學習網頁設計，而且沒有人力能持續更新和維護網站。他們只希望能將有限的時間，用於打造能收集潛在客戶資料的內容，而且他們有足夠的預算能在其他方面提供一流服務。因此，你可以依據下面這 3 個概念設計定位聲明：

- 我們在 24 小時內，在自訂網域提供架設好並調整完成、可立即使用的線上平台。
- 將你的部落格文章、電子報和社群媒體更新消息電郵給我們。我們會依據策略考量進行編輯、排版、規劃時程、發布

和推廣，以獲得最佳成效。

- 你可以將手機上錄製的錄音檔上傳到共享資料夾，我們將以播客的形式編輯、製作和分享。

跟潛在客戶交談時，你可能會說：

- 如果你希望啟動並經營一個潛在客戶會喜歡的新的專業級網站，跟我們合作就能輕鬆省事！你只要選擇一個網域名稱，然後將想要分享的任何內容電郵給我們。我們會讓網站上線，使它日復一日地運作，並幫助你推廣網站，甚至發布你想要做的播客。

這個聲明強化客戶的需求，吸引不同的思考方式，同時暗示了卓越績效，並做出大膽而實際的聲明。為了獲得最大成效，請你設法針對每個要素，以 1 個字或相當簡短的措詞傳達相同的概念。下面這個例子利用每次重複敘述來簡化概念。當然，頭韻法＊也有加分效果：

- 你忙著經營你的生意。我們幫忙你讓網站上線變得**簡單**，讓網站**每天**完美運作，並吸引潛在客戶和客戶的**參與**。
- 上線簡單、每天穩定運作、吸引潛在客戶和客戶參與。

＊ 【譯注】如下文的第三點中，3 個字詞的頭一個字母都以 E 開頭，形成一種韻律，就是所謂的頭韻法。

- 簡單（Easy）、每天（Every day）、參與（Engagement）。

你可能已經發現，如果你曾經嘗試制定定位聲明，力求簡潔是首要重點。這就是為什麼你要學習一套循序漸進的有效流程。我們就從你的第一個問題開始。首先，為什麼最後簡化到 **3 個特質**？

研究顯示，超過 3 個特質，人們就無法迅速吸收。人們會過濾資訊，以應付資訊過載。為了「挪出空間」給第四個特質，潛在客戶會下意識地過濾前 3 個特質，忽略其中一個或多個特質。第四個以外的更多特質，只是讓這個問題惡化。引用一篇研究論文來說就是：「3 個效果好，4 個拉警報。」（three charms but four alarms）

專注於 3 個核心優勢，其他枝微末節的好處就省略不提。定位聲明的關鍵目標是，讓人信服又難以忘記。潛在客戶和客戶必須能夠記住你的定位，並將這種定位傳達給其他人。人們能夠吸收和記住的事情，遠比你想像的要少。在《美國國家科學院院刊》（*Proceedings of National Academy of Science*）發表的一篇評估中，研究人員檢視我們可以同時記住多少不同的資訊。

你可能認為，你的短期記憶可以保留相當多的資訊。那你可要再好好想想了。關於記憶的研究顯示，我們是透過將相關資訊「組塊」（chunking），來擴展工作記憶的容量。

研究人員要求參與者記住不同方塊的顏色和位置。隨著螢幕上的方塊愈來愈多，工作難度也隨之增加。當人們處理 3 到 4 個方塊時，還能得心應手。但超過 4 個方塊後，準確度就迅速下降。所以，我們可以在我們的記憶中，輕鬆地記住 3 樣不同的東西，但超

過這個數字，情況就變得不確定，必須透過組塊或其他記憶方法協助。

神奇的是，從兩方面來看，選擇 3 個概念都能達到最佳成效。首先，3 個概念的可信度更高；其次，3 個概念也很好記。（當然，我還在尋找從科學角度來說，選擇 3 個概念是否還有其他好處……）

但是，這個建議違反我們的本性。你對自己的工作和提供的服務充滿熱情，你可以列出十幾個理由說明客戶應該選擇你。若不提到**所有**理由，感覺像是在逃避，好像沒有為自己提出最強烈的論據。

但是簡化定位聲明，迫使你有意識地思考為什麼你是這項工作的最佳選擇。這件事並不容易，卻能為你的價值主張帶來迫切需要的清晰度，也會對你的說服力產生有利影響。

5 維定位模型

接下來，我們開始制定定位聲明，無論是為你、為你的產品或服務，還是為整個組織。我們想回答的問題是，為什麼有人會選擇這個選項？答案應包括說明你的定位的 3 個簡短概念，這些概念對於你所定位的任何內容都是獨一無二的，沒有其他人比得上。

你可能心想，這很容易。我知道我們的強項，我只要選擇前 3 項就好。但請抗拒誘惑，不要被你現在認為的最大優勢牽著鼻子走。記住：你的思考偏好可能跟你的潛在客戶和客戶不一致。如果你想設計一個適用於不同人和不同環境的強而有力聲明，利用系統

化的方法處理事情是值得的。

　　強而有力的定位聲明從 5 個關鍵領域取得優勢。請下載**定位聲明**（Positioning Statement）工作表或在一張紙上寫下你的答案：

【圖 3-2】 定位模型

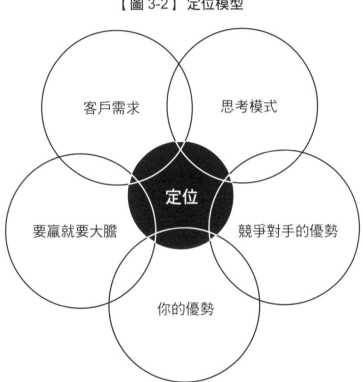

客戶需求

　　客戶需求分為兩個部分。首先，最明顯的部分是，你的客戶和潛在客戶**說**他們需要什麼？這是他們真正希望你做的事情，比方

說，在一定預算範圍及特定時間內，完成某項工作。當然，潛藏在已明說的原因下，往往是客戶未明確說出的真正原因（而那正是客戶想買到的服務）。我們的客戶是一個很好的例子。他們打電話給我們，可能只是想在 11 月 6 日，要我們在威恩堡（Fort Wayne）幫 22 個人舉辦業務開發培訓課程。但他們**真正需要的是**，這些人在培訓活動結束後，必須以不同的方式做事。藉由對會前準備、會議體驗以及我們如何協助跟進和強化提出問題，我們不僅能夠突顯自己的不同，也讓客戶領導者知道，整體上我們可以發揮多大的影響來提供協助。這源自於我們的定位，因為我們認為自己是一個行為改變公司，而不是培訓公司。重點是，在許多情況下，潛在客戶**真正**需要的，跟他們最初所想的並不一樣。

我們很容易將注意力集中在客戶明確說出的需求上，卻忽略客戶沒有明說的潛在需求。客戶很可能在明確說出的需求獲得滿足的情況下，還是覺得不滿意而選擇離開。客戶真正想買什麼？對他們來說，成功的交易**究竟**是什麼模樣？

思考模式

思考模式有 4 種，但定位聲明中只有提及 3 個重點。顯然，你的聲明無法適用於每種思考模式。好好想想你的客戶和潛在客戶的主要思考模式是什麼？如果你的組織是工程用品供應商，那麼你可能經常向分析型思考者推銷產品。因此，定位就要關注事實並衡量投資報酬率。如果你從事教育領域或藝術領域，你可能會跟很多關係型思考者和實驗型思考者接觸，那就以隱喻的訊息為主，善用情

感的力量。

競爭對手的優勢

　　你的競爭對手最明顯的優勢是什麼？你能跟他們匹敵嗎，就算有些許較勁之處也行？或者，你應該根據競爭對手沒有提供的項目，重新建構你的產品會更好？如果你的競爭對手是名聞全國的老字號品牌，那麼這個品牌已經取得客戶的信任，因此你可以透過提供無附加條件的退款保證，來與那種信任感較勁。請把自己放在客戶的立場去思考。比方說，如果你正在購買這項服務，你認為競爭對手的最大優勢是什麼？你如何跟競爭對手的最大優勢抗衡，或以其他方式突顯自家產品的不同？

你的優勢

　　從這個層面來看，專家在設計定位聲明說明本身最重要的潛在影響時，往往容易過於短視。是的，你應該突顯你的優勢，但請記住：真正讓你跟競爭對手有所不同的因素，可能跟潛在客戶無關。你要根據**客戶利益**建構你的優勢。比方說，你可能非常努力獲得特定認證。雖然你的學養可以建立權威，但對於希望你今天解決問題的客戶而言，特定訓練可能沒什麼意義。在突顯你的優勢時，把重點放在客戶的需求。使用客戶了解的措詞，說明你得到的認證如何幫助他們。

要贏就要大膽

你在同行中處於領導地位嗎？如果不是，有什麼辦法讓你成為同行中的佼佼者？你需要保證結果嗎？你能創造一個不可能被拒絕的定位嗎？你可以改變決策標準，也許從一開始就建議潛在客戶切割工作，讓你成為某項工作的最佳選擇？如果你不具有領先地位，無論你是在為產業中的某項服務定位，還是針對特定交易的客製化解決方案進行定位，都要勇於提供產品或服務，或是嘗試改變典型的購買體驗。

針對上述 5 個維度逐一檢視，然後在每個維度寫下你的想法。重要的是，從上述 5 個方面找到你的位置。這將使你更清楚如何定位自己，讓你成為目標客戶的明確選擇。

現在，你可以設計自己的定位聲明了。檢視你寫的想法，並過濾出 3 個想法。通常，你必須有 1 個跟競爭對手的最大優勢匹敵的想法，以及你的業務特有的 2 個想法。當你完美地寫出定位聲明後，沒有其他競爭者能夠跟這 3 個想法一較高下。

接下來，同前所述，重新設計這 3 個想法，直到措詞盡可能既簡單又難忘。翻翻辭典，是否可能用 2 個字詞，甚至 1 個字詞來描述每個想法，而且仍然可以傳達你的意思？你可以使用頭韻法（每個字詞的第一個字有同樣的發音）或押韻？我們希望這些聲明能夠盡量簡短活潑。不過，在設計你的想法時，切勿操之過急，也不用絞盡腦汁。只要在白板上列出可以傳達相同含義的許多不同字詞，

讓你的潛意識去解決問題就好。

一旦你有一套讓人容易記得的想法，就提出例證來支持你的想法。列出支持你想法的事實，每個想法至少列出 3 項事實。以婚禮籌劃師為例，其中一項聲明可能是你的婚紗攝影業務最迅速。那麼提出的例證可能是，婚禮隔天就電郵客製化的影片給每位賓客。另一個例證可能是，在婚禮結束 1 週內完成裁剪、校正色彩並準備送印的完整婚禮相簿。在列出這些例證時，記得要具體明確，而且始終要考量到競爭對手的能力。看看競爭對手的主張並考慮如何制定與其匹敵的主張，取得最大優勢。

一旦你為自己或組織制定好定位聲明，就可以在與客戶和潛在客戶的溝通中，加強你的定位。這些溝通包括電子郵件、對話、網站和行銷宣傳資料。你的定位聲明應該成為你的口頭禪。

請記住：你的目標是創造一種感知，讓客戶覺得你了解他們的需求，而且你是幫助他們解決問題的最佳選擇。你的聲明應該是客戶可以憑記憶就能向他人傳達的內容。讓自己朝著這個目標前進。如果你的 3 個想法既簡單又好記，且你也在與客戶互動時多次提及，那麼你的客戶應該能夠輕鬆地跟他人分享。

遵循同樣的步驟，使用這個定位流程，定位你的服務、產品或單次交易。與其將自己定位為吸引每位理想的潛在客戶，倒不如針對特定交易或客戶，微調所需要素。

強效定位的基本原則都一樣。同樣地，利用每次機會繼續強化服務或特定交易的定位。重點在於，保持簡單，保持令人信服，也

保持令人難忘。

定位既是藝術，也是科學。現在你了解定位的原則，你可以隨著時間演變持續改善。定位也需要練習，最後你才能像 19 世紀知名女槍手安妮・歐克利（Annie Oakley）那樣精準瞄準目標。不過，光靠鎖定目標的訓練，就足以讓業務起死回生。

知道你為誰服務。鎖定這群人做好定位，而且只為他們服務。你不想讓其他熊吃掉你的鮭魚。

4 | 打造真誠連結的溝通相處技巧

不得不承認，你們喜歡我。現在我知道，你們真的喜歡我！
——1984 年奧斯卡最佳女主角莎莉‧菲爾德（Sally Field）得獎感言

　　你已經獲得進展。透過**鎖定**你的理想客戶，你已經釐清你想要合作的組織。你也確定該如何定位自己，讓理想客戶的領導者認為你是他們的最佳選擇。許多專家努力讓自己的事業滿足每個人的所有需求，結果只是毫無進展。但你不是這樣，因為你知道一個祕密，那就是當你找出理想客戶，定位好自己來吸引他們，**你就在吸引理想客戶**。

　　好吧，或許這不是祕密，但也可能是。大多數競爭對手都沒有這樣做。光有知識是不夠的，還需要努力和紀律。這就是整件事開始變得艱難之處。你愈專注於做對的事，就愈必須對其他事情說不。但說不，很難。

　　我在創辦邦內爾構思集團初期，就經歷過這種情況。起初，我全面宣傳自己，從提供至今仍存在的企業高階主管培訓，到為非營利執行董事的策略諮詢等包羅萬象的服務。我的第一個網站列出 7 個專業領域。7 個！而且，這 7 個專業領域彼此並無關聯。回想起

來，我的第一個網站反映出一個非常明確的核心訊息是，只要有錢賺，我會為任何人做任何事情！

（絕望是一個常見的陷阱，尤其是在職業生涯初期或推出新事業或新服務時。如果不小心檢查，這種陷阱就會出現在你所傳遞的訊息，以及與客戶面對面的互動中。出乎意料的是，你投入愈多精力在目標選擇和定位上，身為業務型專家的你就會愈有信心。儘管縮小範圍、專注重點看似可怕，但事實證明，專注範圍愈少，效果就愈強大也愈安全。）

值得慶幸的是，我很快就找到一個讓熱情、利潤和需求匯聚的神奇交叉點，也就是業務開發培訓。然而，儘管方向清楚了，要我減少訊息量，還是讓我怕得要命，更不用說要對「原本」的工作說不。所以我慢慢來，記得先前調整電燈亮度旋轉鈕的比喻吧？**當我要為新的客戶提供培訓時，我會逐步淘汰一些不合適的東西**。經年累月下來，我為以前服務的客戶提供很好的替代選擇，所以整個業務過渡期更為順利。如果我不合適，我會幫助他們找到合適人選。

或許你想知道，當初我是否有現金流讓這一切變得「容易」。答案是，沒有。但是我持續對自己施壓，並且一點一點地增加壓力，而這種做法奏效了。第二年是邦內爾構思集團最美好的一年，生意真的開始蒸蒸日上。當我有勇氣只做一件事時，這個訊息引起共鳴，市場也予以回應。

所以，歡迎搭乘焦點列車。此刻，前途無量。或者我應該說，**你**的前途無量。在鎖定理想客戶和擁有明確定位後，業務型專家要想克服挑戰的唯一利器就是，能夠輕鬆地與他人聯繫，並建立強大

的互惠關係。簡單講，如果你遇到的潛在客戶不**喜歡**你，那麼世界上所有潛在客戶開發技術都幫不了你。

研究「喜歡」這類人際特質，或許讓人覺得很奇怪。而這也可以追溯到一個老舊謬論，也就是我們當中有些人「天生就討人喜歡」，有些人就不討喜。在內心深處，我們認為討人喜歡是不變的特質。就像一個好笑的笑話或一隻漂亮的蝴蝶一樣，它們無法變得更好，甚至一定會在審視時被破壞。但這種論調根本不正確。科學家已經針對討人喜歡這項特質進行嚴謹的研究，我們也確實理解許多如何討人喜歡**以及**如何更討人喜歡的方法。這就是你在本章中會學到的，討人喜歡的法則和如何讓自己更討人喜歡。

一位學員在職業生涯初期就接受我們培訓。身為核能工程師，他所知道的事情影響層面廣大，但他沒有能力影響別人。所以，他是我們說明討人喜歡的能力可以改善的理想範例。在完成培訓後，他制定一項野心勃勃的月度計畫，要實踐我傳授的所有原則，並跟我定期聯繫討論進度。

有一天晚上，這名工程師在我的語音信箱留言，要我盡快回他電話。隔天早上我打電話給他，得知他剛被任命為該公司有史以來最年輕的合夥人。事實證明，他精心打造的客戶關係名單為公司創造的業務，已經是一般合夥人的兩倍以上。他也在公司內部建立良好關係。儘管他年紀輕輕，但公司領導階層很樂意提拔他。事實證明，關係真的很重要。

人脈變現

　　人們喜歡什麼和不喜歡什麼，是很容易預測的。雖然外表和其他相對無法改變的因素會影響自己是否討人喜歡，但在很大程度上，你做或不做某些事情的方式，才是本身是否討人喜歡的主因。也就是說，有一些研究支持討人喜歡的程度是可以調整的。自稱「十分內向」的人也能跟他人建立長久互惠的關係。更重要的是，討人喜歡帶來的好處超越禮貌性的微笑或偶爾碰面的擁抱。因為人們會花更多的**時間**，跟他們喜歡的人相處。

　　這一點為什麼很重要？對於速食店而言，更長時間的互動是一件壞事。麥當勞希望客戶儘快打包他們的漢堡離開，這樣才能提高翻桌率。問題是，你不是經營麥當勞那種生意。如果你是希望與客戶建立長久互惠關係的專家，客戶應該想花更多時間跟你相處。

　　人們與我們相處的時間愈多，關係就愈強大。魯斯·奧斯蒙博士（Russ Osmond）是研究動機領域的知名專家之一。他將關係比喻為繩索。起初，人們透過幾條線連接起來，代表著第一次就有好印象的緣分。但這種新關係是脆弱的，很容易因一次不良互動而破裂或隨著時間淡忘。然而，隨著時間演變和每次的良好互動，一次多一條線，繩索就變得更堅固。最後，繩索變得強韌，這種關係就經得起無法避免的逆境或持續的靜默。

　　值得慶幸的是，這些繩索可以比你想像的還快就編好。每次積極有利的互動都能讓繩索加粗。所以，如果我們仔細考慮每次互動的頻率，**並為每一次互動增加價值**，我們就能迅速建立強韌的關

係。

關於這種繩索比喻，還有一點要補充，人們不僅會花更多時間跟他們喜歡的人相處，也會在喜歡的人身上花更多的錢。對於你在幾個月內需要他為交易簽名的關鍵決策者來說，情況就是如此。

這種關係中的金錢部分，對你來說可能理所當然，但它乍看之下並沒有多大的邏輯意義。畢竟，如果你需要有人幫你修理馬桶，你跟水電工「處得好不好」並不重要。然而，如果你是那名水電工的狂熱粉絲，當你看著水電工收拾工具時，你可能想到另一間浴室可能需要新馬桶。對了，現在剛好可以安裝一個有 10 種不同噴霧功能的花灑淋浴噴頭！鄰居戴安剛好要找可靠的水電工？當你真的喜歡某人時，你會本能地尋找更多方式一起合作並互相幫忙。

這是關係導向業務開發的美妙之處。當你擁有狂熱粉絲，你需要做的就是從他們介紹的機會中做選擇。

所以，討人喜歡很重要。重要時刻到了，我們可以做些什麼，讓自己更討人喜歡呢？

討人喜歡的 5 大驅動因素

科學家發現許多跟討人喜歡有關的因素，但並非所有因素都可以輕易改變。然而，其中有 5 個因素是可以改變的。一旦改變這 5 個因素，你會發現在職業生涯和個人生活中，人們會更友善也更熱情地回應你。

共通性

在嘗試跟潛在客戶或客戶聯繫時，記得尋求彼此的共同點。因為共同的經歷、愛好和信念都是構成強大關係的基礎。

當然，參加人脈拓展活動或在商業會議中與人簡短對話是必要的。以後者為例，在其中一位對話對象必須趕赴另一個小組討論或主題演講前，你們只有幾分鐘時間交談。你需要分秒必爭，交換名片，留下聯絡資訊。

問題在於，我們急於在很短的時間內，讓對方留下好印象。我們浪費時間**談論**我們的公司、我們的服務和我們自己。如果你別無他法，請記住：傾聽是銷售的基礎。透過密切關注對方所說的內容，你就會知道他們需要什麼，這比你想要銷售給他們的東西還重要。你還會發現寶貴的共同點，善用這些共同點，就可以加速彼此之間的關係進展。

在一項經典研究中，研究人員記錄保險業務員及其潛在客戶的某些基本特質，包括身高、年齡、收入水準、政黨等。他們發現，只要在這些方面有強烈相似性，就會讓客戶更有可能向那名保險業務員買保險。

不認識的保險員跟你身高一樣高，會讓你更有可能跟他們買保險，聽起來好像一點道理也沒有。但事實就是如此。雖然吸菸者買壽險可能是一項好投資，但跟吸菸者買保險，並不具有合理的優勢。顯然，這種效應不是發生在意識狀態下。

傑瑞·伯格（Jerry Burger）和他在聖塔克拉拉大學（Santa Clara

University）的同事更進一步地探討這一系列的研究。在一項研究中，他們故意告訴參與者，另一個人跟他（她）有相似的指紋。即使這種毫無意義的「相似性」，也讓參與者更有可能「答應」那位指紋相似者的請求。雖然人們可以爭辯說，共同的宗教或政治信仰可能在合理的決策中發揮作用，但顯然我們沒有理由認為，你在手機上滑來滑去的指紋有助於建立個人關係。

不管合不合邏輯，我們使用共通性作為**捷思法**，這種經驗法則讓我們在做出複雜決策時，可以節省認知運作的時間。當我們認識新朋友時，會接收太多資訊，包含年齡、性別、外貌、衣著，以及他們介紹自己和握手的方式。我們仰賴捷思法，因為我們本能地需要一種快速又簡單（但未必特別有意義）的方法，決定對方是朋友還是敵人。論及「我喜歡這個人嗎？我想繼續這個人交談嗎？」等問題時，我們發現彼此的共同點愈多，我們就覺得更安全。

這些共同點愈稀奇愈好。「你也喜歡水嗎？我認為這是美好友誼的開始。」不，這正是指紋相似性何以奏效的原因。由於指紋有如雪花般獨特，因此當有人與你相似時，你會覺得饒富興味。儘管事實上，那根本一點意義也沒有。

所以，在說話時提供細節可以獲得回報。就在前幾天，我透過電子郵件告訴潛在客戶，我不能在週四早上 8 點通話。但我特別提到，由於我最近做了二頭肌重建手術，所以週四早上 8 點要做物理治療。結果，我的潛在客戶已經在幾年前進行同樣的手術。真巧，這讓我跟那位潛在客戶的關係更進一步。在最近另一個場合中，我問一位澳洲潛在客戶是否喜歡澳洲歌手暨作曲家保羅・凱利（Paul

Kelly），而凱利是我最喜愛的歌手之一。結果，這位潛在客戶上個週末才看過凱利的表演。我們馬上聊起自己最喜歡的專輯和歌曲，這個和諧的開始，讓我們現在互相欽佩。

這些罕見但強大的連結，每次都會發生嗎？不可能。但是，在談話和電子郵件中，你說的愈具體而不是愈模糊，你就愈能在職業生涯中建立和加強更真實的關係。

最後一點是，當談話沒有引起共鳴，彼此也沒有共同點時，你可能想要誇大其詞，假裝彼此之間有共同點。但請記住：你希望建立跨越多年甚至整個職業生涯的客戶關係。若假裝自己跟對方有共同的政治信念或同樣熱衷某種運動，結果你根本一無所知，最終只會破壞你努力建立的關係。

我發現，記下自己觀察到的共通點是很有用的做法。你可以利用聯絡人管理軟體做記錄。在人脈拓展活動中，不要害怕走到房間另一頭，在智慧型手機或個人名片上，針對剛才的互動快速做一些筆記。如果你要連續跟好幾個人交談，那麼當你回到辦公桌前時，你可能會忘記重要的細節。

所以請記住：多傾聽，少說話，而且說話時要具體明確。找到你跟潛在客戶或客戶之間不尋常的共同點，且態度始終真誠、不虛偽。我們談論開發新客戶關係時，會更深入探討這一點。當繩索很脆弱時，這種關係需要得到最多的關注和照料。

頻率

如果你是《歡樂單身派對》（*Seinfeld*）這部喜劇影集的粉絲，

你可能還記得喬治‧科斯坦薩（George Costanza）被廣告啟發的約會策略：

喬治：我明天要跟她出去。她說她要做些差事。

傑瑞：那算約會嗎？

喬治：有什麼區別？你知道我的做事方式。我就像廣告配樂，起初聽起來有點擾人，多聽幾次，你在洗澡時就會哼起來，到了第三次約會就會朗朗上口。

長期以來，經營品牌者都很清楚，締造小而頻繁的印象是留下深刻印象的有效方式。你認為這不適用於業務型專家嗎？那請告訴我，以下場景聽起來是否很熟悉：你在專業活動中遇到一個有趣的人。結果，你跟這個人有很多共同點。你們在有限的時間內，享受愉快的交談。1週後，你寄了一封電子郵件問候對方。到目前為止，情況都還不錯。

現在，你開始忙於工作。3個月後，你發現公司有一項新服務，而上次認識的那位有趣人士可能感興趣。或者，你可能想到一個可以合作的想法。因此你寄了一封簡短的電子郵件給對方，期待對方迅速且善意的回覆。但是，1、2個星期後，你收到對方的冷淡回覆，內容只有一行字：「很高興收到你的來信。現在真的很忙，我稍後再回覆」。之後，了無音訊。

我們一直陷入這種陷阱。儘管我們努力獲得潛在的有價值關係，卻因為工作而分散注意力。有時，我們可以讓事情重回正軌，

但更常見的是，脆弱的新繩索已經斷裂。

雖然與人互動的品質很重要，但這些互動的**頻率**同樣重要。在建立關係方面，一連串增值的小互動，比時間相隔甚遠的 1、2 個大互動更有效。此外，人際關係在萌芽階段時就需要不斷呵護培養，行為科學家稱這是「**單純曝光效應**」（mere exposure effect），而這種說法自 1876 年以來，便一直存在於文獻中。（你知道，歷經 3 個不同世紀的研究是有影響力的。）事實證明，重複讓某個人事物，如某種概念、某種產品或某個人曝光，跟讓人喜歡上這個人事物有很強的相關性。曝光愈多，效果愈強，就像廣告配樂讓人朗朗上口一樣。

不可否認的是，一連串相對毫無意義的電子郵件，無法神奇地建立強大的關係。儘管雙方必須經常互動，但你也必須為對方提供價值，而且是兼具品質**和**數量的價值。

處理這個問題的一種簡單方法是，將溝通分解成更小的部分。比方說，若會議結束後有 7 件事需要跟進。那就將這 7 件事分成數個部分，並在 1 週左右分批跟進。收件人比較容易回覆較小部分的事情，如此一來你就能獲得品質**和**數量。

想想目前首要名單上的關係並問問自己，是否一直定期細心照料這些重要關係？

這部分跟第 9 章探討的初期階段關係較為脆弱尤其有關，深入探討詳見第 9 章。

相互關係

關係在積極互動的一來一往中茁壯成長。顯然，當人們做出對我們有利的事情時，我們會心生歡喜。但出乎意料的是，當**我們**為**對方**做事時，我們**也會**更喜歡對方。事實證明，助人是快樂的。因此，不要害怕在合理範圍內給予協助或請求幫忙。要以雙方**互惠**為著眼點。

在跟客戶和潛在客戶互動時，請花時間退一步想想彼此的相互關係。比方說，我最近為這個人做了什麼？我曾要求這個人為我做什麼？

華頓商學院頂尖教授亞當·格蘭特（Adam Grant）是聞名全球的研究互惠互利關係的專家。我們整個團隊都經常引用他的研究，他的著作《給予》（*Give and Take*）對我個人影響甚鉅。我特別向他請教相互關係的重要性，因為相互關係也適用於業務型專家。

「太多人生活在一種交易的世界裡，」他告訴我，「每個請求意謂著欠下的債，每次幫忙都有附帶條件。從長遠來看，最好是無條件地給予，這樣做創造出一種慷慨的規範，使人們可以隨時互相幫助。這也表示當你需要某些東西時，你可以去找人脈中的任何人幫忙，而不僅僅是你過去支持的人，或者將來希望支持的人。」

許多時候，身為服務供應商，我們不願意尋求幫助。我們認為，我們應該**服務**，並且**只為**客戶服務。但這可能會限制我們的關係，特別是對於我們已經提供良好服務的客戶。如果我們認為助人是快樂的，那麼我們**不尋求**幫助，就無法讓彼此的關係有所進展。

你可以利用許多有意義的做法來尋求幫助。比方說，你可以要求客戶幫忙介紹組織內部其他部門，也可以請他們介紹熟識者任職的新組織。你可以要求客戶當推薦人，作為潛在客戶的參考，也可以請客戶對你所做的提案提出建議。或者你可以請客戶列出他們認為你應該認識的人。以我們來說，我們會要求客戶更進一步地協助，甚至請客戶的客戶針對客戶個人發展計畫提出建議。而且，這種做法一直很成功。

「尋求幫助」提供一個新的機會。在你請對方幫忙後，你可以表達感謝。「謝謝」是商場中一個強大卻未被充分利用的措詞。比方說，只要寄一封電子郵件感謝潛在客戶跟你見面，就能讓你領先許多競爭對手。你也可以感謝客戶的推薦，感謝客戶對你的簡報提供意見，感謝客戶幫助你思考你的成長計畫。「請」或許是一個神奇字眼，但「謝謝你」卻令人著迷。

華頓商學院的格蘭特教授和同事們對此進行研究，檢視感謝在商業關係中的力量。在一項研究的其中一部分，要求參與者審閱一封求職信。參與者在給予意見後，又繼續要求參與者審閱另一封求職信。有一半參與者在被要求審閱第二求職信前，只是被聊表謝意，但另一半參與者卻收到明確的感謝。

信不信由你，透過一個簡單的感謝，堅持完成第二次審閱的比例就**增加 1 倍**。（你想讓潛在客戶變成客戶的比例增加 1 倍嗎？）格蘭特甚至在實驗室外進行測試，衡量感謝客服中心工作人員的努力會產生怎樣的效果。主管每年到電話行銷中心表達感謝，就能讓電話行銷中心的通話次數**增加 50％**。一點感謝就能產生很大的成

效。

倡導僕人領袖的戴夫・奎勒（Dave Queller）是我最喜歡的客戶之一，他一直在思考如何表達感謝。他在 Express Scripts 接管幾千名跟客戶接洽的專家，這個團隊每年管理超過 1,000 億美元的營收。戴夫剛上任不久後，就親自致電每一位跟客戶接洽的資深主管。我沒騙你，他在 1 個月內打了 1,000 多通私人電話，只是說謝謝。我問他為什麼**這樣做**？以下列出他告訴我的經歷。

我們剛剛經歷一次巨大的合併，我們的團隊非常忙碌，除了內部仍然在整理收拾，大家也因為忙著跟客戶一起轉移系統，工作時數增加 1 倍。我知道大家都很努力工作，但這麼忙很容易迷失方向，覺得沒有跟這個價值千億美元的新組織產生連結。我想告訴大家，他們對新組織有多麼重要，還有他們所做的一切對我有多麼重要，藉此激發一種包容性。我希望他們知道，我們同舟共濟。

這是有道理的，但戴夫**如何**做到這件事讓我相當驚訝，也讓他的部屬刮目相看。

我大概花了 1 個月的時間，才跟每個人聯絡上。我每天只能打 50 到 100 通電話，週日除外。我白天忙著開會，所以不得不在其他時間處理此事。我有一份清單，包括人們的名字、他們支援的客戶、報告的對象、住所，以及做得特別好的事情，好讓我可以特別感謝他們。那份清單主宰我的生活。我想要跟每個人通上話，所以

我早點進辦公室。晚餐前，我會在家裡打電話。我也會在開車上、下班途中打電話。星期六早上，我也打電話。我記得在耶誕節前一天早上，跟一個很棒的人交談，對方剛好跟年幼的女兒一起坐在床上。我不是故意打擾她們，我提議稍後再打電話過去，但對方說沒關係。於是我們 3 個人一起聊天，她們跟我聊到在這個特殊節日打算做什麼。這很神奇。我們彼此都不會忘記這件事，現在我們透過這通電話有共同的連結。這種事情計畫不來，但這是讓我感謝對方所做一切的完美時刻。

至今，還有人感謝戴夫當時這個小舉動。雖然他這樣做要付出龐大的心力，卻為許多關係打開大門，最重要的是，這些關係是真實的。

哇！如果戴夫這位美國第二十大上市公司的最資深團隊成員，可以在 1 個月內抽出時間撥打電話給 **1,600** 個人，那麼我們肯定可以拿起電話，每週跟好幾個人說一聲謝謝你。

你如何向潛在客戶和客戶表達更多的感謝？也許透過親筆寫的謝卡，或是邀約對方喝咖啡或打電話道謝。

戴夫跟我提到一件有趣的事：「隨著電子通訊的興起，業務愈來愈不個人化。只是花時間拿起電話說謝謝，就能產生這麼大的成效。」我同意。這樣做可能是深化關係的關鍵步驟。無論是對客戶、策略夥伴還是組織內部的某個人，你只需要花幾分鐘時間，就能向對方表達你的感謝。這種小事，最終卻能發揮大成效。

我們在第 6 章介紹潛在客戶開發策略時，會從不同角度探討這

個主題。這些原則可以幫助你拓展新關係，同時深化既有關係。

平衡

頻繁的互動能建立起穩固的關係，但這些互動的**本質**，才是穩固關係的基礎。若團隊成員之間或專家跟客戶之間沒有工作關係，彼此間就會完全積極或完全沒有摩擦。而不斷成長的重要關係不僅互動積極有趣，同時一方也會推動另一方。

想想一段另一方總是比較積極的關係。你所說或所做的每件事都很棒，是有史以來最棒的事情。這樣一點也不好。太假了。我們當然很棒，但我們不是**那麼**棒！現在想想看，你所說或所做的大部分事情都不夠好或都沒有抓到重點的關係。情況發生太多次，你因為無法獲得對方關注而開始冷漠以對。這樣一點都不有趣。那麼，為了保持關係的健全，究竟該如何拿捏關係中的稱讚與批評的平衡？

馬西歐・洛薩達博士（Dr. Marcial Losada）和他在密西根大學（University of Michigan）的同事利用獲利能力、客戶滿意度和同行評估，將員工團隊的績效分為低、中、高三類。他們發現，團隊成員中積極互動跟消極互動的相對比例，跟團隊本身的績效密切相關。

基於研究目的，當團隊中一位成員對另一位成員表達鼓勵、支持或欣賞時，就視為積極互動，譬如：「麗莎，這個想法太棒了！」消極互動則包括批評性的言論，甚至是對方如何做得更好的建議，譬如：「麥克，那確實是一個想法，但你有沒有想過嘗試……」

高績效團隊的積極互動跟消極互動的相對比例平均為 5.6：1*；績效中等的團隊平均為 2：1；低績效團隊的消極互動比積極互動更多。

好好理解這些比例。當人們針對改進所做的溝通，**大多是**積極互動時，人們一起合作就能發揮最高績效。

想想你最近跟同事的互動。你是否了解自己喜歡的內容？你誠實表達可能改進的部分嗎？你的積極互動跟消極互動的相對比例是多少？若建立足夠的積極互動，你就會獲得建設性的建議，而不是具有破壞力的批評。

我喜歡洛薩達的模型，因為它提供一個可以努力追求的明確指標。我天生就很積極，因為我渴望取悅他人。我必須努力找出哪些做法不奏效，哪些做法需要改善。值得慶幸的是，現在我更容易做到這一點。我共事過的一位資深顧問也有同樣的問題。他刻意養成跟潛在客戶初次會面時，至少提供一個建設性想法的習慣。而此舉也表現出，他並沒有太渴望取悅對方或害怕據實以告。如果你也總是給予對方積極的評價，請嘗試這種方法。一點點有建設性的想法，就能發揮很大的作用。

其他人的問題剛好相反。他們很快就會指出過失，而不提供真正積極的讚揚，以避免誇大其詞。但這樣做卻讓他們的潛在客戶覺得受到批評和攻擊，所以不再回覆電話。如果這種情況聽起來很熟

---

* 所有經過同儕審查的研究都受到批評，而洛薩達的研究受到最多批評。但我發現「積極互動與消極互動的相對比例」此一概念非常有價值，我始終牢記這一點。但正確的比例則取決於涉及的個人、情況和許多其他事情。因此請將這裡提供的數字當成經驗法則，而非絕對真理。

悉，那麼你可以透過每次互動提出積極評論，開始解決這個問題。即使你有一些有建設性的想法要提出，也要先**根據事實**提出積極評價。隨著時間演變，當你看到結果時，便能更自然給予積極評價，而且也能在每次對話中適時提出積極評價。

喜歡批評的專家往往無法察覺，提供客戶一些跟解決問題無關的積極評論，其實對建立客戶關係有利。但另一方面，愛批評**真的是**一個問題，必須解決它。在你的客戶關係中，保持每次交易的積極互動與消極互動的相對比例為 5.6：1，也就是所謂的「洛薩達比例」。高績效團隊本能地達到這個比例。它可以讓你透過充滿樂趣和鼓勵的方式來增加價值，同時提供可行的獨到見解，幫助客戶避免日後的失誤。這樣做也透過行動向客戶展現，你正在幫助**他們**達到高績效。

獨特性

當你的信箱開始收到各個公司的賀卡，你就知道 1 年即將結束，尤其當你可以決定誰能獲得有利可圖的業務時，情況更是如此。年復一年，那些認為你是潛在客戶、客戶或關鍵決策者的公司會寄給你跟信仰無關、很有過節氣氛的現成假日賀卡，祝你佳節愉快，可能還會附上歡慶新年的紅利點數。

但這種行動會讓你有印象嗎？畢竟，那張卡片跟**你**無關。每個服務事業都在共享硬碟上保留一份客戶名單的 Excel 檔案。一些可憐的助理或臨時人員負責製作大量客製化郵件，然後在辦公室裡讓每位員工輪流在一疊卡片上簽名。「大衛，那疊賀卡放在你那裡都

沒簽名！」這種做法真的很敷衍了事又缺乏特色。

你帶到晚宴的葡萄酒或帶去會議的公司品牌筆也是如此。此舉當然禮數十足，但卻在意料之中。意料中的禮數很容易被人忘卻。如今，我們甚至自欺欺人地認為，在社群網站上祝對方生日快樂就是**拓展業務**。是的，當臉書或 LinkedIn 提醒我們今天是某人的生日時，我們跟自己 237 位朋友、親戚、同事和高中同學就選擇這樣做。

最近，我與一位朋友暨客戶在一場備受矚目的會議中交談。他是一家大型專業服務公司的行銷長。我們度過愉快的時光，也在數十個評價最高的場次中，參與其中一場討論。我打算立刻送他一份小謝禮，但後續發生一連串客戶事件，讓我先擱置了這件事。接著，我去度假。6 週後，我才想到要送他什麼。我覺得很糟糕，這件事竟然拖這麼久，畢竟這種事情應該是我的專長。或許，要為那次特殊活動致謝，但現在為時已晚。

然後我靈機一動，想著這可能是送禮的**最佳**時機，並會讓那位行銷長完全出乎意料！我們都喜歡自己動手調精緻酒，因此我想知道是否有一種「調酒俱樂部」，每月提供調酒器和酒譜。畢竟，誰不喜歡慶祝、創意和精緻調酒呀？

我做了一些研究，並找到一個很棒的供應商提供這些產品。我沒有長篇大論，而是感謝我們所建立的關係，以及我們的團隊跟他們在世界各地的團隊一起愉快地工作。這樣做更有意義。禮物意外出現，反而讓整體效果更好。

即興是客戶關係的調味劑。謹慎使用，效果會很好，為每次互

動增添難忘感。在拓展業務時，提出讓對方出乎意料的有價值內容、稱讚對方或提出問題，就能讓對方有更強烈且難忘的體驗，因為這樣做讓對方**出乎意料**。

從現在開始，考慮拓展業務的時間點，因為時間點跟人們收到的所有其他訊息有關。可能的話，刻意打破節奏。以你的首要名單來說，你希望每個月跟名單上的每個人聯絡，但不要讓這些互動變得一成不變，像是「比爾又寄有趣的新聞剪輯過來，今天一定是這個月的第三個星期四」。改變一下，懂得即興，對方會注意到的。

我們會在後續章節討論跟客戶計畫有關的即興做法，並規劃讓客戶感到驚喜和愉悅的方法，而這是每個業務高手都應具備的技能。

比爾·魯普雷希特（Bill Ruprecht）是蘇富比（Sotheby's）的前執行長。蘇富比是世界上最大且最負盛名的藝術品、珠寶、汽車和收藏品拍賣商。魯普雷希特也是業務開發大師，這一點並不令人意外。他透過了解人們的喜好，跟人們建立關係。我從未見過像他這樣的人，他是一位偉大的說故事者。他跟我分享他的做法：

在蘇富比拍賣行，我很榮幸能夠了解100多個國家的客戶。當有人聯絡我時，我會在24小時內回覆他們。這樣做是展現對對方的尊重。我在2000年成為執行長時，有一位良師益友指點我。他是來自底特律的傳奇商人馬克斯·費雪（Max Fisher），當時已經90歲。費雪每天都會打電話給我，而且持續好多年。在第一年的

某一天，我沒有回費雪電話。隔天他又打電話來，我正在講電話。他堅持要等我講完電話。當我跟他通上電話時，他說：「比爾，我剛告訴美國總統，我會回他電話，因為我想跟你說話。你昨天沒有回我電話，我想知道你到底發生什麼事？」我道歉並問費雪，有什麼事這麼緊急。他回答說：「比爾，緊急的是我關心你的成功，我打電話給你是要聽聽你的聲音並了解你在想什麼。我的時間很寶貴，年輕人。當我打電話給你時，我希望你回我電話。」

被 20 世紀真正偉大的智者之一叱責，我才驀然明白。我真的很感謝費雪對我伸出援手，並全力支持我。此後，無論何時何地，我總會回他電話，因為他值得我這麼做。

最後，我的看法是，銷售其實只是弄清楚什麼事情可以打動你的客戶，並讓客戶獲得他們需要的東西。如果你無法讓客戶得到想要的東西，請告訴他們。他們大都會接受，只要你誠實以對。

我最好的客戶也是跟我合作最成功的客戶，都知道他們想要什麼。他們想要享受一些樂趣，獲得他們需要的東西，並跟他們信任的人一起工作。

探討如何「討人喜愛」是一門科學，但這門科學並不難。畢竟，我們都是人。我們喜歡別人真誠地對待我們，跟我們積極互動，而且他們能樂意幫助我們，即使我們自己還沒有精通相關特質。正如你所見，5 個討人喜歡的驅動因素本身並不需要額外的努力，只需要改變心態。討人喜歡能讓你的職業生涯和個人生活的各個方面都更如魚得水，這難道不值得你改變心態嗎？

改善溝通的全腦®思考

討人喜愛的重要關鍵在於，理解人們偏好的思考模式和溝通方式。全腦®思考可以讓你找出談話對象的主要思考模式，然後你就可以調整溝通方式，以最適合他們的方式進行溝通。良好溝通的關鍵是，將重點從「表達自己」轉移到「被聽見」。

【圖 4-1】 全腦®思考線索

A. 分析型	D. 實驗型
• 分析 • 量化 • 有邏輯性 • 喜歡批評 • 注重實際 • 喜歡數字 • 有金錢概念 • 知道事情如何運作	• 愛猜想 • 有想像力 • 擅長推測 • 承擔風險 • 急性子 • 打破規則 • 喜歡驚喜 • 有好奇心、喜歡玩樂
B. 實際型	**C. 關係型**
• 採取預防措施 • 建立程序 • 完成事情 • 可靠 • 有條理 • 做事乾淨俐落 • 準時 • 有計畫	• 擅長察言觀色 • 喜歡教人 • 肢體語言豐富 • 樂於支援他人 • 有表達力 • 感性 • 話多 • 注重感受

依據赫曼全球公司的 4 種自我模型（The Four Selves Model）和全腦®思考模型 ©2018 HERRMANN GLOBAL LLC

我們希望避免落入一個常見的陷阱，也就是以為別人以我們的方式思考或有相同的購買優先考量。投射自己的偏好到其他人身上是很自然的事，但這樣做是不對的。相反地，我們希望傾聽並了解客戶的優先考量，然後使用**他們的**、而不是我們的偏好和優先考量進行溝通。

一旦你理解**自己**的思考模式偏好，就更容易理解**另一個人**的思考模式偏好，如何影響他們解讀你所說的話。這跟他們如何制定購買決策，以及他們在你提供的服務中所尋找的東西有關。透過練習，你將能夠迅速評估和調整個人溝通方式，以配合對方的思考模式。

133 頁的圖 4-1 所列出的線索直接對應到購買優先考量。如果你在特定象限獲得大量線索，以下是你需要的神奇解碼器，讓你知道該強調的方向：

- 如果很多線索出現在分析型象限，就聚焦於**高價值**。
- 如果很多線索出現在實際型象限，就注重**經證實可靠的流程**，譬如：安全的選擇。
- 如果很多線索出現在關係型象限，就專注於**買方關切者的利益**，譬如：買方的客戶、買方的員工、買方的團隊或其他人。
- 如果很多線索出現在實驗型象限，就關注**策略適配**（strategic fit）、突破性的結果、未來變通性和創新。

上述 4 個重點可能是整本書中最重要的部分。

潛在客戶和客戶在每次互動中，提供我們線索，讓我們了解對他們最重要的事物。當你開始聽到這些線索時，你可以開始使用上述的對應方式，調整你討論解決方案的方式。請記住：大多數人都有數種思考模式，而且大多數購買決策是由多人制定，因此你可能需要強調多重好處。

當你在強調優先事項時，你可以使用圖 4-2 來對應每種思考模式。這是啟動適切溝通的簡單方法。

【圖 4-2】對應方法

A. 分析型	D. 實驗型
• 批判性分析 • 講究事實，不含糊 • 技術準確度 • 目標與目的 • 明確陳述想法 • 資料、事實、邏輯 • 簡潔、清晰、扼要	• 縱觀全局 • 盡量不提細節 • 自由探討想法 • 善用隱喻和視覺資料 • 新穎、有趣、有想像力 • 概念式架構 • 呼應長期策略
B. 實際型	**C. 關係型**
• 詳細的時間－行動議程 • 周全並提供參考資料 • 規則和程序 • 按部就班、線性、順序 • 事前提供書面資料 • 緊急應變計畫 • 堅持依據議程	• 非正式的開放討論 • 透過聲音和肢體語言表達想法 • 強調共通性和溝通 • 對他人的影響 • 人們的感受 • 大家都有機會貢獻 • 沒有隱藏的議程

依據赫曼全球公司的全腦®思考模型　©2018 HERRMANN GLOBAL LLC

特別留意那些看起來很難解的象限，那可能是你最需要關注的部分。

但是，在有一個龐大的決策團隊或買家讓人摸不著頭緒，讓你無法確定線索時，會發生什麼事？這時，你可以使用全腦®思考隨身指南（Whole Brain® Walkaround）。這個簡單的技巧可確保你在 4 個象限中進行溝通。這樣，無論聽者的思考模式偏好為何，都會聽到你的訊息。如上所述，你要依據對象選擇線索，而這個方法的效果非常強大，但需要大量的練習。

接下來，要介紹你的防備措施。圖 4-3 為全腦®思考隨身指南。這是一套透過 **4 種**思考模式看待事物的程序。我每天都使用這個工具，確保我在打電話或寄發電子郵件時，涵蓋到所有思考層面。這項工具適用於與客戶共進午餐、跟家人一起吃晚餐、在非營利組織的志工工作，以及高風險的決選會議。你能利用這項工具審核自己做的任何事情。

放慢步調注意這項工具，它是本書最重要的要素之一。我們有許多客戶都印出這張圖表，將它掛在辦公室的牆上隨時參考。

你能看出透過 4 種思考模式看待事物的做法有多麼強大嗎？假設我們正使用這種做法，確保你跟潛在客戶第一次通話時，得以有效的溝通。即使潛在客戶對某個象限的偏好極低，但以象限溝通，也可以巧妙指出潛在客戶的盲點，藉此幫助他們。就我個人而言，我較不偏好實際型思考，主要是因為這類思考跟落實細節有關。因此，當有人指出我無法察覺的落實難題時，我總是很感激。在 4 個象限中溝通，就是確保你的訊息得以傳達的萬全之策。

【圖 4-3】 全腦®思考隨身指南

A. 分析型	D. 實驗型
列出分析型的事實。 • 分析型象限提出事實、財務數據、邏輯和技術規格。 • 分析型象限處理「是什麼？」的問題。 • 例子：目前的解決方案是什麼？支持這個解決方案的數據是什麼？基本要求是什麼？財務條件或結果是什麼？這個做法或決策依據什麼邏輯？目標或目的是什麼？ • 我們有考慮到…… 　－明確績效目標、目的和衡量指標嗎？ 　－預算或財務問題和成果？ 　－支持我們目標的數據和研究？ 　－技術層面？ 　－成本效益分析或投資報酬率聲明？	**寫下實驗型的想法。** • 實驗型象限放眼整體局勢、未來狀態、整體觀點，以及（或）創新解決方案。 • 實驗型象限解決「為什麼？」的問題。 • 例子：為什麼我們要做這件事？為什麼這件事很重要？為什麼聽者應該在意？為什麼未來比現狀更好？ • 我們有考慮到…… 　－整體局勢和全球層面嗎？ 　－關於未來成果的願景？ 　－策略、願景或使命聲明？ 　－我們的假設？ 　－替代、創意和創新的新構想和解決方案？
B. 實際型	**C. 關係型**
增加實際型的規劃細節。 • 實際型象限提出組織、型態、計畫和細節。 • 實際型象限處理「怎麼做？及何時做？」的問題。 • 例子：這件事要怎麼做？這件事要怎麼安排？這件事要怎麼落實？我們要怎樣降低風險？這件事何時開始？這件事何時結束？這件事會花多久時間？怎樣評量這件事？ • 我們有考慮到…… 　－議程、準則和時間表嗎？ 　－採取什麼步驟以便達成目標？ 　－討論風險和緊急應變計畫？ 　－擬定的行動方案和工作相依性？ 　－資源需求？ 　－政策和程序？ 　－品質準則？	**列出關係型的個人利益。** • 關係型象限提出價值觀、感受、關係和情緒。 • 關係型象限解決「誰？」的問題。 • 例子：誰將受惠？誰可以使用這個？牽涉到誰？誰會反抗？對誰有利？我們需要跟誰溝通？我們的消費者是誰？ • 我們有考慮到…… 　－我們對彼此的感受嗎？ 　－如何描述彼此的關係？ 　－探討雙方的共同價值觀？ 　－合作的語言（我們、我們的、團隊、互相、機會、共享、信任、誠信）？ 　－展現傾聽、同理心和理解？ 　－文化問題？ 　－相互的利益、關注事項和問題？

全腦®思考模型為赫曼全球公司之註冊商標，版權所有隸屬該公司。　©2018 HERRMANN GLOBAL LLC.

想要一種簡單的方法，將這種做法融入你的日常生活嗎？取得**全腦®思考隨身指南**工作表，或在一張紙上簡單地畫上一個大加號。當你透過每個象限的觀點去觀察時，便能更如魚得水地準備**任何事情**。

這種方法幾乎可以用於任何溝通，譬如：重要的電子郵件、午餐會議或正式推銷。關鍵是，善用這 4 個象限的每一個象限處理你的主題。我們常常困在自己偏好的象限中，從不考慮那些來自我們較不偏好象限的意見。

思考偏好就像過濾器一樣，會過濾所有你聽到、說出和思考的內容。這表示用**不適合對方的錯誤方式**傳達正確的訊息，對方並不會聽到你的訊息。當你更認識自己的思考偏好和溝通偏好，就能幫助你更清楚自己如何迴避最不喜歡的思考模式，也了解思考與溝通偏好如何妨礙你與他人的互動，導致溝通成效不彰。

跟任何人都聊得來的溝通技巧

有些最重要也最有影響力的事業關係，是從簡單的小事揭開序幕。也許你在咖啡店巧遇一位朋友，他提起你應該見見誰，或者也許是某個點頭之交發簡訊詢問跟你專業知識相關的一個小問題。有時候，這些偶然發生、看似平凡無奇的時刻，卻為我們的整個職業生涯制定方向。你可曾在這種偶然情況發生後，希望自己當初要是用不同的方式處理就好，但你其實不知道自己究竟做錯什麼？不知何故，你就是覺得彼此之間沒有建立應有的必要連結。為什麼會這

樣呢？

身為業務型專家，談論自己是你可以善用時間做的最重要事項。這樣講聽起來有點自私或自我中心嗎？想想看，如果真正需要幫助的人跟你交談幾分鐘，並沒有發現你可以幫助他們，**那麼你算哪門子幫助**？

就算我們不是害羞或沉默寡言的人，但談論自己和我們能做什麼，仍然會讓我們感到不自在。但我要再次強調，如果人們不知道我們能為他們做些什麼，那麼我們多年來的培訓和準備工作又有什麼用處呢？

下面這個簡單的模型教你用一種既真實又平衡的方式談論自己。善用這個模型，你會展現自信和樂於助人的態度，人們也會肯定你並欣賞你。你的目標是，將每次對話當成一個機會。

你可能會認為，在每次新互動中尋求商機有一點俗氣，那根本是在操弄別人，一點也不真誠。但請記住：真正的業務高手是真誠的，你的目標是提供服務。不要忽視這一點，也不要強迫對方從你那裡挖掘資訊，這對他們沒有任何好處。記住：你的互動對象可能也很小心謹慎。無論對方將來是否成為你的客戶，透過讓自己更有趣並創造一種好奇感，你能讓對方更容易跟你交談。

讓我們看看商場人際互動中一個非常典型的對話：

艾莉克西斯：你好！我是艾莉克西斯。

哈維爾：妳好。我是哈維爾。

艾莉克西斯：哈維爾，很高興認識你。你做哪一行？

哈維爾：我是私人教練，但我討厭這種頭銜。

艾莉克西斯（心想，這下可好，看來沒戲唱了）：真的嗎？私人教練都做些什麼？

哈維爾：嗯，我幫助人們改善某些事情。

艾莉克西斯（納悶，這哪有什麼困難？）：你幫助人們改善哪種「事情」？

哈維爾：主要是尋找可能對他們更有利的新工作。

艾莉克西斯（心想，喔，天啊，我的點心上竟然有一隻蒼蠅）：工作？什麼樣的工作？

哈維爾：主要是幫助人們弄清楚，可以從哪種事業開始自立門戶。

艾莉克西斯（心想，那隻蒼蠅都比這傢伙更有趣。我必須離開這裡！）：工作，對吧？聽起來很不錯。抱歉，請原諒我，我必須找一支蒼蠅拍。

很明顯，這段對話對雙方來說都不太有趣。回想一下，你在團體活動中的精彩對話，不管是社區野餐、專業會議或無論什麼地方。是什麼原因，讓互動如此吸引人？

可能是你說話的對象既**有趣**又**熱情**。他們樂意讓你主導談話，讓你問你想問的問題。他們勾起你的好奇心，然後以吸引人的資訊回應你的好奇。

出色的神祕小說一次揭露一條線索，引誘你繼續看下去。而精彩的對話也以同樣的方式運作，它就像一場乒乓球友誼賽，是有來

有往的生動對話，且每個答案都留下一個開放式的問題，讓對方提問。

要避免什麼呢？答案是，僵局，就像上面那個商場經典對話。另外，還要避免唱獨角戲。最好的答案提供足夠的資訊，引起對方的好奇，也自然而然地引發一連串的問題。

談話是一種藝術。成為談話大師的關鍵是，多聽少說，並在回答問題時提供足夠的細節，讓想法可以繼續交流。

在哈維爾將本章課程融會貫通後，我們再來看看對話情境會有何改變。哈維爾將提供艾莉克西斯足夠的細節，以保持對話的問答節奏。他不會講個不停，不會敷衍地回答，讓對話陷入僵局。記住：與人交談要像打乒乓球一樣，你來我往。

艾莉克西斯：你好！我是艾莉克西斯。

哈維爾：艾莉西克斯，很高興認識妳。我是哈維爾。

艾莉克西斯：哈維爾，很高興認識你。你做哪一行？

哈維爾：嗯，妳可知道，有很多人厭倦企業界的挑戰。企業一直改組，也不斷裁員。（艾莉克西斯點頭表示認同。）我幫助人們評估是否自行創業比較好。如果是的話，我會幫助他們開展一套獨特的 3 步驟流程。

艾莉克西斯（持懷疑態度但很好奇）：哦，真的嗎？它的獨特之處是什麼？是怎麼運作的？

哈維爾：第一個步驟真的很有趣。我已經開發出一種方法來評估個人的核心技能及他們真正擅長的事情，並且衡量個人

對每項核心技能的熱愛程度。畢竟，擅長某件事並不表示你想要以此維生。然後，我們排序那些核心技能並製作圖表，對應出可行的事業選項。有趣的是，大多數人都堅持自己目前的角色和工作。他們不知道其實自己擅長很多事情，也真的對那些事情充滿熱情，而做那些事情可以提供真正的價值。

艾莉克西斯（更加好奇）：我聽說大多數新事業都以失敗告終。你的做法真的有用嗎？

哈維爾：一直都有用。我有一位客戶準備在下週推動自己的新事業。她正在做一些她從沒想過會做的事情，而且她時時刻刻都熱愛她的新事業。我為她感到開心。

艾莉克西斯（完全沒察覺點心上有蒼蠅）：真的嗎？她要做什麼？不會害怕嗎？

哈維爾：她原本在一家超大型企業負責變革管理，但我們發現，她最大的強項和她最熱愛的是產品定位和服務定位。她有行銷天分，但在以前的工作中，她從來沒有機會善用這個天分。現在，她自己創辦一家行銷公司。沒有風險，因為她已經取得一張 7 位數的合約。這遠多於她過去幾年工作的收入。她會做得很好，因為我們精心策劃這個流程的每個步驟。這個流程的美妙之處在於，如果我們在第一個步驟找到適合客戶從事的事業，那麼我們的客戶只需支付第二個步驟和第三個步驟的實施費用。所以，如果有人想進行評估，那真的是太明智了。

艾莉克西斯：哇！我一直想開創自己的事業，卻不知道怎麼做。這個流程似乎棒極了。你讓人們完成的其他步驟是什麼？

哈維爾每回答一個問題，就會從艾莉克西斯使用的措詞中找到相關線索。如果你仔細觀察，你會發現有關流程和風險的程序思考線索。哈維爾意識到自己可能正在跟一位程序思考者打交道，對方最感興趣的是沒有風險、經過驗證確實有效的流程。所以，他做出適當的回應。他已經準備好回答更多有關時間表、流程中的次要步驟、如何降低風險等問題，甚至還想到一位同樣偏好程序思考模式的客戶，可以介紹給艾莉克西斯。

由於哈維爾對自己的工作和成果充滿熱情，所以他做出的每一個回應都引發更多的好奇。他為談話加入許多可以討論的事項，包括第二個步驟和第三個步驟的細節，關於他的客戶和客戶如何拿到 7 位數合約的更多資訊，以及他幫助過的其他客戶，還有他當初是如何進入這一行等諸如此類的問題。20 分鐘很快就過去。在這次對話結束時，艾莉克西斯開心地報名參加哈維爾的初步技能評估。

這裡需要注意的第一件要事是，哈維爾沒有必要推銷業務或向艾莉克西斯詢問任何事情。從某些方面來看，他甚至根本沒有談論自己，他對客戶的關注便足以推動其事業進展和建立自身信譽。艾莉克西斯要求**哈維爾**提供更進一步的資訊。哈維爾的回答既不無趣，也不會長篇大論到令人生厭。

需要注意的第二件要事是，這是一次富有成效又愉快的對話。

艾莉克西斯一點也不覺得自己被牽著鼻子走或被推銷，因為她沒有！哈維爾只是回答她的問題「你做哪一行？」因為哈維爾的回答提供足夠的細節，讓艾莉克西斯可以提出問題並繼續交談。事實證明，哈維爾或許能夠幫助艾莉克西斯，但就算沒有發生這種情況，也可能產生任何積極的結果，比方說，艾莉克西斯可能想到某個朋友或同事會想認識哈維爾。

當你有機會談論自己時，要從我稱為**令人好奇的自我介紹**開始說起。這是一個會讓人感興趣又產生疑問的簡短陳述，且這種陳述會讓對方點頭認同並信服。而點頭認同很重要，這個動作能讓溝通的大門打開一些。一旦你獲得對方點頭示意，在對方回應時，仔細傾聽對方的思考偏好線索，並讓你的理解引導整個對話。當你熟練這項技術，你就能將非正式的自我介紹，迅速轉變為幫助他人的重要機會。

一個強有力又令人好奇的自我介紹，會產生真實感。無論你是參與商業活動，還是跟朋友和同事的非正式聚會，你應該在你所處的情境中，輕鬆、自然且簡短地自我介紹。比方說，請參考以下這個令人好奇的自我介紹：

你知道專業人士要不斷發展業務的壓力有多麼大嗎？我培訓他們以幫助對方的方式開發業務，進而強化彼此的關係。我們一直能夠達到高投資報酬率，因為這個系統以 120 多項科學研究為依據，也因為我們使用包含 17 個模組的嚴謹流程。當專業人士視業務開發為幫助客戶而非向客戶推銷時，他們就會對業務開發感到興奮。

在某種程度上，我們根本不教推銷，我們教人們如何創造購買。

這個令人好奇的自我介紹涉及全腦®思考的4種思考模式，也包含可能引起聽者共鳴的幾個不同主題，並透露出說話者（我）對本身工作的興奮與激情。

重點是，讓對方說話。利用令人好奇的自我介紹來激發有意義的對話。你愈快讓對方參與對話，你就會愈快找出線索，知道他們感興趣的事物、有什麼需求和偏好的思考模式。然後，你就可以採取因應對策，進行更深入也更有價值的溝通。

你說話時要繼續觀察對方的思考模式，比方說，你是在跟一個實際型思考者交談嗎？如果是這樣，請談談你的流程有多麼迅速、有效率或有條理。你在跟一位關係型思考者交談嗎？那就充分表達你對工作的熱忱，以及幫助客戶的快樂。同時，展現真實的自己，這跟注意那些對方最感興趣的方面並吸引對方有關。

如果你還不確定對方偏好的思考模式，那就從大格局、實驗導向且令人好奇的自我介紹開始，再根據對方的回應縮小範圍。

顯然，投緣是強迫不來的。有時你就是跟對方很投緣，比方說，你的摯友或好到像兄弟姊妹的知己。但其實大多數時候，你只要了解人類心理學，就很有可能跟你在工作上和生活中遇到的人建立連結。可惜的是，這些事情學校都沒有教。

在本章中，我提供你一些有研究依據、經過時間考驗的工具，用於改善人際互動。其中一些行為可能早就是你的第二天性，但很

可能其中有許多行為都不會自然形成。你要有耐心，容許自己慢慢學習。討人喜歡是一種驚人的自我強化。當你開始看到一些小變化如何改變你的互動時，你會大受鼓舞，更想好好學會本章介紹的每個要素。

在下一章，我們將開始研究潛在客戶開發策略。沒錯！如果你想讓自己的業務管道充滿前景可期的新潛在客戶，那麼你需要設計和實施一個真正的策略，而不僅僅是收集一些技巧和戰術。

我還要向你介紹雪球系統的基本要素之一：**給予就會有收獲提案**（give-to-get）。毫不誇張，它將改變你把潛在客戶變成客戶的方式。你可知道，有時要為你的服務創造需求其實很難？好吧，在下一章中，我會為你解開這個謎題。

5 | 將潛在客戶變成客戶的實戰攻略

　　透過穩定的練習，上一章介紹的工具將幫助你培養與其他人（從潛在客戶和客戶到朋友與家人）溝通和聯繫的能力。在本章中，我們把焦點放在一開始就吸引其他人注意。如果你只是獨自坐在一個房間裡等待電話鈴響，那麼任何人際溝通技巧對你都沒有任何幫助。沒有潛在客戶，你的前景堪虞。

　　當個人或企業對你的服務感興趣並提供聯絡資訊，就產生一個**銷售線索**（lead）。就算你經營業務多年，新潛在客戶的來源可能依舊讓你感到神祕。如果你沒有清楚掌握你對開發潛在客戶的努力，就會覺得新的銷售線索總是令人意外且不可預測地突然出現，或者更糟的是，根本沒有線索出現。許多業務型專家認為，銷售線索流量基本上就像股市或天氣般難以捉摸，他們無法控制。

　　無論你對銷售線索感到意外或覺得無法控制，你都可以做得更好，只是要弄清楚怎麼做並不容易。關於潛在客戶開發這項實務的論述很少。你找到的論述都是老派做法，像是微笑和推銷電話的技

巧。這類做法就是要你打電話給很多你不認識的人，並留言要求他們回你電話。然後，你發一封電子郵件，詢問他們是否收到你的語音留言。接著，你每兩天發送一封電子郵件，詢問他們是否收到你詢問語音留言的電子郵件。「這是一場數字遊戲。」銷售大師說。「只要堅持下去，幸運的話，你可以獲得5％的成功率。你做得到！」

我不能這樣做。首先，5％的成功率意謂著我們教導的人當中，有95％的人是渴望做成生意、卻無法成功的怪咖。（如果你開始撥打推銷電話時，沒有迫切渴望要談成生意，那麼你就玩完了。）其次，就算我們撥打推銷電話，跟對方通上話了，我們也必須克服先入為主的負面印象。即使陌生開發這種方法確實有助於維持企業生存，但大多數人仍然不會這樣做，因為那令人感到不舒服。當然，也不真誠。

我發現大多數業務型專家只是遵循他們的導師或直屬主管做過的事，或者依循自己去年試過的事，至於那些做法是否有效，他們根本就沒有多想。他們在同一個會議上發言，在同一個部落格上留言，一再做同樣的事，卻完全不知道哪些做法有效，哪些做法無效。

我們來改變現狀吧。我將概述一系列適合你的方法。在過去10年內，我為各行各業1萬多名業務型專家進行專業培訓時，這些做法持續發揮優異成效。最棒的是什麼？學員利用這些方法吸引到**有價值的**銷售線索，而不用懇求對方。更棒的是，不會產生任何不真實、不舒服或奇怪的感覺。

當你依據人們想要的東西、對人們有幫助的東西，而且只有你才有的東西，來設計你的做法時，人們會很樂意讓你跟他們聯絡，而且也會很開心見到你。我們利用一項測試確認這個做法是否有價值，也就是潛在客戶會不會改變他們的行程安排，以便與你見面，而不是跟你的提議背道而馳。

容我大膽地說，你不能有太多的銷售線索。這個想法可能讓大家很好奇。老實說，我們當中有許多人擔心會有大量銷售線索。畢竟，大量銷售線索意謂著太多的工作、太多的電子郵件，及無止盡的後續跟進：「我已經很忙了！如果我還有更多事情要做，我該如何應付？」

在此列出你要做的事。你會找到更多你喜歡的工作，拒絕那些不那麼有價值又太商品化的工作，並讓你的獨特品牌更臻完善。你會更開心，因為你可以選擇你想要的工作。你會提高你的收費標準，並賺更多錢。你會雇用員工處理你做不完的事情，或者只是把那些事情轉介給別人處理。只要是對你有利的舉措，無論你想怎麼做都好。而雇用人員便會壯大你的團隊。

把你處理不來的工作轉介別人，表示更多人會將你想要的工作轉介給你。我提到你會提高收費吧？有什麼不好的呢？

那麼最壞的情況是怎樣？真正很棒的潛在客戶出現了，你卻沒有時間和精力來承擔這項工作？我們把影片往前快轉，你帶著一絲遺憾，轉介潛在客戶給策略夥伴。就算在這種狀況下，你也贏了。你介紹這麼棒的新客戶給策略夥伴，對方就欠你一個大人情。潛在客戶對你的第一印象是，你很搶手，你可以打賭他們下次還會找你

合作。這就是太多潛在客戶的最大缺點。這樣不是很棒嗎？

穩定的銷售線索流量發揮「神奇的力量」，讓業務開發的各個方面，從鎖定理想客戶到為你的服務協議適當收費標準，都變得更加容易。當你不覺得整個月、整個季度，甚至整年都要仰賴任何一個潛在客戶在合約虛線處簽名時，業務就變得更加容易。穩定的銷售線索流量帶來出乎意料的好處。但是，為了達到那種境界，我們必須打開閘門。

在我們為你和你的企業制定正確的潛在客戶開發策略前，你需要一項能夠創造需求，同時也是新的業務開發工具庫中最強大的工具之一——給予就會有收獲提案。

頂尖銷售的 4 步驟流程

「告訴我，你願意花時間在我們身上。做好功課，提供我們一些知識或某種東西，證明你重視我的時間，也重視我們的關係。」

以上這段忠告，來自財星 100 大的高層領導人。我跟她合作超過 15 年。她多年來持續不斷地被推銷，已沒有耐心聽到任何推銷辭令。她想要的是一個願意花時間投資彼此關係的人，為她的公司提供有助於解決實質問題的重要做法。

在第一次會議中，不要犯下「試圖達成交易」這個常見的錯誤。（這種「要就現在，否則免談」的心態往往是銷售線索流量不足所導致的。我們很快就會討論這個問題。）大多數業務型專家都堅持完成交易的 2 步驟流程：首先，獲得潛在客戶青睞；其次，搶

到專案。但這宛如莽撞地宣示：「我，野人！你，客戶！」（"Me, Tarzan! You, client!"）

無論這種開門見山的方法在短期內是否奏效，都會破壞處於最脆弱階段的**關係**。我們不希望買家懊悔，而是想要買家成為我們的狂熱粉絲。那麼，我們該怎麼做？

說到真正的業務開發，想要有收獲，就要**先**給予。在我們的模型中，你依照策略，**給予**潛在客戶一些有價值的東西，好讓你的關係達到接下來可以交易的程度。試圖立即談成交易，感覺就像強迫對方埋單。良好的銷售過程應該讓人覺得，像球滾下山坡那樣不可避免。

這個流程包含以下 4 個步驟：

1. 初次拜訪會議。
2. 給予就會有收獲提案。
3. 小專案。
4. 大型專案。

讓我們按照順序檢視每個步驟。

初次拜訪會議

這是第一次一對一介紹或小組介紹。也許潛在客戶聽到你在會議上的發言後，跟你交換名片。也許某個客戶將你介紹給其他部門同事。

不管銷售線索是怎麼產生的，這是你跟合格潛在客戶的首次互動。因此，這或許是促成一段有價值關係的**關鍵**時刻。但請記住：一個有效的初次拜訪會議不應該像業務開發，而是有如同事一起解決問題。

你在初次拜訪會議時，**不是**以談成交易為目標，而是為了讓關係進展到下一步。通常，你在初次拜訪會議上所希望做的，就是幫助潛在客戶了解你是否適合解決他們的問題。**你**已經知道你是合適的人選，因為你已經完成目標選擇。但**對方**還不清楚。所以，你要協助他們知道，你要做的是提出問題，弄清楚他們有什麼需求，並用**對方可以理解的措詞和思考模式**，說明你的獨特定位。想方設法來幫助潛在客戶。

下一個步驟是什麼？答案是，給予就會有收獲提案，如下所述。是的，有時候你可以跳過這個步驟，直接談成一個小專案，甚至談成大型專案，但通常那是因為對方有迫切需求，加上有力人士的推薦才促成的結果。這種情況相當罕見，一旦發生就要抓住機會。

就算事態明顯到讓你知道，這個潛在客戶近期內不會變成客戶。但在這段期間，你還是可以想辦法提供服務。畢竟，商場瞬息萬變，需求會一直出現，而且事情的發展往往出乎你的意料。關鍵是，向客戶**展現**你做什麼，而不是**談論**你做什麼。

給予就會有收獲提案

這是你為潛在客戶提供的服務或產品，目標是取得一個小專

案。給予就會有收獲提案不是象徵性的禮物，而是對潛在客戶來說有實際價值的東西。這種做法讓潛在客戶體驗到跟你合作的感受。為了發揮效用，給予就會有收獲提案必須：

- 易於創造和執行。
- 為潛在客戶提供真正的價值。
- 讓客戶願意付費請你工作。

通常，給予就會有收獲提案採用診斷的形式，藉由將症狀追溯到問題的根源並確定可能的解決方案，來為客戶提供價值，而無須實際解決整個問題。請記住：給予就會有收獲提案的目標是進入下一個步驟，讓客戶願意付費請你工作。比方說，脊椎按摩師可能會提供骨骼掃描，以找出潛在客戶慢性疼痛的可能原因。管理顧問可能提供團隊概況報告，找出妨礙團隊合作和創新的人際關係瓶頸。在上述兩種情況下，會使潛在客戶不禁好奇，**你能幫我解決這個問題嗎**？後續我們會更深入介紹如何設計有效的給予就會有收獲提案。

小專案

這是你跟客戶談成的第一個小規模專案。而客戶願意投資你可能是因為，你有他們想要的某樣重要東西，或他們對你所說可以做到的事情感到好奇，或者在貿然合作大專案前，他們想要先用一個小專案，體驗一下你的服務。

在此要跨越的橋樑就是，讓客戶付錢跟你買東西。我們的許多客戶稱之為「有收費的推銷工作」，因為其實你已經從發展關係獲得回報。最重要的是心理層面，畢竟人們關注他們付出的代價。

第一個專案也有助於減少未來工作上的摩擦，你以供應商的身分進入客戶的系統，簽訂初始法律要求，同時也清除後勤作業的障礙。而小專案也在買家心中產生微妙的轉變，因為你再也不是一個向他們推銷的人，而是團隊的一員。無論你怎麼看，小專案都很重要。

大型專案

這始終是目標，但你必須透過順利完成給予就會有收獲提案和小專案，來**爭取**獲得大型專案的權利。

這條道路完全跟推動力有關。由於上述的每個步驟都有一個目標，也就是進入下一個步驟，因此使用這個模型可以為所有潛在客戶創造推動力，並迅速增加你在單一目標客戶端的機會**數量**，進而開闢出通往大型專案的多條路徑。根據你的服務性質和不同的客戶，你可能會同時進行多個給予就會有收獲提案和小專案，而每個任務和專案的目標都是要進入下一個步驟。

雖然是歷經 4 個步驟才能取得大型專案，但實際上，你跟潛在客戶之間不斷發展的關係，看起來更像是樹的分枝。有些分枝難免會逐漸減少，而其他分枝會出乎你意料地持續開枝散葉。你需要不斷刻意地塑造給予就會有收獲提案和小專案，以收獲更多有價值的

重要工作。

設計完美的提案：影響力心理學

給予就會有收獲提案的科學依據，讓我感到相當驚訝。我們已經在幾十個產業的數百家客戶中，傳授這個方法給成千上萬名的學員，而且這個方法始終有效。為什麼？原因就出在，影響力心理學。

羅伯特・席爾迪尼博士（Robert Cialdini）在這方面的研究最豐。他的著作《影響力》（*Influence*）在世界各地賣出 300 多萬冊，並被翻譯成 30 多種語言。席爾迪尼結合自己的研究跟該領域的最新研究，區隔出 6 個驅動影響力的核心因素。而給予就會有收獲提案是我見過唯一利用 6 種核心因素的業務開發技術。

互惠原理

人們往往有恩必報。你先無償提供專業知識，展開與對方的關係，通常就能建立商譽，獲得倍數以上的回報。因此，投資給予就會有收獲提案是值得的。

承諾和一致原理

人們傾向於繼續走他們初始步上的道路。而給予就會有收獲提案能讓你的潛在客戶迅速與你合作，同時提供一個簡單的購買途徑。因為它能在沒有合約問題的情況下，就讓事情輕鬆進展到下一

個步驟，使一切得以順利進行。

社會認同原理

人們看到別人正在做的事情也會跟著做，因為這樣讓人有安全感。因此，你可以邀請幾位關鍵人士參加給予就會有收獲提案的會議，在組織內部建立「社會認同」。只要設計得當的給予就會有收獲提案，就能同時影響好幾位決策者。

權威原理

人們傾向於信任專家。而給予就會有收獲提案讓你從「談論你所做的事」轉變為「做你所做的事」，提供你的潛在客戶重要的體驗。同時藉由解決客戶的問題，展現你的專業知識並證明你的價值。

喜好原理

人們跟自己喜歡的人做更多生意。而跟客戶合作解決他們的問題，能提供你許多雙方共同的興趣和其他共同點，這些都有助於建立彼此的連結。換句話說，給予就會有收獲提案能建立起專家和客戶之間的個人連結。

稀有性原理

稀有創造需求。你的時間很寶貴，因此不能無止盡地贈送你的專業知識或產品。你可以指出，你能提供多少特定類型的給予就會

有收獲提案，幫助客戶了解並非每個人都能獲得這種免費產品或服務。這對他們和你來說，都是一件大事。

毫無疑問的是，給予就會有收獲提案會產生影響。但我最喜歡的部分是，這種做法讓對業務型專家和潛在客戶都**覺得**很棒。最近我跟一位潛在客戶討論我們的方法論，也提到給予就會有收獲提案的概念，他們喜歡這個主意。在這通電話會議快結束時，我提議他們派出至少兩名關鍵決策者，來我們的公開培訓課程中旁聽，並且允許我們打電話討論可能的後續步驟。

「嘿，這就是給予就會有收獲提案嗎？」
「是的！」我回答。「覺得很棒，不是嗎？」
「確實如此。幫我們報名吧。」

羅斯・桑德斯（Ross Sanders）在安泰保險（Aetna）國民帳戶集團（National Accounts group），領導一支由 400 多名與客戶接洽的專業人士組成的團隊。桑德斯對於給予就會有收獲提案的效益有一點了解。我跟他談到他們的給予就會有收獲提案，以下是他給我的回答。

我們為精選客戶提供免費的 HBDI® 評估講習，這些講習跟我們的服務，也就是協助草擬 3 年福利策略有關。這些講習不是為了推銷我們的產品或服務，而是要協助客戶制定長期策略獲致成功。

給予就會有收獲提案不但提高客戶留存率，也提升我們跟客戶的關係，包括客戶端的領導高層，讓我們能夠更加了解客戶和將產品客製化以符合客戶需求，進而推動銷售，也讓客戶願意推薦我們的服務給其他潛在客戶。在我們的競爭對手也向客戶和潛在客戶推銷產品時，給予就會有收獲提案提供價值和諮詢，為我們創造機會，讓客戶和潛在客戶優先選擇我們。這種做法讓我們在市場上獨樹一格。

　　讓給予就會有收獲提案奏效的標準很簡單。你必須能輕鬆提供那項服務**而且**對潛在客戶具有實際價值，同時又能直接產生收費工作。

　　那麼，你該如何建構一個適合你的業務，同時運用你目前可得資源的給予就會有收獲提案呢？答案是，回溯分析。依據你想贏得的專案來設計這個提案，並且始終牢記潛在客戶的思考偏好。具體來說，你可以按照以下 3 個步驟取得成功。

設計提案 3 步驟

確定你想要的大型專案

　　這個步驟通常很簡單。關鍵是，你的選擇必須有策略性，不要局限在你已經做過的事情上。你可以選擇你**想要**為客戶做的事情，但也考慮到你現在擅長的事情。

設計一個產生大型專案的小專案

對於廣告代理商而言，小專案可能是針對廣告提出的概念設計，以及草擬時間表和步驟。對於平面設計師來說，小專案可能是新的品牌視覺識別指南，以及對採用該指南後需要更改的內容進行分析。注意這兩個小專案都增加很多價值，並且清楚展現因為**需要龐大的工作量和專業知識**，必須進行大型專案才能完成。小專案讓客戶對大型專案先有初步了解，也說明大型專案在工作量和專業知識等方面的難度。最後一個專業提示是，以決策者很容易批准、無須繁瑣審核流程的價格，作為小專案的報價。然後再依據價格，訂定服務範圍。

設計產生小專案的給予就會有收獲提案

記住以下標準：對你而言很容易，對他們來說有價值，而且可以通往下一個步驟。有時，給予就會有收獲提案很簡單。比方說，小專案的前幾個小時，做了哪些事？如果有價值的話，就把這幾個小時的工作，當成禮物送給潛在客戶或客戶。無論你決定提供什麼，請確保你提供的內容可以吸引4種思考偏好人士。當然，你所提供的內容可以偏向某一類思考偏好，但要確保提案中的**某些內容**，能夠吸引有主導權的思考者。

參考實例有助於實現給予就會有收獲提案此一概念。以下這些例子，可能會給你一些啟發。

實戰操作技巧

討論關鍵主題

　　我從給予就會有收獲提案這個概念開始說起，因為我們經常看到這種做法，而且這種做法往往都奏效。另一方面，所謂的關鍵主題指的是許多人都有興趣聽到的內容。根據你的經驗，關鍵主題可能是跟客戶連結的新方式（行銷），可能是新技術（軟體、程序、委外處理）、新規定（新法令）、新的商業方法（諮詢），或是概述新的養生法（保健）。關鍵主題也可能是現有流程的新做法。只要是客戶感興趣的事情，都可以當成關鍵主題。

　　討論關鍵主題此一方法包括兩部分，一為專家介紹主題，其次則是討論客戶如何應用這種知識。第一個部分應該富有洞察力且言簡意賅。當專家應用這些知識到**客戶的獨特情況**時，就會產生神奇魔力。起初，人們會把大多數時間放在第一個部分，讓潛在客戶或客戶看看我們有多麼聰明，而沒有為第二個部分留下足夠的時間。但其實，聰明的做法反而是簡短說明第一部分後，趕快進入第二部分的討論。

　　比方說，我們的一位客戶設計行銷自動化軟體。而他們的給予就會有收獲提案是，幫忙潛在客戶或客戶檢視行銷自動化的最新元件，及利用海報、便利貼、投票和腦力激盪，引導客戶對話，診斷他們當前的自動化方法，並選擇接下來要解決的問題。

　　這種流程傾向於實驗型思考（腦力激盪）和關係型思考（互動性），最後留下時間針對後續步驟進行實際型思考。除此之外，他

們還增加預算和指標，將分析型思考也包含在內。這些會議的目的不僅是要激發新想法，也要針對未來優先事項達成共識。

猜猜看，在每次會議結束時，潛在客戶或客戶幾乎總會提出什麼問題？

「你能幫助我們解決這些優先事項嗎？」

策略規劃會議

上述流程還可用於為客戶團隊主持一個策略規劃會議。我們已經看到這項做法甚至可以為客戶領導高層主持策略規劃會議，方法則是使用上面的流程，但不要討論關鍵主題，而是檢視部門或業務的重要順序。

這種給予就會有收獲提案應該跟專門為團隊設計的詳細策略計畫，也就是跟後續的小專案相呼應。你可以免費贈送第一次會議，但其餘部分就要收費。這樣做很有價值，因為你不但大力協助客戶，同時也了解客戶未來的發展方向。

分析

這種方法非常適合大型軟體部署、外包、醫療保健供應商、諮詢，以及在進行大型專案前，需要了解商業個案的其他行業。

雖然這種方法偏向分析型思考，但最好也要涵蓋到其他 3 種思考模式。關鍵是，要擴大你的分析範圍，以便提供整體概述，並持續推動整個流程向前。同時要及早結束，這樣就可以針對更詳細的討論收取費用。

跟往常一樣，從你想要創造需求的大型專案為起點。從那裡開始回溯並問自己，商業個案需要展現什麼，才能讓人們同意你的提案？這是你收取費用完成小專案時，應該進行的分析。那麼，怎樣的概略分析可以產生這個小專案？答案就是給予就會有收獲提案。

有一家顧問公司是我們的客戶，該公司以產業分析作為給予就會有收獲提案，而該重要分析出自針對其他同業領導者如何投資主要實體工廠資產的年度調查結果。由於這個行業的公司規模相當龐大，以至於大多數公司並沒有保存完整的資產目錄。因此，這種給予就會有收獲提案提供他們的客戶很多價值，也會讓客戶疑問，**我們**究竟在做什麼？

答案通常是，聘請顧問來解決問題。當顧問獲得報酬來進行這個小專案時，他們針對主要資產進行成本分析，並對照同業基準（分析型思考），簡短訪談那些**應該**打好關係的主管（關係型思考），檢視客戶目前的投資是否呼應其商業策略（實驗型思考），並利用甘特圖（實際型思考）推薦後續步驟。客戶很喜歡這種分析。你能猜出接下來會發生什麼事情嗎？

專案規劃

如果分析有助於確定專案是否值得，那麼專案規劃此一方法可以證明，實施專案是必要的。由於已經排定好優先要務，所以這個方法以實際型思考為主，而較少提及其他 3 種思考偏好。

很多時候，你的客戶已經開始採取措施，但還不清楚他們需要的專業知識，或最後獲致成功所需耗費的時間與精力。在這種情況

下，你可以先進行一些訪談或要求對方提供數據。同時，深入了解客戶嘗試完成的事項，以及這些事項與業務策略的關聯，並找出重要的里程碑、成本、涉及的團隊以及預期的影響。記住：將每一種思考模式列入考量。

接下來，利用以下資訊彙整一份報告。首先，再次強調為何這項專案對業務來說相當重要。重複你所聽到的內容，並加入自己的觀點。然後，列出數字，亦即投資報酬率。如果專案準時完成、延遲 1 天、1 週或 1 個月完成，對業務會產生什麼影響。列出你的假設，並提出完成專案所需的技術專業知識。然後，再次強調如果專案準時完成或延後完成，會產生的正面影響或負面影響。

偶爾引述利益關係者的話，說說專案的重要性，以及他們在這個過程中看到的陷阱。利用實驗型、關係型和分析型等思考模式，說明完美執行專案的重要性，然後最好利用一張甘特圖，以實際型思考模式檢視專案的時間表和步驟。這是一種有價值又毫不含糊的方式，證明完成這個流程非你不可的原因。

為潛在客戶介紹同行人士

如果你做的大部分工作是為面臨同樣問題的客戶排疑解惑，那麼你很可能認識許多擔任類似職務的人士。若是要幾乎不費心力地提出給予就會有收穫提案，並讓潛在客戶獲得可能相當龐大的價值，方法就是：為潛在客戶介紹同行人士。

你可以提議將擔任類似職務或處理類似業務問題的其他同行人士，介紹給潛在客戶。當你可以將潛在客戶介紹給已經跟你一起處

理手頭問題的狂熱粉絲，就會發揮強大的效力。

　　安排好時間讓你們 3 個人三方通話或一起吃飯，如此一來，你便能運用專業知識讓客戶和潛在客戶都因此受惠。這種做法偏向關係型思考，但你可以在對話中加入另外 3 個象限的思考模式。這種介紹先發制人，將你的潛在客戶跟你最棒的推薦者互相連結，進一步確立自己的聲譽和可信度。這類會面幾乎總是以潛在客戶詢問「所以，你怎麼知道……」揭開序幕，你只要準備好，傾聽客戶對你的狂熱讚揚。

訓練講習

　　訓練講習幾乎總能贏得潛在客戶的青睞。而訓練講習的主題可能從行業相關的新技術或法規，到利用個案研究介紹新穎的管理方法。

　　這種給予就會有收獲提案讓你在關鍵決策者和有影響力人士面前，展現你對這個主題的專業知識和熱忱。你可以設計這種提案吸引各種思考偏好的人士。當你幫助潛在客戶學習，你就可能影響他們處理這類新資訊的策略（對方可能會委託你進行一個小專案）。

　　關鍵是，選擇正確的主題（你目前沒有受僱去做、但卻是客戶需要解決的事情），同時要讓適合的人選與會（畢竟，決策者不是你的日常聯絡人）。不要勉強接受客戶建議的第一個主題。

　　一旦你投入時間研究和準備訓練講習，你就可以一勞永逸，利用同樣的資料為其他相關潛在客戶進行同樣的訓練講習。你還可以分享你錄製的講習影片或在網路研討會上直播討論。這種做法的好

處是，只要投入一次時間和精力，後續就可以多次重複利用。

我想分享兩個關於給予就會有收獲提案的重要提示。

首先，讓對方接受這類提案的最佳方法是，設計一個實例成果，如某個報告、分析或計畫的通用版本，讓對方有粗淺的了解。如果你要執行的是互動式講習，你可以利用活動掛圖或便利貼，展現其他講習的照片，最後秀出客戶微笑感到滿意的照片。而**展現**給予就會有收獲提案的成果或過程，有助於讓潛在客戶同意接受提案。如果沒有實例說明他們會得到什麼，那你的提案就太不明確了。

其次，要求潛在客戶做一些工作是完全合適的。這可能表示請潛在客戶提交數據，或邀請某些高階主管參加會議或其他事情。根據定義，你正提供某樣有價值的東西，正如我們稍後會看到的，有許多科學論述證實，人們更樂意購買他們協助創造的東西。如果你讓潛在客戶**太輕鬆**，他們可能不會被你說服，也不會因為提案成果而感到興奮。換句話說，如果他們不願意花一點時間免費獲得一些價值，那麼他們無論如何都不會買任何東西。如果成功的機率渺茫，最好及早知道對方沒有意願，以免浪費彼此的時間。

各行業的提案設計技巧

我在前文所列的給予就會有收獲提案，只是其中一小部分的實例。當然，專家可以投入適當心力和時間，以眾多方式協助潛在客

戶。你能不斷地尋找新的方式，找出不必多花心思，而是利用你的外部觀點、專業人脈、專業知識、經驗和注意力，就可能對潛在客戶帶來價值的做法。請記住：這些人往往是以公司內部的狹隘觀點來看待問題，而且在時間和自主性方面都非常有限。

然而，不同行業和不同事業類型，適合的給予就會有收獲提案也不同。接下來，我以幾個截然不同的行業舉例說明，列出好、更好和最好的選擇。讓你知道，在設計給予就會有收獲提案時，其實有無限的可能。

儘管 159 頁所提的給予就會有收獲提案的 3 個標準很容易理解，但有時難以應用。就像西洋棋的規則一樣，你可以快速了解西洋棋要怎麼玩，但要成為一名西洋棋高手就需要很長的時間。當開始設計給予就會有收獲提案時，人們往往會給錯東西（那些無法帶你邁向下一個步驟的東西），或是給太多東西（免費執行一個小專案）。不過，就算下面提到的行業都不是你從事的行業也不必擔心，那不是問題的關鍵。以下例子會幫助你察覺，讓你的給予就會有收獲提案從好到最好的微妙差異。

簡報輔導業

好：1 小時概述設計有意義簡報的方法。

更好：同上述做法，但將概述縮短到 30 分鐘，然後花 30 分鐘**評估一份現有簡報**。

最好：同上述做法，但改變時間分配，最後 10 分鐘說明將現有簡報臻至完美所需的步驟和時間。

軟體業

好：檢視潛在客戶使用你的軟體想達成的技術目標，然後進行軟體示範，強調你可以在哪些方面提高效率。

更好：同上述做法，但以滿足類似需求的其他客製化軟體部署，作為說明實例。

最好：同上述做法，但是進行一項先進新軟體的示範，這種新軟體還很少人知道，但符合潛在客戶的需求。讓與會者事先簽訂保密協議，並在最後留出時間徵詢回饋意見，並描述新軟體如何配合潛在客戶的業務流程。

行銷機構

好：為新產品的行銷策略舉辦為期半天的創意腦力激盪研討會，包括 3 個概念標誌、一份風格指南和行銷計畫的後續跟進。

更好：同上述做法，但內容**較少**，研討會讓客戶了解概念標誌（但尚未定稿），並提出行銷計畫的概略架構。

最好：同上述做法，但在面對面研討會的 1 週後，以電話跟進，以文件說明落實行銷計畫所需的大量工作，以及順利完成計畫所需的技能。

法律業

好：跟你已經認識的人，針對你從事的主題，進行一次法學持續教育（CLE）講習。

更好：同上述做法，但講習是關於你**目前沒有**研究，但很樂意研究的主題。

最好：同上述做法，但現在與會者包括控制新主題領域的外部工作流程的**新關係人士**。

大型服務承包商或外包服務業

好：針對客戶評估委外服務成本節省的數據進行分析。這項分析需要 120 個工時，分析報告會議使用靜態的列印數據，並透過日常工作聯繫進行會議。

更好：同上述做法，但這項分析需要 80 個工時，分析報告會議使用 Excel 動態模組，客戶可以自行調整假設並立即查看結果，進而推動更多的互動和參與。

最好：同上述做法，但與會者是所有主要決策者，包括你很少接洽到的領導高層。

量身打造你的提案策略

你的給予就會有收獲提案將成為你的業務開發技能庫的關鍵要素。如果你以隨意、未經思考的方式處理這類提案，必定會做事抓不到重點，最後做了一堆白工。相反地，請你維持一個策略重點，也就是只在最有可能變成小專案的地方，提供給予就會有收獲提案，而不是把給予就會有收獲提案，當成促進新關係的通用手法。

當你利用給予就會有收獲提案跟潛在客戶建立互動的節奏時，

你不僅獲得跟他們做生意的權利，也教導客戶在付費請你工作這段期間，可以期待得到的東西。先前我們討論過，行為科學告訴我們，頻率和一致性如何轉換行為成我們的習慣。這一點也適用在關係上。重點是，讓你的潛在客戶為你著迷。在賣方與潛在客戶剛開始建立關係時，數量和品質一樣重要。儘管兩者你都需要，但在關係剛建立的那幾週，要強調你與潛在客戶的互動次數，這樣客戶才會記得你，也會更自在地跟你互動，同時對你更加信任。此外，相較於一次塞給對方大量資訊，你可以分次溝通，同時為互動增加價值，並讓雙方互動成為習慣。

我們的許多客戶已經提升這個概念到一個新的層次。他們設計了一套可擴展的給予就會有收獲提案，而相關內容可以在整個組織中反覆使用。有時，應該根據客戶的具體需求客製化給予就會有收獲提案，但通常可以按照上述方式建立通用版本。雖然這樣做起初可能需要花費更多心力，但卻可以反覆使用，用來向數十個、甚至數百個潛在客戶提案。提供你的業務型專家一個能重複使用的工具，就能在整個組織內部創造需求。

現在，是時候開發適合你和你的業務的給予就會有收獲提案。取得**給予就會有收獲腦力激盪**（Give-to-Get Brainstorming）工作表，或是在一張空白紙上畫出兩個方形，每個方形有 4 個象限。

針對第一個方形進行腦力激盪，設想你可以立即為潛在客戶進行的給予就會有收獲提案以及其所屬的思考象限。這個方法是依據你**現在**擁有的東西，去評估哪些可以稍做調整就能多次使用。舉例來說，你可以在無須太多額外工作的情況下，進行分析導向的評

估，或推動一個實務導向的專案規劃會議。

在另一個方形中，寫下你可能透過一些開發工作，設計出的給予就會有收獲提案。你必須以潛在客戶的立場來思考：他們樂意**接受**怎樣的給予就會有收獲提案？他們會迅速接受怎樣的提案？這類提案可能是我們先前提及的任何一個例子或是其他事項。你可以利用在第 3 章中繪製的完美潛在客戶定位，以潛在客戶的立場去思考。

請記住：強效的給予就會有收獲提案會涵蓋 4 種思考模式。所以，如果你想到一個構想包含 4 個象限，那就把這個構想寫在方形中心點或稍微偏離中心。如果你的構想比較偏向其中幾個思考模式，就把這個構想寫下相對應象限的交會點。給予就會有收獲提案不應該只局限於單一象限。事實上，財務長關心的不僅僅是做出準確的財務報告而已。

現在，你有工作要做。看看目前你擁有的活躍潛在客戶，並將他們的思考模式跟你可以馬上進行的給予就會有收獲提案配對。再次強調，在為潛在客戶選擇和設計給予就會有收獲提案時，要從最後想要的結果開始回溯。從你想要做的大型專案開始思考，然後從那裡回溯到小專案，再回溯到可能產生小專案的理想給予就會有收獲提案。

現在，撥打一通電話或進行一場會議，為潛在客戶提供給予就會有收獲提案。看看效果如何。我發現提出給予就會有收獲提案的最佳方式就是說：「如果我們這樣做，會有幫助嗎？」我發現這樣說會比「你想要我們⋯⋯」來得好。第一種說法獲得的接受率更高，因為聽起來像是真心要幫忙。而第二種說法聽起來像是潛在客

戶對你要求太多。

一旦你完成一些給予就會有收獲提案，甚至藉此爭取到一個小專案，你就會更加理解這種方法在實務中如何運作。這種經歷將啟發你根據你的強項，設計出新的、更好的給予就會有收獲提案，讓你不費吹灰之力進行這類提案，同時對你的潛在客戶又非常有價值。

給予就會有收獲提案展現出你願意努力與客戶建立關係。然而，這種關係需要雙管齊下，亦即客戶也應該願意為進行給予就會有收獲提案投入時間和精力。因此，務必在整個計畫和執行過程中，讓客戶一起參與。

如果你的給予就會有收獲提案始終未能引起特定客戶的更多參與，那麼這種提案就會變成我們客戶戲稱的「給予只是給予」（give-to-give）。這是一個明確指標，表示你正在跟一個不會雇用你參與大型專案的人打交道，你應該把時間和精力用在其他潛在客戶身上。從另一種角度來看，雖然你的給予就會有收獲提案沒有達到預期的成效，但整體來說，你反而沒有浪費太多時間在不需要你服務的潛在客戶身上。重要的是，在權衡業務開發與非業務開發所需的時間時，要牢記業務開發能帶來的利益。

舉例來說，我們的大多數客戶都會在午餐時，以非正式的方式宣傳他們的給予就會有收獲提案，但有時候明文列出這類提案是有道理的。如果風險很高，或者你需要用比較正式的方式跟潛在客戶提議，那麼提供1頁概述，說明你幫助他們的承諾，對你來說大有助益。針對潛在客戶，設計既獨特又具體的內容，以表達你的誠意。

1頁概述應包括：

- 使用你的定位，簡要概述你的公司。
- 你願意投入的領域、你的專業知識適合解決潛在客戶當前的問題，以及進行更大專案的可能性。
- 你願意完成的給予就會有收獲提案清單。

當你設計好這 1 頁內容後，你可以在初次拜訪會議時，以這頁內容當作對話指南。務必先練習好你在這次會議中要說的話，以及如何在會議上提出你的給予就會有收獲策略。

當你真正為客戶關係付出心力，並免費贈送某樣東西時，往往會讓潛在客戶驚喜不已。因為客戶原本預期，他們想都不用想就可以拒絕你的提議。因此，當你說明為什麼提供這份有限的給予就會有收獲提案給這個客戶時，要展現你的真心實意。比方說，解釋為什麼你的業務模型非常適合潛在客戶，你可以使用你在第 3 章中列出的定位條件，讓對方知道，這是你開發業務的方式。此外，你也能明確表示你願意做的事，比方說，讓他們從 3 種給予就會有收獲提案中挑選 1 個，藉此協助他們。同時也說明如果你表現良好，希望得到的結果，也就是能進入到關係的下一個階段。

別忘了最後一部分，那是你得到的結果。沒有這部分，你等於是在提供截然不同的提案：給予只是給予提案。

還有一件事是，讓你表現真誠且有用的機會，可能來得出乎你的意料。當你遇到潛在客戶時，你未必有為客戶特別設計的 1 頁文件。然而，這種意外機會確實會出現，所以請準備一個神奇構想袋

（Magic Bag of Ideas）。無論是放在公事包裡，還是你可以馬上發送給新認識者的一組電子檔中，神奇構想袋內裝滿能展現你的工作和專業知識，且能隨身攜帶的東西。舉例來說：

- 你為客戶進行的給予就會有收獲提案分析副本。
- 你正在開發的新服務名單。
- 你的小專案樣本和大型專案樣本。
- 跟潛在客戶和客戶有關的主題文章。

如果在對話過程中出現跟神奇構想袋中的某個項目呼應的主題，你就有機會提供價值，並協助將現況推動到業務開發流程的下一個步驟。這就是事前準備的美妙之處。有什麼比隨身攜帶自己的神奇構想袋，並在需要時立即派上用場，還更有幫助的呢？

提高勝率的潛在客戶開發策略

你必須先制定一個可靠的計畫，吸引可能使用你的服務的個人和企業，這樣你的服務才能創造穩定的需求。畢竟，審慎周全的潛在客戶開發策略是獲得新客戶的起點和核心。

潛在客戶開發的主要工作是讓人們或企業對你的服務產生興趣。這個策略讓你跟那些可能對這些服務感興趣的人建立連結。如同第 3 章所述，一個審慎周全的潛在客戶開發策略讓你在吸引新客戶時，能把精力放在明確定義的目標受眾上。

優質的潛在客戶可以讓你以最少的努力進入下一個步驟。比方說，當潛在客戶已經對你的公司或服務產生興趣，你會發現安排初次拜訪會議並從那裡開始有所進展的摩擦要少得多。但潛在客戶的數量也至關重要。就算擁有一小批優質潛在客戶，專業人士還是很難贏得每位潛在客戶的青睞。即使你執行得很好，但預算也會花完，優先順序會發生變化，專案會在最後一刻被取消。儘管更全面的做法可能需要更多的篩檢過濾，但也可以提供你用其他方法無法找到的優質潛在客戶，讓你在跟相當優質的潛在客戶毫無進展時，還能反敗為勝。換句話說，我們需要一套能夠正確權衡品質和數量的策略，以提高你的整體成功機率。

下一章介紹的每項潛在客戶開發工具都有在數量和品質之間進行取捨。有些工具傾向於爭取 1、2 個高度合格的潛在客戶，有些工具傾向以量取勝，先吸引大量潛在客戶，再進行篩選。只仰賴任何一種方法都是不夠的，技術多元化相當重要。在這裡，我們將為你的業務彙整出最佳技術組合。我們的目標是，利用你可用於投入成長的時間和資源，建立你需要的交易流程。

有很多方法可以獲得潛在客戶。但所有方法都應該專注於安排初次拜訪會議，從那裡開始，利用給予就會有收獲提案，讓你邁入業務開發的下一個步驟。要注意的是，適合你的業務開發技術組合，未必適合其他人。你自己的業務開發技術組合取決於下列因素：

- 你可以投入的時間。

- 你和你的團隊具備的技能。
- 你可以等多久才看到結果。
- 你在市場中的定位。
- 你需要的銷售線索數量。
- 所屬領域潛在新客戶的數量。
- 你是否可以透過現有人脈拜訪這些潛在客戶。

　　每種情況都是獨特的。舉例來說，專注於某個產業利基的軟體公司可能在全球只有 6 到 7 個潛在企業客戶。相反地，稅務爭議律師每年可能會有數以千計的潛在客戶，但不知道哪些特定納稅人會被查稅。這就是為什麼即便彼此業務性質極為相似，模仿其他企業使用的潛在客戶開發策略還是一個壞主意。你必須考慮本身業務的獨特需求，設計出適合自己的業務開發技術組合。

　　176 頁的圖 5-1 列出本書介紹的潛在客戶開發策略，並依據「範圍」和「個人連結」等兩個主軸做分析。

　　在後續章節中，我會逐一詳細介紹圖 5-1 中的潛在客戶開發策略，並舉例說明這些策略如何適用於不同規模和不同行業的業務。不過，在我們進入後續章節前，讓我們先做全盤檢視。問問自己，你願意每年投入多少小時，進行任何類型的潛在客戶開發工作？

　　如果你的業務剛剛展開，也還沒有很多潛在客戶，那麼答案可能是一個非常大的數字。假設你需要大量優質的潛在客戶帶動業務量，讓你的企業加速起飛，那麼每週投入 20 小時或 1 年大約 1,000 小時，是完全合理的。相反地，如果你的工作涉及到少數穩定的客

【圖 5-1】 潛在客戶開發策略

	鎖定 專注於找到特定 組織或個人	鎖定可能的對象 以利擴大觸及 直接鎖定特定組織或個 人，並擴大客戶來源	擴大觸及客戶 專注於從擴大來源 找到一些潛在客戶
開發熟人客戶 影響率高並有 一些個人連結	將朋友變成客戶	論壇	演說
開發陌生客戶與 **開發熟人客戶**	具體推薦	策略夥伴	網路研討會
開發陌生客戶 影響率低且 個人連結最低	陌生市場行銷	出席活動	寫作

戶，而且你已經很忙碌，那麼你可能每週只能花費幾個小時推動新業務，以取代基於某種原因得逐步淘汰的客戶。然而，你的業務也可能介於兩者之間，那你每年投入潛在客戶開發的時間應該在 100 到 1,000 小時之間。

一旦你具體了解打算投入多少時間，你就能在不同策略之間妥善分配時間。你的目標是設計出一個多元化的強大策略。比方說，如果你打算每年只花 100 個小時來開發潛在客戶，那麼你真的需要從這 100 個小時中，挪出 30 個小時在推特上嗎？畢竟，推文有將潛在客戶變成付費客戶嗎？如果在推特發文，對你來說是一項糟糕的投資，那麼你可以想想辦法，如何透過自動化或委派他人，減少你花在推特上的時間，或是乾脆刪除帳號，省下更多時間來制定一

個可以帶來更多收益的策略。

策略多樣性也很重要，因為潛在客戶開發並不是一門精準的科學。當你從一種隨興做法過渡到系統化的方法時，你在一段時間內，還是不太清楚怎樣做才對業務開發有效。你會想降低風險，不想把所有的精力放在效益不彰的單一策略上。

現在，列出你目前為了獲得新的潛在客戶而參與的所有活動，從社群媒體和經營部落格到參加會議等。當你瀏覽後續介紹的各項潛在客戶開發策略時，將你認為可行的策略加到你的主要活動清單中，直到你把每個可能對你有用的策略都列進去。

接下來，根據你的業務需求和先前提到的標準，譬如：你和你的團隊具備的技能、可以等多久才看到結果等等，選擇 3 到 5 個最可行的策略。然後，確定你打算投入這些個別策略的時間百分比，並計算可用的時數。你可以取得**潛在客戶開發**工作表，或是用一張紙來製作這張表。

舉例來說，如果你每年投入 250 個小時開發潛在客戶，而且你決定將其中 20％的時間用於電子郵件行銷，也就是你每年投入 50 個小時或每週 1 小時處理電子報。但假設依據上述的時間分配，你還是沒有足夠的時間撰寫編輯和發送有價值的東西，更不用說建立清單，那麼你能用更少的時間做其他事情嗎？譬如：每週彙整一些可能對潛在客戶有用的連結？你是否可以聘請外部寫手或請團隊成員協助編輯工作或幫忙增加名單？

最後要記住的一點是，追蹤結果。如果你跟大多數業務型專家一樣，總是把潛在客戶開發當成事後想到再做的工作。雖然你可能

一直很努力且熱衷於開發潛在客戶，但是當你開始忙著為客戶工作時，你可能會忙到疏忽此事。正如本書開宗明義地說到，這種「要麼多得要命，要麼少得可憐」的心態迫使你在業務清淡時爭搶生意，也讓你無法好好挑選客戶。

從現在開始，你要將潛在客戶開發當成你用「時間」這項最寶貴資源所做的投資。這表示你必須註記哪些方法有效，哪些方法更有效。雖然你可能在猜測過去在業務開發上投入多少時間，但是如果你從現在起這 1 年內，好好追蹤用於潛在客戶開發上的時間，以及每種方法的成效，那麼 365 天後，你就能夠設計出更棒的新策略，讓你投入更少的時間，卻創造龐大的成效。因此，開始使用試算表追蹤吧。

買家、影響者和把關者

在你確定潛在客戶的資格前，必須先區分買家、影響者和把關者。買家擁有預算權力、職權並跟你最後想要獲取的專案有直接關係。簡單講，他們是實際批准專案進行的人。然而，影響者可能跟買家有密切的關係，他們可能是買家管理的部屬、專案團隊成員、外部顧問等。把關者則是那些有權安排或控制買家和影響者的行程安排的人，有時行政人員就是這類把關者（要好好跟這種人打交道）。

一旦你開始依據這些類別來思考潛在客戶，許多嘗試與他們聯繫時會冒出的奇怪機制，就會變得清晰。比方說，尋求內部升遷的

把關者可能會讓你跟有決策權的買家保持一定的距離，以獲得幫你跟買家牽線的功勞。（現在，你就知道為什麼老早跟買家說好要打的電話，似乎永遠無法通上話。）

在上述循環下，不合格的潛在客戶很少能進入下一個步驟。而合格的潛在客戶可能意謂著一些短期的延遲和受挫，但隨著時間演變，會為你節省無數的時間。考慮到這些定義，讓我們看一下篩選潛在客戶的過程。首先，使用你的定位條件來確定要關注的組織，再使用下述這個通俗好記的問題，找出哪些人是組織內部適合接洽的人選。

ATM 裡有 $ 嗎？

$。客戶是否有**錢**或可以把錢用於這個專案？

權力（Authority）。客戶是否**有權**決定推動這個專案？你在跟真正的決策者談話嗎？

時機（Timing）。客戶是否認為這是進行這個專案的適當**時機**？客戶是否有**時間**投入這個專案，並得以全部完成？

動機（Motivation）。由於客戶很忙碌，客戶真的有**動機**推動這件事嗎？

你準備和規劃得愈多，事前愈精心挑選，你的業務開發工作就會愈純熟，愈有效益，也愈有利可圖。人們很容易把業務高手想成點石成金的邁達斯國王（King Midas），把碰觸到的砂石變成黃金。事實上，真正的業務高手**很挑剔**，他們只願意把時間花在可以

獲得報酬的事情上。

我們在本章獲得重大進展。只要改變你的方法，從一開始獲得潛在客戶青睞後，馬上爭取專案的做法，改變成通往大型專案循序漸進的流程，就能讓你與潛在客戶和客戶的互動，產生結構性的轉變。同時，每次我在培訓課程介紹給予就會有收獲提案時，往往會讓專業人士深感頓悟。事實上，你不必再為第一次付費工作拼死拼活，誰知道在那種過程中會讓你跟潛在客戶的關係受到怎樣的傷害。相反地，現在你能運用對潛在客戶和客戶真正有價值的東西，為整個推銷流程創造動力。此舉也有可能大幅改善雙方在此過程中的感受。

既然你已經花了一些心思，設想強效、多樣化且系統化的潛在客戶開發策略。接下來，就該深入研究具體的戰術。每個企業的需求都不同，但我相信你會在第 6 章發現一套對你有效的潛在客戶開發戰術。在那些戰術中，有許多與你未來成功相關的領先指標（leading indicator）*，而其中最重要的是，開發合格的潛在客戶。

---

* 【編注】領先指標宛如具有預測作用的警示燈，為事件的先兆。如業績下滑的前兆是成交率下跌，在此成交率即為領先指標。

6 | 潛在客戶開發戰術

　　每個人都在這裡被困住了。無論你是剛加入自由工作者的行列，還是投資銀行家，你都不可能擁有太多「銷售線索」。更多銷售線索意謂著更多選擇、更多靈活度和更多的掌控。

　　在接下來幾頁中，我會介紹最強大的潛在客戶開發戰術。你將使用第 5 章的方法，從這些戰術中挑選一小部分，作為潛在客戶開發策略的基石。最後，你將制定一個與你具備的技能、可用的時間和可利用的資源相呼應的具體行動方案。

　　任何戰術的成敗取決於事前的規劃和準備。我們幫助一位專業人士評估他連續 4 年參加的會議。儘管這項活動的與會者都是他鎖定的潛在客戶，但他從來沒有取得一個優質銷售線索。更糟的是，他為了參加這個為期兩天半的會議，前後還要花大約 32 個小時往返。我們沒有要他缺席那年的活動，而是使用本章介紹的會議技術，讓他事前花 3 個小時準備，這樣他最後就能讓自己的時間獲得最大的報酬。瞧！他獲得 12 位潛在客戶同意接受給予就會有收獲

提案。即使是參加同樣的會議，只要用對方法，就能獲得高投資報酬率。

　　有些做法要求你脫離舒適圈。比方說，你可能認為自己很膽小又害羞，不敢公開演講，或許你覺得寫作令人生畏。然而，這些恐懼往往沒有根據。如果某種做法看起來適合你的業務開發需求，請你開放心胸，大膽嘗試。當你看到合格的潛在客戶陸續出現時，你會驚訝地發現，你的憂慮竟然一掃而空。為了協助指導你，在此介紹的全部做法在 mobunnell.com/worksheets 上，都有相應的工作表。

　　繫好安全帶吧。本章是本書中最具挑戰性的章節，但也能讓你受益匪淺。隨著正確的潛在客戶開發戰術發揮作用，你再也不需要納悶自己要去哪裡尋找下一個客戶。

把朋友變成客戶

　　你自己可能已經認識許多潛在客戶。比方說，通常朋友或熟人都是成為你的狂熱粉絲的最佳人選。畢竟，他們了解你的為人處世，也清楚你的聲譽。但是，他們可能沒有把你能做什麼和他們需要完成什麼之間的關係連結起來。這位朋友可能是你目標企業的決策者，卻從沒想過你的專業知識可以幫助他們解決一個重大阻礙。

　　跟推銷和業務開發一樣，大多數專業人士都認為跟朋友一起工作令人困惑。許多人錯誤地以為，他們必須區隔個人關係和事業關係，儘管你所見到的無數成功例子證明，事實正好相反。當然，也

有可能他們害怕提出這個主題。也許熟人甚至不知道，他們的朋友具備他們四處尋覓的專業知識。不管怎樣，專家往往猶豫是否要跨過這個鴻溝，因為他們擔心這樣做可能將個人關係置於險境。

這種猶豫讓我感到震驚。假設你開始跟一個完全陌生的新客戶一起工作，而且事情進展順利，你們一起完成很多工作。在這種情況下，我教導的大多數專業人士都會希望，在工作之餘做一些事情來加強這種關係，譬如：娛樂活動、帶配偶一起聚會等等。換句話說，當我們從工作開始建立關係時，我們試圖將這種關係，擴展到真正的友誼。那麼，為什麼我們不想從我們已經喜歡的人開始著手，並設法將這種關係擴大到工作上？

記住：你的目的是幫助別人。這就是你花那麼多時間學習的原因。當我們進入推銷流程時，我們想要從別人那裡得到好處。好吧，我們當然不想跟朋友推銷。但是，當我們抱持著**真心誠意想要幫助別人的心態來推銷**，你馬上會發現把朋友變成客戶，是世上最自然不過的事情。

如果你是一名頂尖的稅務會計師，你大學時期好友提到自己因為情況特殊，繳了好多稅。難道你會告訴他，去分類廣告網站克雷格列表（craigslist）找會計師，或者更糟糕的是，對好友多繳稅保持緘默，當作不知情？當然不是這樣囉！如果你真正擅長稅務會計，你會建議好友和你一起研究一下，讓對方少繳一點稅。

一旦你接受推銷就是提供服務，你真正需要的只是一種將朋友變成客戶的簡單方法。這就是最簡單的潛在客戶開發方式，因為你跟對方已經建立良好關係。一旦你開始跟朋友一起工作，你會訝異

他們多快達到狂熱粉絲的狀態。如果你的人脈中，有很多人符合你的目標客戶標準，那麼這個做法可能是開始建立客戶群的核心策略。

讓上述做法奏效的關鍵是，適當的給予就會有收獲提案。透過給予就會有收獲提案，你能適切地提出合作理念。針對名單上的每位朋友，根據對方的思考偏好，挑選理想的給予就會有收獲提案（因為你很了解他們，所以相信此事應該很容易）。如果你知道你的朋友是注重分析的思考者，那就專注在你與類似客戶的成功指標，以及給予就會有收獲提案提供高價值卻不用付出任何成本的事實。如果對方注重實驗型思考，那就說明一起工作的創意和樂趣，以及一起腦力激盪有多開心！你的朋友最有興趣嘗試哪種類型的專案？

現在，在一張紙上繪製 4 個象限，並仔細擬定一則初始訊息，說明你願意提供的給予就會有收獲提案。寫下會讓所有思考偏好者產生共鳴的重點，但要確保你有足夠的吸引力，打動對方最明顯的思考偏好領域。然後，將這些重點發展成一段推銷詞。如果你代表公司工作，重要的是在你的訊息中明確表示，這種給予就會有收獲提案是代表整個組織的投資，而不是你個人的投資。記住：擴大對話，超越個人關係。假設你在行銷機構任職，你的朋友在新產品在市場上銷路不佳的公司上班。你可以跟朋友這樣說：

我們應該經常共進晚餐。我希望我們聊聊彼此的想法。事實上，我有一個想法。身為公司合夥人，我可以影響公司的資源用

途，而一直以來，我投入資源跟優質客戶建立關係。儘管我並不期望對方雇用我們，但這種做法卻讓我們的業務蒸蒸日上。我們這樣做是想讓客戶看到我們的工作，以便了解我們的價值，知道我們的想法和意見適用於解決某人現實生活中的問題。這種事情不能光說不練，所以我們只能用實作去證明。我很樂意投資你的公司和你的新產品，就像我說的那樣，我不期望獲得任何回報。我相信這樣做會讓事態好轉。如果你覺得這個想法不錯，我想到我們經常使用的半天會議形式，這種做法經證實可以迅速提高產品銷售量。我們公司的專家會一同與會……

就算你是個人工作者，你也可以運用給予就會有收獲提案，迅速無縫地超越個人關係，進入專業領域。你可以跟對方提到稀有性，如實地讓對方知道，你很少提供這種給予就會有收獲提案。這樣有助於讓朋友覺得自己很特別。跟對方提議後，要預期朋友可能會跟任何潛在客戶一樣，提出相同問題或反對意見。準備好克服你遇到的障礙，不要認為朋友是因為你個人因素才這樣。畢竟，是你發起這場專業對話，你應該事先預期到這些狀況。

全神貫注在「為你和你的朋友創造雙贏局面」這個目標上。即使現在不是以有償或無償的方式幫助朋友的適當時機，但他們將來會更清楚如何幫助你，而你也會學到日後如何幫忙朋友。另外，他們也會做好準備，按照你的方式跟別人推薦你。當你把這件事做對時，你就不會輸。

4 步驟讓客戶主動推薦你

狂熱粉絲的推薦是你取得新客戶的最快途徑。另外也別忘了，忠實客戶通常願意成為狂熱粉絲。基本上，只要你提出要求，請他們推薦或轉介，他們就會加入狂熱粉絲的行列。無論是忠實客戶還是狂熱粉絲都信任你。他們渴望你成功，而且會把這種渴望感染給他們推薦的每個潛在客戶。這些客戶**想要**幫助你獲勝。你只需要告訴他們，怎樣做對你的業務最有效。這表示你必須花時間在他們身上，確保他們了解你的業務方式，以及你想要服務的客戶類型。你必須明確地請求他們的協助。

你的狂熱粉絲應該覺得，你這樣做是送禮物給他們，而不是指派任務給他們。然而，要求推薦之所以讓人生厭，是因為大多數人都用錯方法。你自己可能經歷過這種事。比方說，服務供應商說：「邦內爾，你可知道，我根據他人的引薦來發展我的業務。如果你給我 5 個人名和電話，我會很感激。」對我來說這聽起來像是，「邦內爾，你可知道，我打算仰賴你給我 5 個人的名字和電話。然後我會騷擾他們，懇求他們看在你的面子上跟我見面，並在這個過程中讓你十分尷尬。」這種方法是以乞討為主，而不是以價值為主。我們採取的方法正好相反，我們為最優質的客戶提供價值。我會介紹一個 4 步驟流程，在保護現有關係的同時，促使對方向別人推薦你。

首先，將狂熱粉絲（以及那些幾近狂熱粉絲的粉絲）的資料列成名單，並把那些擁有最強大人脈、能接觸目標客戶的粉絲排在名

單的最前面，然後跟名單上的第一個人見面或打電話。

步驟 1：讓推薦人有標準可以依循

你已經投入大量精力定義目標客戶的標準。遺憾的是，只有你知道哪些人是目標客戶。我們所有人都有過這種經驗，熱情的朋友和客戶推薦一些遠不符標準的人給我們。這種事情可能令人沮喪，但我們必須記住：這些人只是想幫助我們。

你必須協助狂熱粉絲了解怎樣幫你最好，但這需要時間和精力。你可以先跟狂熱粉絲解釋，你在努力開發你的業務，而推薦是你開發策略的關鍵要素。詢問他們是否願意幫助你，請他們將認為跟你目標客戶條件相符的人介紹給你。

關鍵要素是，解釋你的給予就會有收獲策略，以及你願意為**合格**的潛在客戶投資多少。當人們有機會看到你願意在分文未取的情況下，傳遞給潛在客戶怎樣的價值時，人們就更容易介紹潛在客戶給你。你這樣做也是給狂熱粉絲一個禮物，讓狂熱粉絲可以把給予就會有收獲提案當成禮物送給認識的人。這可是一門大生意，也是你應該採取的定位方式。

如果你的客戶很熱心協助你，並將這份禮物送給其他人，請跟他們分享你在第 3 章中制定的目標客戶標準，並具體說明哪些客戶類型**不是**你的目標客戶。這樣有助於避免狂熱粉絲困惑和浪費精力。

步驟 2：開放式問題

接下來，問一個開放式的問題，譬如，「你知道有誰符合這個條件，可能有興趣討論由我的公司免費幫助他們？」這裡要強調的是會議和接收給予就會有收穫提案，**而不是強調**「購買 X、Y 或 Z」或「我可以賣 A、B 或 C」。你只是希望你的狂熱粉絲開始根據你的目標客戶標準，從他們認識的人當中找出符合的對象。給他們充足的時間思考這個問題，不要打擾他們。這個開放式問題很重要，因為狂熱粉絲可能針對你沒有想到的服務介紹，構思出很棒的想法。

步驟 3：具體要求

根據你所屬行業的規模和性質，你可以在提出開放式問題後，接著提出一個具體要求。讓這位狂熱粉絲看看你在第 3 章中設計的目標客戶名單。此舉的目的是，了解這位狂熱粉絲是否可以幫你跟先前任何目標潛在客戶牽線。

在你提出具體要求**前**，一定要給對方足夠的時間，處理先前的開放式問題。很多時候，**如果**你給客戶一點時間，開放式問題會激發創意聯想和意想不到的想法。這就是我們使用這種順序的原因。

具體要求很重要，因為跟你交談的人可能沒有想到，他們有一些顯而易見的關係。當你提供對方一份名單，外加上具體要求時，對方就會很快想到許多出乎意料的關係。這一點一直讓我感到驚訝。具體明確是讓這個做法發揮強大效力的關鍵，譬如：「哦！那

家公司的財務長是我的鄰居！她很棒。我星期天會跟她見面，到時候就可以跟她提及此事。」

步驟 4：一起設計推薦內容

現在，你們已經一起找出客戶願意跟誰介紹你，現在就是一起設計推薦內容的時機。這跟與客戶一起設計提案的方式非常相似，因為兩者目標是相同的。它們都旨在設計適合的方法，最後能讓客戶獲得既得利益。為了讓狂熱粉絲更加興奮，請你跟狂熱粉絲一起努力，針對被介紹者最迫切的需求，制定出有意義的給予就會有收獲提案。

你可能知道哪種方法最有效，但一定要徵求客戶的意見，因為他們對雙方都有所了解。透過這種方式，客戶會很高興能夠幫助他們認識的人獲得有價值的東西。你還可以幫助你的客戶編寫向友人推薦你的腳本，也就是把推薦當成客戶送給友人的一份禮物：

嘿，你一定要見見安迪。大家都說他是鎮上最好的理財規劃師之一，我認為他有一些東西會讓你受惠。他會全面分析你的投資規劃，並提出建議讓你在不減少存款情況下，增加每月現金流量。而且這項分析免費，沒有附帶條件。他每季都有時間為兩名新的潛在客戶做這件事，我知道他這一季還有一個名額。這種分析一般收費2,000 美元，但因為你是透過我的介紹，所以可以免費獲得這項服務。我自己做過這項分析也發現……

狂熱粉絲式關係可以成為開發新潛在客戶的最重要管道。這些人會想方設法幫助你。**他們希望你成功，當你不跟他們求助時，他們會感到失望**。狂熱粉絲已經表現出要協助你拓展業務的渴望。而將忠實客戶變成狂熱粉絲的最快方法，就是要求對方以上述方式進行具體推薦。

將推薦當成禮物送給客戶。透過合作精神共同設計一切，讓整件事情變得既有趣又愉快。這樣做，你不僅可以開發更多潛在客戶，還可以強化你現有的關係。

開發陌生客戶或陌生市場

有時，你的人脈無法讓你夠快觸及潛在客戶。如果你剛進入某個市場，或者沒有明確途徑接洽你的目標客戶，那麼陌生開發（cold marketing）可能是你唯一可行的做法。傳統觀點認為，這種形式的潛在客戶開發效率不彰，甚至可能浪費時間。不過，那樣講是錯的。雖然仰賴口耳相傳或狂熱粉絲推薦往往更容易些，但只要進行得當，陌生開發仍然可行。事實上，在某些情況下，陌生開發可能是產生銷售線索的強大形式。

許多專業人士成功地推銷他們的服務給素未謀面的人。最棒的陌生開發是結合個人風格。在人們透過電子郵件甚至社群媒體被宣傳廣告轟炸的時候，打電話反而變成一種極為個人又有效的聯絡方式。另一種帶有個人風格的做法是手寫字條，並附上對方可能感興趣的資料，譬如書籍或白皮書。透過適當的準備和研究，陌生開發

具有一定的優勢，特別是跟獨特的行銷手法或見解結合時。

　　陌生開發適用於任何類型的業務。我用自己一個簡單例子做說明。當我們搬進位於亞特蘭大市中心的辦公室時，我研究其他住戶，看看這些鄰居中，是否有人符合目標客戶的標準。我給每個符合標準的組織負責人撰寫一封親筆信，並附上我們的培訓資料。我強調我和他們之間的個人關係，並開玩笑說因為地利之便，安排見面再簡單不過。

　　最重要的是，我告訴他們我們願意投資他們，以及為什麼他們符合完美客戶的標準。我為每位領導人提供一個客製化的給予就會有收穫提案。當我西裝筆挺走進每個辦公室遞送包裹時，櫃台人員可能認為我是亞特蘭大穿著最體面的單車快遞員。幾天內，我就收到每個收件人的回覆。他們都想見面，其中一位還想立刻見面。

　　當你以正確的方式進行時，這就是陌生開發的運作方式。只要事前花更多時間採客製化處理，命中率就會高很多。

做好功課

　　從目標客戶名單開始。如果你的目標客戶是一家公司，找出愈多潛在切入點愈好。你正在尋找符合前一章資格標準（比方說，ATM 裡有 $ 嗎？），又有很多共通性的人。一旦你選擇想要接洽的特定人士，請仔細檢查社群媒體和你的聯絡人清單，確認是否有誰可以直接介紹這個人給你。一旦你確定陌生開發是唯一可行的做法，就好好調查。因為缺乏直接推薦，所以陌生開發需要多做一些跑腿工作，來建立信任和可信度。

閱讀可以讓自己更深入了解目標客戶的所有資料。搜尋你打算接洽的特定人士的所有資訊，包括對方的工作經歷、得獎殊榮、會員資格和從屬關係。尋找有哪些關係可以當成切入點。也許你們上同一所大學或曾經在同一個會議上發言。一個小的相似點，總比沒有好。至少這樣顯示出你有花時間和精力做功課。

公司網站包含大量資訊，而新聞稿可以為你提供近期發展的最新訊息。另外像是使用 LinkedIn 和其他工具，則可以幫助你查到潛在客戶的工作經歷、專業興趣、發表的文章和其他關鍵資訊。即使你跟對方沒有共同認識的朋友，至少你很可能從中找到一些共同點。

特殊遞送

挑選跟你的服務和專業知識有關的一項實質資產，讓這項資產變得有價值又專業化。然後，依據遞送方式區分重要性。親手遞送表示相當重要，隔夜遞送是其次，通常收件者在收到包裹後會馬上打開。之後則是郵局送件，但現在這種方式或許比運送成本最低的電子郵件還更獨特。你寄送包裹的**方式**會傳達一個訊息，說明包裹本身的重要性。不管你使用哪種方式，在打電話給目標客戶**前**，要先寄一些東西給對方。精心考量的包裝，加上親筆寫的卡片，就能在第一次接洽就留下好印象。

撥打電話

包裹送達後，還要完成一個步驟，才能拿起手機打電話。請先

寫下你要說的話。然後，重新修改，精簡內容。沒有人會看到你寫了什麼，此舉的目的是透過演練進行思考，讓內容盡可能簡潔明瞭。概述貴公司提供的服務，以及你跟潛在客戶的共同點。一旦你在一張紙上寫好這些內容，你就準備好進行對話。在付出這麼多的心力後，你就不會打電話講個沒完沒了，還說不出重點。

現在，撥打電話。如果你無法直接跟對方通話，就留言詢問對方是否收到包裹。然後，改用電子郵件繼續定期追蹤。透過在每封電子郵件中分享有價值的資訊或資產，找出增加價值的新方法。在此，我使用的基準是 7 次接洽，但有時候需要更多次的接洽。你需要保持一致性和耐心，始終增加並提供更多價值。一般來說，如果你沒有收到回電，就表示你沒有增加足夠的價值。

一旦你跟對方通上電話，記得要保持談話簡短明確，最多只講幾分鐘。你的目標不是談論你的全面服務，而是要透過給予就會有收獲提案來進行討論，並安排見面會議或電話商討，如何進行前述提案。專注於進入下一個步驟。掛斷電話後，立即發送電子郵件，在 LinkedIn 傳送邀請加友的訊息。

儘管打電話給自己不認識的人需要信心，但潛在客戶開發技巧能帶我們脫離舒適圈。你可以把這通電話，當成是給潛在客戶的禮物。如果你已經完成準備工作，也清楚知道自己可以提供什麼，那麼情況確實就是這樣。

由於那些不為他人著想和聲名狼藉的賣家沒有信守承諾，而讓陌生開發令人生厭。那些人認識的人很少，也很少有人想認識他們。然而，你在這裡學到的方法是真實的，你慷慨付出，也考慮對

方的需求。結果會說明一切。

傳遞價值加深關係的做法：論壇

　　價值是有效潛在客戶開發策略的核心。你提供潛在客戶愈多價值，他們對初次拜訪會議的接受度就愈高。另一方面，現實生活體驗比閱讀行銷資料或網站推薦書，更能深刻塑造我們的觀點，因此對潛在客戶產生持久影響的一種方法是舉辦論壇。論壇是跟人們聯繫並立刻加深多重關係的理想機會。

　　論壇跟自我推銷無關，而是一個大規模傳遞實際價值的機會。跟其他潛在客戶開發技巧相比，你可以在論壇上投入更多資源，因為論壇為你提供在一個晚上與十幾個或更多最佳潛在客戶建立聯繫的機會。

　　你可以邀請一流講者針對跟你所屬產業特別有關的主題發表演說，或者你可以選擇討論跟你的專業知識和協助解決的問題類型相關的主題。而論壇的形式可以是書籍或研究的發表會，或是分享潛在客戶同樣感興趣的事情。或者，你也可以提供與會者「測試」新產品或服務的機會，並請他們提供意見，像實驗型思考者就喜歡這種方法。（但別忘了讓每個人簽訂保密協議。）此外，這類活動甚至可以規劃成團體免費培訓的形式。而論壇也能證實只是跟潛在客戶談論跟你合作的好處，以及讓他們實際體驗跟你合作的好處間的差別。

　　論壇不是一個不用額外準備便立即可用的做法。為了讓這個做

法奏效，你需要規劃好目標並實際投入時間。而這樣做的回報是，為潛在客戶提供真正的價值，同時讓你有機會在單一活動中，跟許多人聯繫。身為論壇籌辦者還可以為你建立一定的可信度，讓與會者和此活動的聽眾對你另眼相看。透過讓潛在客戶有機會以一種令人難忘的方式，跟你和你的團隊或公司成員互動，你就能跟對方建立強烈的情感連結，為強化關係的下一步打好基礎。跟往常一樣，請確保在活動結束後的幾週內，跟每位參與者聯絡以便採取後續行動。

以下是舉辦論壇需要做的事情。

目標群體

寫下理想的目標群體。你的目標群體是財務長等特定職務者嗎？你需要來自特定地區的人嗎？選擇人們可以從彼此聯絡中受益的群組或組織（而且先前沒有其他人將他們聚集在一起），這樣做是有幫助的。請找出你能掌握的利基。

價值

定義這個目標群體想要的特定事項。比方說，建立人脈關係？獲取獨到見解？根據你的目的，決定這些人最想要什麼，然後依照這些人最想要的東西，規劃你的論壇。利用你對定位的理解來決定3 個獨特要素，讓論壇脫穎而出。記得先跟他人一起測試這個概念，並判斷是否有其他人向你的目標群體提供類似價值？

合作夥伴

還有誰可能有興趣跟目標群體成員見面？尋找可以增加價值又不會跟你的服務競爭的合作夥伴。理想情況下，他們應該能夠將自己的客戶和潛在客戶帶到這個活動中。你選擇的合作夥伴攸關論壇的素質，所以要明智而開放地挑選。此外，除了其他公司外，還要考慮非營利組織、學校和大學，甚至是州政府和地方政府這類實體。一旦你列出一份選項清單，記得挑出的合作夥伴不要超過 3 個，這個數量通常足以涵蓋你的目標市場，也能提供必要的觀點會。

基石客戶

「建立氣勢，先爭取大型客戶加入」是舉辦論壇的關鍵步驟。你之所以要這樣做是因為，每個人想問的第一個問題是：「還有誰會出席？」如果你能讓幾個知名客戶同意出席，那麼你就能漂亮地回答這個問題。一旦你建立策略夥伴關係，就要想想你所有關係中，哪些人是你最優質的主要客戶。仔細想想目標群體中，哪些客戶對其他客戶最有影響力，再找出 3 個最有影響力的客戶，想辦法讓他們同意參與論壇。由於他們的參與會對其他人造成很大的影響，因此先說服他們，讓他們參與規劃過程，且讓他們調整論壇的概念、形式，甚至活動日期。他們說不定願意為你主持論壇，或協助說服同行參與。

設計單頁文宣

這份文件摘要目標群體、論壇的目的，以及其他細節。分發單頁文宣給潛在的合作夥伴和主要客戶，讓事情開始有進展。

計畫和實施

列出舉辦論壇的行動步驟和時間表。從你的組織中找出其他專家來協助你。可以的話，讓這次論壇成為全公司參與的一項提案。由於論壇將提供大量的銷售線索，也擴大接觸層面，每位參與者都會因此受惠。

根據演說類型，論壇可以是任何規模，從非正式的交流到大型會議都可以。無論規模大小，都要專注於邀請適當人選，並選擇非比尋常、能夠吸引受邀者的價值，產生定錨效果。即使對於沒有參加的人來說，你的活動行銷也會產生影響，而開口詢問道：「我無法參與這次活動，但我可以跟你談談你的方法嗎？」吸引群眾並讓群眾讚嘆，讓大家回家後都想把自己的體驗告訴別人，為下一次活動建立更高的可信度。

如你所見，需要付出實際努力才能辦好論壇。許多公司認為，如果他們根據郵件名單，對名單上的每個人發出電郵邀請，人們就會出席。但事實剛好相反。每位與會者都是你努力爭取來的。潛在客戶必須具體了解，他們參與論壇除了聆聽演說，還能獲得的人脈價值。同時請你將人脈價值細分到個人層級，譬如：「我跟珍談過，她真的很期待在活動中見到你！」傳達這種個人價值，就能把

與會者取消參與的可能性降到最低。

確保你的團隊成員預留時間致電邀請人們參與，並且在活動前幾天跟每位與會者確認，同時詢問他們是否願意被介紹給其他與會者認識。雖然發送電子郵件讓人們了解這個活動的立意很好，但是需要一對一的電話聯絡，才能讓人們報名和出席。

如果你有足夠的資源和時間設計優質活動，並親自邀請及跟進所有與會者，那麼論壇可能是你在開發潛在客戶時所做的最有價值投資。基本上，論壇提供與大量潛在客戶真正聯繫的大好機會。如果你願意費心做這些苦差事，你會發現這樣做的功效再好不過。

非正式的會面

然而，根據你的服務性質和目標潛在客戶，論壇這種精心策劃、上台演說的正式活動可能沒有必要，甚至不合適。更輕鬆的做法或許是，只要邀請一位重要專家到你的城鎮，跟主要客戶和潛在客戶會面，或者只是跟專家協調在既定行程中，額外安排一次非正式的會面。

比方說，如果一位知名作者到你所在區域宣傳自己的新書，而這本新書跟你所屬行業有關，那麼你可以跟那位作者或新書宣傳人員接洽，安排一次團體晚宴。對於那些希望跟商界領袖、企業家和影響力人士建立關係的作者來說，這種小型活動可能很有價值。因為他們在完成主要宣傳工作後，往往被困在一個陌生城鎮無所事事。一旦你的邀請被接受，請向重要潛在客戶和客戶發送電子郵件，說明作者將在某個晚上到鎮上並邀請他們討論新書。這種方法

適用於與任何相關專家合作，甚至也適用於邀請你所屬組織內部的專家。

上述方法是藉由讓你跟專家產生關聯，建立你的可信度，而且不需要像舉辦論壇那樣大費周章。這類活動的邀請可以獲得相當高的響應率。最棒的是，人們會因為看到你有超強的人脈，就認為認識你是有價值的。

拓展業務發揮加乘效果：策略夥伴

根據你工作的性質，一定有許多從業者和公司跟你的客戶合作，但他們提供客戶不同的服務。因此，跟這些從業者或公司合作，可以創造相當棒的雙贏局面。

策略夥伴想認識你認識的人，而你也想認識他們認識的人。你甚至可以透過論壇或是彼此互相介紹來制定正式協議，大家一起合作開發潛在客戶。比方說，人才顧問和薪酬顧問可能接洽同樣的人力資源主管。而如果他們集中資源，就能比單兵作業時，更好地開發潛在客戶，且更令人印象深刻。或者他們可以運用系統化的方式，將自己的客戶介紹給策略夥伴。如此一來，每個人都可以持續不懈且輕鬆地為策略夥伴提供優質的銷售線索。策略夥伴的推薦就像年金一樣，年年持續不斷。（身為精算師的我，當然喜歡年金。）

最好將策略夥伴當成媒人，因為他們的責任在推薦時就結束了。至於如何讓客戶變成狂熱粉絲，還是要靠你自己。此外，對於這類合作關係的期望，也要切合實際。比方說，你是否有意願、時

間和人脈能成功引介人才？這就是成為有效策略夥伴所需具備的條件。

　　你的策略夥伴可以是個人或組織。無論哪種方式，你都要向對方說明，他們如何從這種關係中受益。記住：你提供的價值一定要超過你收到的價值。此外，有些合作夥伴關係非常重要，因此最好簽訂正式協議，甚至載明佣金細節。你甚至可以依據介紹數量、銷售量等指標來制定目標。我通常建議一開始先慢慢來，雙方各自進行2到3次的引介。

　　跟新進員工一樣，有些合作夥伴關係會成功，有些不會。請專注於最有價值的關係，並為其投入時間與精力。同時經常跟合作夥伴見面，確保雙方溝通順暢。讓他們了解你在業務上的新發展，並聆聽對方的業務現況。這些戰術對話將為新關係和新專案，激發出新的想法。

　　在規劃策略合作夥伴名單時，你可以使用跟首要名單相同的格式。寫下你能想到的所有潛在合作夥伴，然後只要將「交易」改成「推薦」，這就是你將潛在合作夥伴轉變為活躍合作夥伴的關鍵。現在，努力深化這些關係，就像你為業務上任何重要關係所做的努力那樣，直到所有策略夥伴都成為你的狂熱粉絲。

　　這是我最喜歡的潛在客戶開發方法之一。我的首要名單中有很多策略夥伴，其中一些策略夥伴提供相當多的銷售線索和許多價值。所以，跟許多付費客戶相比，這些人對我們的業務發展更為重要。

4C 法則拓展人脈：出席活動

　　像團體會議或大型會議這類一次性的會議或年度活動，就是潛在客戶開發的大好機會。但要善用這種機會，需要遵守紀律。當你以業務開發為首要目標參加這類活動時，就應該把重點完全放在如何增加人脈和關係。如果你只是出席活動，參加幾個必要場次，然後躲在角落裡回覆電子郵件或跟你原本認識的人聊天，這樣根本無法拓展人脈和關係。

　　許多專業人士都被在一群陌生人面前拓展人脈的想法給嚇倒。別擔心，在此我要介紹一個 4C 法則，教你制定活動策略，並以既專注又有趣的方式抓準時機。你還需要建立試算表或使用類似的應用程式，追蹤你想認識的潛在客戶和後續結果。以下就是 4C 法則。

釐清（Clarify）

　　你出席會議的目標為何？最重要的是，你想見**誰**？列出對你的業務最有價值的特定人士、公司和角色，寫下他們的名字。

接洽（Connect）

　　不要等到抵達會場才臨時抱佛腳。事先想想，要用什麼創意方法接洽每位潛在客戶。你跟潛在客戶之間是否有共同認識的人，他們或許願意透過電子郵件幫你介紹，讓你跟對方在活動見面前先彼此認識？你的策略夥伴能幫忙嗎？你跟對方碰巧在推特上互相關注

嗎？請盡全力在活動前，先跟潛在客戶安排時間見會，如果做不到這一點，就要在活動現場好好發揮創意。

交談（Converse）

事先想好你打算詢問潛在客戶哪些問題，並利用我們在第 7 章討論的影響力模型。你如何順利建立聯繫或關係？事前為每次對話準備好幾個可能的連接點，這樣有助於減少壓力，也能讓彼此熱絡交談，避免冷場。

承諾（Commit）

決定好為每個潛在客戶提供有價值的給予就會有收穫提案。記得回溯分析，譬如：你想跟這個潛在客戶進行何種大型專案？從那裡開始，然後找出你很容易做到，對客戶又有價值，而且可以產生預期效果的給予就會有收穫提案。另外，事先想想安排後續會議的好時機。也許你很快就會造訪潛在客戶的所在城市，或是參加另一個彼此都感興趣的活動。不然的話，就是打一通電話給對方。記住這個神奇短句：「如果⋯⋯會有幫助嗎？」

最後一個步驟不可或缺。康乃爾大學（Cornell University）和加拿大西安大略大學（Western University）的研究發現，跟透過電子郵件進行同樣的請求相比，面對面的請求獲得同意的比例是前者的 34 倍。比方說，你曾經參加一次會議，與某人開心交談，但用電子郵件做後續跟進時，對方卻沒有回覆嗎？這就是原因所在。**見面請求，就會獲得同意。**

打造口才影響力：演說

　　說到走出舒適圈，據說有些人認為公開演講比死亡更可怕。無論這種說法是否屬實，如果你希望能專業稱職地發表演說，那麼演說無疑是一種需要培養的技能。如果你有機會面對一群合格的潛在客戶，你最不希望看到的事情就是，你把機會搞砸了。

　　如果你已經知道自己在台上的演說方式，那很好。如果不知道，而且你認為上台演說對你的業務來說，是開發潛在客戶的有效方法，那麼你就應該好好磨練自己的演說技能。比方說，找一位很棒的演說教練、買一些關於公開演說的好書、上一些相關課程。最重要的是，練習在人群面前發言。舉例來說，遍布世界各地的國際演講協會（Toastmasters）便定期舉辦聚會。它提供一個無與倫比的機會，可以在努力培養演說技能的志同道合者面前，針對各種主題發表演說。如果這種做法無法奏效，你也可以跟同事一起組成一個內部演說社，幫助訓練自己的口才。

　　一旦你知道如何有效地演說，接下來的問題是，在哪裡演說？事實上，發表演說的機會多不勝數，其中有許多機會出現在大型會議以外的場合。通常，小團體經常會針對職務主題或發展導向的主題，定期舉辦會議。而各行各業也都會有這類團體，譬如：廣告代理商高階主管、人力資源專業人士或新創公司創辦人。

　　如果這些團體包含大量潛在客戶，那麼對你來說，這可是大好機會。當然，大型會議通常也蘊藏商機。不過在大型會議中，有時你必須付費才能發言，有時則可以免費發言，但有時是主辦單位付

費請你發言。

我們的一位客戶透過會議，開發大部分潛在客戶。他們在數個專業會議提供事業諮詢。由於他們希望被當成市場領導者，所以很樂意花錢在這些活動中取得發言權。他們慎選會議並仔細追蹤結果，以確保本身將資源投入在投資報酬率最高的活動中。甚至他們的一些主要客戶是來自於其數年前受邀參與的演講。

以下是制定演說策略的步驟：

目標潛在客戶和會議

從你想見的人開始思考，並查看你的目標潛在客戶標準，找出擔任哪些職務者是你所欲接洽組織的完美切入點。此外，研究這些人參加的會議。不過，由於與會者的職級通常比你真正想要見面者低一、兩級，所以縮小範圍、聚焦重點會有幫助。尤其考慮較小型的團體和有特定主題的會議，這樣你獲得合格潛在客戶的機率就愈高。我們發現與會者的職級是成功的關鍵。

選擇一個有價值的主題

集思廣益，為每個會議挑選獨特的主題。最好是以小組活動的方式進行，找你的同事和客戶一起討論，了解你所屬行業和市場中最能引起共鳴的主題。

找到共同演說者

如果你找一位知名客戶一起演說，這樣你的演說主題是否更有

價值？若能找到合適的客戶為你站台，你就可以達成更多目標並建立更高的可信度。這是讓客戶成為狂熱粉絲的好方法。當你單獨演說時，與會者會認為你是要推銷。當你跟客戶一起演說時，與會者就會認為內容值得期待。

計畫與實施

在某些活動中發言，可能會牽涉到某種程度的瑣事。你是否需要提出正式提案，或者只要向活動主辦單位簡短報告？請記錄下這些步驟並製作成檔案，提供後續活動參考。

提出提案

人們衝出會議室趕赴下一場會議，或是在參與會場外活動前先趕緊喝一杯咖啡，這是忙碌商場人士聽完演說時常見的景象。雖然一場精彩演說可以建立品牌知名度，但它無法創造銷售線索，銷售線索是要靠一對一的交談才能產生。因此，請給與會者要求一對一交談的理由。比方說，你會電郵一個既獨特又有價值的資產給跟你交換名片的人，或是你會提供給予就會有收獲提案給符合特定條件者。然而，這項行動呼籲（call to action，CTA）＊是大多數演講中缺少的首要項目。

＊　【編注】行動呼籲，指透過流程設計，引導目標閱聽眾在看完文案、影音之後，能實際採取行動（如立即註冊、下單購買等）的行銷技巧。

贏得青睞的高品質互動：網路研討會

　　這項工具跟演說和論壇具有相同的要素。在網路時代裡，跟世界各地的潛在客戶發表高品質的互動演說，是相當容易的事。儘管網路研討會通常是一次性的活動，但你可以每年進行幾次這類活動。跟類似工具一樣，網路研討會的成功關鍵在於，為受眾提供龐大的價值，並以特定的行動呼籲劃下句點。

　　迫切感是有幫助的。選擇一個有時間敏感度的主題。也許新法規會對你的客戶造成深遠影響，或者你可以分享一些剛完成的研究，譬如：執行良好的個案研究或簡短的培訓模組。在網路研討會，你可以自己主講，或請客戶一起發表演說。

　　一旦你選定主題，也找了一名共同主講者，接著就可以決定一項行動呼籲。通常，行動呼籲是在網路研討會結束時，提出給予就會有收獲提案或小專案。許多專家漏掉這個步驟，而浪費掉寶貴機會。要牢記在心的是，網路研討會通常是對大眾開放，因此你應該很容易就能提出給予就會有收獲提案。但在提出任何過於實質的事項前，你必須先對這些潛在客戶進行資格審查。至於給予就會有收獲提案，你可以提供單頁評估內容、半小時通話以進一步解釋研究主題等等。一旦你搞定了最初的給予就會有收獲提案，你可以決定是否要為優質潛在客戶提供更多，比方說，針對主題進行半天講習。要在網路研討會上吸引潛在客戶的青睞，請遵照以下步驟。

建立目標並設定指標

首先，從網路研討會要達成什麼目標下手。比方說，你想要潛在客戶對特定服務感興趣嗎？如果是這樣，請選擇有助於追蹤你成功實現該目標的指標。同時決定你想要的潛在客戶數量，以及為了達到該數目，你需要多少參與者才能成功轉換為合格的潛在客戶？（在你舉辦一些會議後，這種計算會變得更容易。）由於網路研討會可以持續一致地運作，因此從第一次舉辦網路研討會起，就開始衡量和優化你的做法。

精心策劃行銷活動

現在是時候以足以吸引大量受眾的方式，包裝你的服務和專業知識。想想你已經學到的定位知識，仔細考慮如何傳播有關網路研討會的訊息。你能提出什麼有趣、相關又有急迫性的內容，足以大幅提高出席率？

決定主講人

現在你的目標和定位都明確了，就該決定傳遞訊息的理想人士。當然，網路研討會上的每個人都必須具備強大的演說技巧。理想情況下，無論誰參與都會在業界獲得知名度，也會傳為佳話。這是狂熱粉絲客戶可以幫忙共同主講的場合，而且客戶通常很樂意有機會宣傳自己努力的成果。同時，客戶或客戶公司的知名度將會大幅影響網路研討會的整體出席率。你的潛在客戶會根據你所服務的

客戶來評斷你，如果他們在網路研討會上看到跟你聯手的是同業中的知名企業，那麼就能順利改變他們對貴公司的看法。

計畫與實施

規劃網路研討會跟規劃現場活動類似，只是增加技術考量。除了安排各個里程碑，包括與內部團隊的規劃會議、跟可能的共同參與者一起開會等，你還需要確定適當的演說平台。但在選擇平台時，有許多因素需要考慮，譬如：即時投票、易用性和可靠性等功能都需要評估。

提出提案

跟演說類似，你需要提出建議，讓一對多的對話轉變成一對一的對話。不這樣做，你就只是在行銷，沒有創造潛在客戶。而決定你成功的關鍵在於，為需要你服務的人設計一個給予就會有收獲提案，讓他們可以透過這種提案跟你聯繫。如果你擔心有太多人詢問，你可以創造稀有性。請注意，針對這類提案，你只能執行特定數量，而且你將為前 X 位跟你聯繫的人進行這項提案。（你當然可以視狀況例外處理。）

建立可信度的開發利器：寫作

是的，紙本還是存在。即使人們最後閱讀你所寫的數位文章，但更傳統的期刊仍可成為潛在客戶開發的一項利器。很少技術可以

像寫作那樣建立可信度。然而，光靠每年寫一些文章，無法讓潛在客戶自動上門。如果沒有策略，專家最後往往把這些文章發表在**同業**閱讀的刊物，而不是**客戶**會看的刊物。

讓寫作成為有效的潛在客戶開發策略的關鍵是，鎖定適當的期刊並撰寫發人深思的內容，以激勵潛在客戶跟你聯絡。個別讀者變成客戶的機率相對較低，因此在目標市場中，鎖定有龐大讀者群的適當刊物，才能最大化成功機率。

此外，不要把藉由寫作建立可信度，跟藉由寫作開發潛在客戶混為一談。這兩種寫作有一些重疊之處，但最好以各自的目的撰寫內容，才能獲得最好的成效。

那麼，怎樣寫出適當的內容？答案是，從研究開始做起。先調查一下，你的客戶定期閱讀哪些期刊或造訪哪些網站？可以的話，請找客戶討論他們的閱讀習慣。你可以問他們最近是否有哪篇文章或部落格貼文引起他們的注意，甚至促使他們在某方面採取行動。這些趣聞可以當成例證。

如果你無法與客戶交談，請查看在所屬行業中引起共鳴的主題。另一方面，你可以撰寫吸引特定思考偏好者的主題。這種方法可以寫出更有針對性又更容易記住的文章。比方說，撰寫你的諮詢業務如何成功的文章，不會像說明你如何協助某家客戶企業，將開銷減少 12.3％的深入分析那樣引人注目，因為後者有大量圖表說明。儘管深入分析式的文章可能不符合每個人的胃口，但如果你的理想潛在客戶是具有分析傾向的財務長，那麼你可以期待這篇文章能夠引發討論。同時，使用相同的個案、但重點放在協助推動減少

開銷的新 6 步驟管理流程，有助於讓你的文章受到講究實際的營運長青睞。

我們的一位客戶是稅務爭議律師。他寫了一篇文章，講述在面對美國國稅局審查時，應該做些什麼。而且，他將這篇文章發表於會計師定期閱讀的刊物，這是他的主要推薦來源。（他並非發表文章在**他**閱讀的期刊，因為那大多是其他律師也會閱讀的期刊。）然後，他將這篇文章轉發給會計師，並提供給予就會有收獲提案：「一邊午餐，一邊學習」，針對會計師的合作夥伴討論該項主題。如此一來便成功地吸引許多合格的潛在客戶。

大多數專業人士認為，發表一篇文章，工作就結束了。但我認為，文章發表後一切才剛**開始**。魔法來自你或第三方將這篇文章送給其他人，並真正幫到他們。一旦你利用文章來建立可信度，並搭配強大的給予就會有收獲提案，就能發揮成效。以下是這種做法的完整步驟。

確定目標刊物

跟先前的做法一樣，請從目標客戶名單著手。你不僅要確定完美潛在客戶的職務，還要確定具體人士的職級。比方說，財務主管是理想的切入點，或者財務長才是？一旦定義這一點，就更容易找到適合這些讀者的適當刊物。

同理心

你可以提供哪些見解，幫助讀者解決問題？那些職務者深切關

注哪些主題？他們需要改善哪些技能？他們所屬行業或市場即將發生什麼具體事件？一旦你從他們的立場去思考，你就更清楚你的服務如何幫到他們。

找到可以切入的技術角度

你如何結合你的專業知識與特定主題，形成既具體又有說服力的觀點？根據你的獨特觀點，你能提供怎樣的見解？你是否有適用的個案研究？你可以分享哪些結果？

計畫與實施

現在，開始設計撰寫文章和發表文章的步驟。這些步驟可能包括引介認識刊物編輯、與刊物編輯開初始會議、主動接洽客戶共同撰寫，或研究如何向刊物提交文章。

提出提案

注意到一個趨勢了嗎？你必須想方設法將一對多的對話，轉變成一對一的對話。若要藉由寫作達到該目標，就要將你發表的文章，連同給予就會有收獲提案，寄給特定目標客戶。另一方面，寫作能為你提供可信度和資產。在較大型的組織中，你可以邀請其他合作夥伴或客戶經理幫忙寄送這些資訊。他們可以順便向目標客戶稱讚你，也幫你向客戶提案。

訪談

利用寫作開發潛在客戶，也提供另一個建立關係的機會，即採訪，而人們喜歡接受採訪。當然，訪談的需求必須是真實的。而你寫的一篇文章、白皮書或部落格文章，只是創造這種真實需求的機會。當你跟合適的人交談時，就能為你自己的訊息增添洞察力或意見，也讓整篇文章更加生動。

與此同時，其他像是最初的採訪、審查草稿以及文章的最終發表也為受訪者提供多種機會，讓他們成為你的狂熱粉絲。這是與影響力人士、關鍵潛在客戶或重要客戶建立關係的絕佳方式。

獲取銷售線索，就能讓你獲致成功。畢竟，潛在客戶多多益善，而擁有許多潛在客戶時，就讓一切變得更輕鬆，如同雪球朝著目標滾下坡。但當潛在客戶太少時，其他一切都必須是完美的，你沒有犯錯的餘地。如此一來，就會產生壓力，而壓力迫使你用不適當的方式「推銷」。

現在（或不久後），銷售線索就會開始湧入。該是弄清楚如何有效地將這些銷售線索，變成滿意客戶的時候了。

7 | 將有興趣者變成客戶的策略工具

　　恭喜！你已經順利打開水龍頭，讓銷售線索源源不絕地流入。生活是如此美好呀！

　　現在你有足夠多的潛在客戶可供選擇，榮景應該就在眼前。買那艘新遊艇，開心玩吧，我相信你會為銷售團隊提供一些很好的建議。

　　以上純屬玩笑。

　　無論你獲取 1 個或 100 個新的銷售線索，你接下來要做的事情才是關鍵所在。相信我，我看到的情況就是這樣。人們處理或錯誤處理新機會的方式，令人難以置信。有些業務型專家明明有 100 個機會，卻往往只能轉換其中 1 個機會為客戶。甚至當他們花更多時間跟潛在客戶交談時，客戶轉換率反而降低。然而，少數幾位業務型專家雖然只取得幾個機會，卻幾乎轉換所有機會為客戶，而且日積月累下來，還逐漸提高轉換率。如何解釋這種差異？

　　我一直聽到人們這麼說：「邦內爾，你能幫助菲爾善用機會

嗎？他明明有數十個、甚至數百個機會，但他就是不懂得怎樣善用機會搞定交易。」哦，菲爾，我心想。我現在就可以告訴你，早在搞定交易前，你就葬送掉機會了。

如何處理每個銷售線索，就是能否獲致成功的關鍵。最後，你會在這個階段獲得成功或遭遇失敗，也在這個階段學會喜愛推銷或厭惡推銷。在這個階段，你可能跟客戶通完電話後興高采烈地手舞足蹈，也可能面臨客戶接連數週都沒有回應，讓你不禁納悶**自己究竟做錯了什麼**？

我們就從如何正確處理銷售線索開始談起。當你與潛在客戶交談時，對雙方來說都應該講究效率。這種交談也應該既令人興奮又感覺很輕鬆，而且令人期待。如果要讓潛在客戶願意將寶貴的時間花在你身上，便需要能讓潛在客戶感興趣的事情。所以，請把整件事變得有趣。記住：跟潛在客戶交談不應該成為一個疲憊的例行公事，雖然你有既定的流程，但你總要留一點空間發揮創意隨機應變，而且當你在跟**這位**潛在客戶、**這個**人交談時，你要全神貫注於當下。

還記得先前提到要讓人們在購買時，覺得像在過生日嗎？對我們來說，這就是業務開發有趣之處。在這種時候，我們可以用**解決問題**來取代**推銷**，動動腦善用我們得來不易的專業知識和經驗，為別人創造美好難忘的一天。

在本章中，我們要學習如何用一個可持續又有趣的有效方式，管理先前費盡心思獲取的銷售線索。跟業務開發的其他要素一樣，這個挑戰也需要系統化的方法作為基準。

經營客戶的 4 大禁忌

業務高手依照一套循序漸進的流程，而他們必須這麼做。以閃電為例，任何夠「幸運」的人都可能被閃電擊中，因為閃電必須擊中某個地方。要讓閃電落在同一個地方，需要在幾英畝的面積上裝設避雷針，而且要經常維護。如果你的組織或行業中，有某個人穩定地吸引合格的潛在客戶，並一次次地將他們轉變為客戶和狂熱粉絲，那麼你最好相信他們是靠流程達成的。

然而問題是，將潛在客戶變成長期客戶和狂熱粉絲的最有效流程是什麼？在電影或小說中，輕輕鬆鬆地就能像專家一樣拉攏潛在客戶。基本上，只要帶潛在客戶去有皮革長椅又很時尚的高檔餐廳，開幾瓶好酒，講一些有趣的故事，然後遞上一支非常昂貴的名筆，他們就會在合約虛線上簽名，生意就成交了。

但在現實生活中，這種方法往往以失敗告終，就算你請對方吃**雙份**熔岩巧克力蛋糕也沒有用。沒有人喜歡被耍手段。即使你最後拿到案子，也是以損害長期關係為代價。

接下來介紹一個經實證有效的方法。它是線性和連續的，也就是說每次都以相同的順序，完成相同的階段。雖然有時，節奏會不一樣；有時，你會重複某個步驟；有時，有好幾種方法可以解決同一個步驟。但重點是，**請從買方的角度看待此流程**。只要你不是從自己的渴望或需求來評估，而是透過潛在客戶的立場來看待購買流程，你就會清楚知道接下來該採取什麼行動才恰當。

大多數組織都被**自己的**觀點困住了。我可以告訴你，對買方來

說，這樣真的很糟糕。請注意，以下這些做法**無法**將潛在客戶轉變為長期客戶。

喋喋不休地談論自己。使用 PowerPoint 來強調許多乏味的細節。而你的投影片上面寫著「使命與價值觀」，因為讓人們知道你有誠信的最佳做法就是大聲宣揚。對了，你還在投影片上列出客戶商標，雖然其中一些商標看起來不太清楚，因為你在會議前 1 個小時未經對方許可，就從客戶公司網站下載轉貼。而且，你的簡報內容還忘記更改頁尾資料，因此仍然顯示上一個潛在客戶的名稱。

內容無趣。你說著大量行話，因此內容聽起來跟其他推銷員沒兩樣。此外，你也根本沒有問跟我有關的問題，畢竟我可能喜歡談論自己或我需要解決的問題。我們不想要這樣。就算你真的問我問題，也是一般性的問題，所以我知道你事前根本沒有做任何功課，因為你只是問我：「什麼事讓你輾轉難眠？」這種問法真是前所未聞。

寄送提案。到這個節骨點上，我可能會要求你給我一個提案，好請你走人。請把提案弄得很普通，這樣我就知道你根本不重視我，別忘了把提案弄得很制式，這樣我甚至不用費心建議任何改變。所以，增加價值的唯一方法就是，撕掉你的制式提案。

不停地糾纏我。重複寄送同一封電子郵件。「邦內爾，你有收到我的電子郵件嗎？我後來又發了 7 封電子郵件和 3 則簡訊，你不喜歡我的提案嗎？邦內爾？邦內爾？邦內爾？」抱歉，邦內爾現在不在。他搬到聖胡安群島，他故意把手機放進虎鯨嘴巴裡了。

這樣講雖然誇大其詞，但身為一名買家，我自己跟賣方開過許

多會議，令人難以置信的是，那些會議都差不多如上所述。不管你是不是通過這種考驗，我希望我把重點說得很清楚了：買方的體驗最重要。專注於此，你就不會做得太離譜。

連結人心真正說服的 4 個步驟

以下同樣是 4 步驟流程，但做對了效果就大不相同。

傾聽與學習。提供客戶或潛在客戶充分的機會，讓他們談論自己，以及他們面臨的問題。根據你先前做的調查，提出考慮周到的問題，展現本身的專業知識，也讓對方知道你花心思了解他們，進而對你產生好感。

讓對方產生好奇心。把焦點轉到自己身上，具體說明如何幫助客戶或潛在客戶解決他們面臨的問題。引述**他們說的話**，反映**他們的情況**，而不是又講起行業術語。請提供協助並建議更進一步的互動。

共同建立一切。讓潛在客戶能夠輕鬆地協同設計方法。這個 4 步驟流程跟 4 種思考偏好相呼應，即制定目標、制定計畫、挑選團隊和同意條款。上述順序可以讓買方滿意，也可以保持邁向下一個步驟的動力。不過根據交易規模的大小，整個流程可能要幾個月才能完成，或只是開一次會就能完成。

取得同意。從這個流程依據的心理學來看，最終簽訂合約應該是最容易也最快速的步驟。畢竟，在前面的步驟中，你已經一步步地說服買方。在整個過程中，你可能已經得到數十次「同意」，這

只是最後一個。你可能會要求週五簽訂合約，以符合雙方約定的時間表。但如果這個階段沒有順利進行，可能是你沒有完成先前某個步驟（這也意味著你並沒有真正說服客戶），或者客戶端發生某些變化。比方說，有時可能是新的決策者加入對話，或是預算開始縮編。不過這種事情司空見慣。請放心，我們會討論如何處理這些狀況。

在進行每個步驟時，都要以幫助客戶及讓客戶獲得最佳利益為考量，並逐步推進你的行動。但不要一次推得太遠、太快。人們採取 4 步驟流程之所以會失敗，通常是因為他們急著把事情處理完，或是跳過某個步驟，譬如當客戶甚至不同意各種交易條件時，還要求客戶同意簽訂合約。對客戶來說，這簡直是咄咄逼人。如果你只是要求進行下一個步驟，而且你的請求具體說明這個步驟將如何幫助他們，那麼客戶就會認為這樣做有幫助。

我會在本章詳細說明前兩個步驟，後續再介紹另外兩個步驟。你手上的每個機會都處於其中一個步驟。你進行每個步驟的主要目標是，將機會移動到下一個步驟。透過這種方式，這種流程就能以容易追蹤和維持的方式，指引和籌劃你的業務開發工作。如果不採取這種 4 步驟流程，你就會缺乏動力，停滯不前。

機會清單

我們就從你的現況開始嘗試這套 4 步驟流程吧。現在，是時候使用**機會清單**（Opportunity List）工作表，或用空白紙或專案管理

軟體，設計你的第一張機會清單。為了展望未來，你得以現況為基準，追蹤你為了向前邁進而需要爭取某人同意的任何情況。而這種機會可能是你為某項諮詢工作協商的合約、在產業會議上發言，或是跟人脈很廣、可能幫你推薦的人士見面的機會。完成交易可能跟許多工作有關，而不僅僅是由客戶雇用進行某項工作。

針對你正在處理的每個機會，請記下該項機會目前位於流程中的哪個步驟，以及接下來要進行哪個步驟。如果你剛聯繫上一個新的潛在客戶，而且已經安排好初次拜訪，那麼你就是處於**傾聽與學習**這個步驟。如果你正在等待潛在客戶簽訂交易合約，那麼你就是位於**取得同意**這個步驟。以此類推，請你持續以上述方式分類每個機會。

當你分類好你的機會清單，你就會清楚自己目前的位置，也知道你嘗試邁向業務開發的哪個階段。當你從客戶的角度去思考，了解自己下一步該如何出動出擊，便掌握了成功的關鍵。當你有所進展，請務必更新機會清單，這樣你就可以隨時查看業務開發的進展，以及接下來應該把寶貴的時間投入何處。

以下例子取自某人的實際機會清單，括弧內為目前的步驟，後續說明為下一個步驟。

在產業會議上發言（讓對方產生好奇心）。寄給比爾我們選出的 3 個最喜愛的演講主題範例的個別摘要，並詢問比爾有何改進想法。包括詢問何時方便打電話給他，問問他最喜歡哪個演講主題並補充細節。

現況分析（取得同意）。把蓋比剛發表的做法摘要寄給吉姆，

並詢問吉姆，他們是否還想要董事會會議的結論。（如果是的話，我們必須在週二前簽訂合約！）

與新決策者喬西的初次會面（傾聽與學習）。打電話給喬西，讓她知道貝琪的行程有更動，告訴她貝琪即將來到當地。如果我們親自跟喬西進行概述會議，會有幫助嗎？我認為這有助於喬西更快適應這個職務，如果喬西同意，會議日期必須訂在 5 月 12 日。

為史賓瑟設計的解決方案（共同建立一切）。把會議議程電郵給史賓瑟，而這次會議旨在共同規劃策略，包括目標、計畫、團隊、粗估預算數字。詢問他有何改進想法，也記得詢問他那邊有誰應該一起參加這次會議。同時說明我們可以參加會議的日期。

注意這些主題：依照步驟循序漸進、對客戶有幫助、從客戶的觀點來設計。

接下來，我們就深入探討這 4 個步驟中的前兩個步驟。我們將在下一章中介紹另外兩個步驟。

傾聽與學習

沒有什麼負擔不能靠分享來減輕。仔細而耐心地傾聽，是我們生而為人可以給予彼此的重要禮物之一。無論事情變得多麼糟糕，只要有人在做出回應**前**能夠靜靜地體諒我們，就能幫助我們減輕一些擔憂。

然而，儘管靜靜坐著傾聽很簡單，但做得好的人卻寥寥無幾。有人開始說話的那一刻，我們就不禁開始動腦筋回應。有人遇到問

題，我們會想到自己遇過更大的問題。有人成功了，我們會絞盡腦汁想出自己也曾成功過，或至少要打壓他人的威風。我們就是這樣跟**朋友**相處。

想想看，當你想要跟某人談論困擾你的事情，或提起讓你感到興奮的事情時，對方只是想要把你比下去，這會讓你多麼沮喪。我們喜歡有人傾聽我們的心聲，所以我們珍惜那些少數懂得安靜傾聽，讓我們把話說完的人。然而，輪到我們傾聽時，我們卻仍然說個不停。

我們對朋友跟親人都這樣做了，在商場上更會加倍這樣做。在4步驟流程中，業務型專家在這個步驟的失敗率最高。諷刺的是，我們為了討好重要客戶，花大錢買門票，請他們吃大餐，外加其他額外開銷，但是能給客戶最實惠也最受讚賞的禮物，其實是靜靜地傾聽。但相反地，由於專家們急於把話題直接切入交易這個主題（並避免讓人不自在的沉默），他們會說個不停，談論自己知道的事、取得的成就、曾與誰合作，以及能做些什麼。在這種時候，潛在客戶就會開始懷疑，是不是乾脆在內部解決問題就好，或者擱置問題，等問題自行消失。

業務高手知道，要把鎂光燈留給客戶。普林斯頓大學心理學教授戴安娜·塔米爾（Diana Tamir）發現，分享你的個人意見，會活化大腦的快樂中樞。事實是，談論自己的想法和信念，就跟享用一頓美食或享受一次愉悅性愛（有研究根據），同樣能活化大腦灰質的相同區域。

也就是說，你只要讓客戶覺得自己在台上發言，就能讓客戶獲

得快感。具體來說，你可以請客戶分享他們對業務或整個行業的看法，詢問他們對解決這些問題的看法。如此一來，你就能更清楚了解他們面臨的問題，而他們也會更喜歡你。

傾聽與學習步驟除了讓潛在客戶和客戶更喜歡你，想花更多時間與你相處，同時也能實現業務開發流程中的一個關鍵目的。沒錯，那就是**學習**。

通常，我們太急於推銷，以至於在採取行動前，只讓客戶針對問題做最粗淺的說明。要是我們願意坐下來，耐住性子讓客戶說出**全部**想說的話，不管他們說得多慢、多麼委婉，我們都可能從中察覺更大且更深入參與的可能性，而不是原先立即想到的表面觀察。因此，我們要做的不是提供答案，而是提出問題。先對問題追根究柢，然後再找其他問題繼續問，繼續挖掘。有時，眼前的問題只是潛在重大問題的徵兆。能夠聽出並回應更深層次的問題，是最令人信服地展現自身經驗與專業知識的方式之一。但是，如果你正在忙著證明自己有多聰明，這種情況就不會發生。

「好極了！」你可能這麼想。「這種做法根本不必花錢，就能讓像我這樣的人將客戶轉變成更大更有利可圖的交易。從現在起，我也要開始傾聽所有客戶，並向所有客戶學習。」讓客戶談論自己看似容易，但實際做起來卻相當困難。畢竟，**我們**也希望透過談論自己來獲得快感。更糟的是，羅耀拉大學（Loyola University）心理學教授維克多・奧塔蒂博士（Dr. Victor Ottati）的研究透露，專家在談到自己的專業知識時變得更加封閉。這表示當討論主題呼應我們所知道的事情時，我們自然傾向於提出較少的問題。

最重要的是，專家有一種根深柢固的習慣，會靠一張嘴來說服並推銷別人。事實上，從小學開始，知識淵博的人總能在生活中得到好結果。所以，我們喜歡這種做法。至於要徹底培養傾聽的習慣，尤其是在時間短暫或壓力很大的時候還能耐心傾聽，就要花上好幾個月甚至好幾年的刻意練習。專家渴望鎂光燈，所以要努力克制這種渴望。相反地，要把鎂光燈留給客戶，讓客戶有如同過生日般的美好體驗。等到進入 4 步驟流程的下兩個步驟，也就是當你幫助潛在客戶解決問題時，你就有機會大展身手。

實踐傾聽與學習的 8 個策略

在此介紹讓「傾聽與學習」步驟發揮最大效用的簡單做法。首先，拿出便利貼並在上面寫下「傾聽與學習」。現在把這張便利貼貼到你的電腦螢幕上。（如果你是習慣在桌上貼了很多小便利貼的那種人，請清理一下便利貼。現在，你要專注的是這張剛寫下的便利貼。）

從現在開始，每當你與潛在客戶或客戶（或配偶、朋友，甚至是任何人）打電話時，看看這張便利貼，深吸一口氣，再吐氣。然後耐心地聽，真正地傾聽，不要急，聽對方講完他要說的話。如果你覺得有很多想法冒出來，請寫下自己的想法並繼續傾聽，然後提問。這樣做反映出你**真正在傾聽**，而且你想深入了解問題。無論**你**認為對方談到的主題是否重要或相關，你都要像警探接獲竊案時那樣，細心關注所聽到的字字句句。（別感到奇怪，福爾摩斯。只要

展現同理心，讓對方覺得你對他們說的話感興趣。）結果會讓你訝異的。

這不僅適用於電話。在跟客戶共進午餐或參加晚間社交活動前，請仔細看看這張便利貼。將「傾聽與學習」當作人生箴言，時時提醒著自己。

此外，還有許多其他策略可以一起發揮作用，讓新潛在客戶進入下一個步驟，也就是讓對方產生好奇心：

積極接洽客戶並提供有價值之物。當你知道人們並不明白下述情況，推銷就會變得更加自在。首先，他們不清楚自己的問題有解決方案；其次，他們也不了解你具備提供解決方案的專業知識；再者，他們甚至沒有能力和時間自己解決問題。要傾聽，就要先讓人們說話，這表示要主動提供可能引起客戶好奇的有價值想法和訊息。不要害羞，無論是新的潛在客戶，還是有一陣子沒有接觸的客戶，趕快照這個方法去做。

在每次互動中增加價值。在 4 步驟流程的第一個步驟，找出為每封電子郵件、每則即時訊息、每通電話、每次會議增加價值的方法。請記住：我們在這個步驟的主要目標是進入下一個步驟，也就是讓對方產生好奇心，因此分秒都不能浪費。即使是簡單寫一封電子郵件，也可能蘊藏著提供建議解決方案或提供相關資訊連結網頁的機會。當人們意識到跟你溝通有多麼有用時，就會更願意回應你。只要善用簡單的方式，就能增加價值。而其中最簡單的方法就是，保持樂觀並增加幽默感，如此便會吸引人們接近你。

客製化的訊息。讓某人感到最不受重視的最佳方式之一就是，

以一種制式甚至自動化的方式進行溝通。就算是親自撰寫的電子郵件，仍會被當成垃圾郵件看待，因為內容並沒有跟對方有關的具體細節。為什麼要浪費掉一個大好機會是你可以說清楚**你**正在溝通，同時你也關注著自己溝通的對象？我們花愈多時間傾聽，就愈能針對客戶與收件人，設計每次的溝通內容。這種做法適用於所有資訊，從即將到來的合併使得潛在客戶的公司超級忙碌，到記得山繆爾比較喜歡人家稱呼他山姆，以及詢問客戶的女兒是否還在尋找那隻逃脫的倉鼠哈姆太郎。電子郵件中的附註（p.s.）是展現個人化的好地方。大家都會看看附註寫了什麼。

傾聽需求和興趣。 想要集中精力在最重要、最深入的交易，最好的辦法就是豎耳傾聽，以4個思考偏好進行溝通。在跟潛在客戶交談時，不僅要注意對方說出的問題，還要注意交談過程中，對方暗示的所有其他問題。關於這點，本章後續介紹的影響力模型就能派上用場。比方說，你要尋找有關客戶未來願景的實驗性資訊，或有關客戶營收和其他指標的分析資訊等。如果你能好好傾聽需求與興趣，你就會開始發現其他商機。

不同的溝通方式。 如果你覺得自己陷入困境，請嘗試新的溝通管道。如果你主要透過電子郵件進行溝通，那麼你可以改用電話溝通。而復古做法也很好，比方說，用傳統郵寄方式，寄送附上手寫筆記的印刷品，這在目前以數位溝通為主的時代裡更顯特別。如果你剛好要去客戶所處的區域，可以順路幫他們買杯咖啡過去。改變溝通方式，有助於避免客戶方面覺得你是每個月第三個週四透過電子郵件，分享 TED Talk 影片的自動產生價值機器人。

追蹤互動的頻率和時間。溝通流程要掌握在自己手裡。如果你沒有建立一個定期追蹤系統，很容易就掌控不住目前的進度。在發訊息給客戶後，記得提醒自己何時要檢查客戶是否回覆，當客戶回覆後，也要迅速作出回應。這一點相當重要，尤其是在彼此剛建立關係那幾週。起初，這樣做或許讓對方覺得很機械化，但你很快就會明白，其他任何方式都不如這種方式來得有效。

針對客戶喜歡的想法提出有啟發性的問題。人們付錢給專家，藉此取得專業知識。畢竟，如果人們已經知道你所知道的，他們根本不用花時間跟你說話。雖然讓客戶引導談話，是一種禮貌或表示支持，但這樣做也可能被視為被動或無知。如果你真的關注對方，如果你真的是所談論主題的專家，你應該能夠提出尖銳的問題，甚至可能反駁客戶的假設和信念。別猶豫，問對問題，就是展現專業知識的最佳方式。

正如你所看到的，傾聽很重要，但這只是一個開始。在閱讀本文時，你可能已經對以往跟潛在客戶接洽出現問題的原因有新的認識。我們同樣身為客戶，基本上也期待這種水準的待遇，並視這種待遇為理所當然。但如你所見，這樣做需要業務型專家一定程度的關注、準備和深思。在這方面，沒有什麼事情是自然發生的。當然，結果會讓所有努力有代價。為了讓對方聽到你的意見，你必須先耐心傾聽對方說的話。

雪球系統的許多工具都在 4 步驟流程的第一個步驟中發揮功效。我們稍後會在本章介紹影響力模型。但現在，我們先進入第二個步驟。

讓對方產生好奇心

根據客戶規模大小，傾聽與學習步驟可能只是一通電話，也可能是持續好幾週或好幾個月的電話溝通、電子郵件往返和會議討論。你可能需要跟客戶組織中的好多位領導者，甚至好幾個團隊會面，才能全面了解問題，並讓所有人了解你的身分以及你的來歷。

不管怎樣，最後我們的目標是讓對方產生好奇心，讓潛在客戶對你能為他們做些什麼感到興奮。現在，你應該很容易理解，如果不先傾聽，你就無法有效地做到這一點。不過，在你傾聽完客戶的心聲後，就該反思你學到什麼。當客戶看到你真正**完全**理解他們的問題，就會馬上急著想聽到你有何看法。

跟往常一樣，你在讓對方產生好奇心時的目標是善用這個機會，引導客戶往下一個步驟前進。這個過渡點的一個徵兆是，客戶會停下來想一想，然後說：「好，那麼關於雙方共同合作，下一步要做什麼？」當你聽到客戶這樣說時，你知道你已經準備好共同建立一切了。

那麼，我們如何從傾聽與學習這個步驟，進入到共同建立一切這個步驟呢？

5 步驟激發好奇心

我們偶爾都會為某些事情著迷。比方說，你正在開展自己的事業，總是事事提防，但突然有某件事情引起你的注意，你馬上想知

道更多。或者你可曾跟朋友一起上酒吧，有人講了某件事，另一個人馬上出言挑釁？「鮑勃・吉布森（Bob Gibson）的自責分率（ERA）在 1968 年時低於 1.20，這是不可能的事！」或是一群人想不起某些事情。「在電影《精靈總動員》（*Elf*）中，威爾・法洛（Will Ferrell）最喜歡誰？」好奇心迫使我們在這樣的情況下，拿出手機搜尋答案，為「自責分率為 1.12」和「最喜歡的是柔伊・黛絲香奈（Zooey Deschanel）」等答案賭上一杯啤酒。

我們所有人都體驗過這種好奇心，但只有少數人知道如何激發他人的好奇心，並讓人們對他們所講的字字句句著迷不已。許多人認為，天生的說故事者就有這種本領。現在，我告訴你，天生的說故事者並不存在，相信你應該不會感到訝異。讓對方產生好奇心，不是天生的本領，而是一項技能，並且是一種可以透過學習取得的技能。

哥倫比亞大學（Columbia University）神經科學教授賈桂琳・高特列伯博士（Dr. Jacqueline Gottlieb）表示，好奇心是我們最強大的內在激勵因素之一。如果你能讓客戶產生好奇心，他們會想一次又一次地與你見面。加州大學戴維斯分校（University of California, Davis）大腦記憶研究員馬西亞斯・格魯伯博士（Dr. Matthias Gruber）的其他研究發現，當人們對目前處理的主題感到好奇時，就會記住更多事情。

喚起好奇心，關鍵技巧就在於謹慎使用懸念。優秀的推理小說家不會在第三章就說出誰是兇手，因為好奇心需要時間和空間來培養。如同研究顯示，這並不是吸引人們的「伎倆」，而是讓人們樂

在其中又有助於學習。

跟潛在客戶交談時，要讓對方產生好奇心可能非常簡單。比方說，你可以概略回答客戶的問題，同時建議客戶跟你的同事見面，因為那位同事剛好是這項特定主題的權威專家。現在，潛在客戶想要見到這位專家，他們已經上鉤了。

問題是，我們往往覺得有壓力要趕快把案子談成：「我需要完成這筆交易，才能獲得升遷！」或是「我需要讓這次會議順利進行，才能達成我的目標。」然而，跟客戶建立關係的最快方式卻是，放慢速度，讓故事有時間慢慢展開。

利用你的說故事技巧，把所有角色、地點、道具和情節推進器（你在上一個步驟從傾聽學到的一切），組合成一個引人注目的故事、一個對未來的全面展望。這個故事跟你客戶的未來有關：**這就是跟我一起工作的方式**。你把這個故事講得愈精彩，客戶就愈可能想在現實生活中體驗它。

那我們該怎麼做呢？當然是進行另一個流程：

當一個想法確立時，專注於讓對方產生好奇心，不要催促對方。不要急著告訴潛在客戶，他們應該雇用你。相反地，提供一些跟潛在客戶的思考偏好相符的給予就會有收穫選項，讓對方感興趣。比方說，「我對這個問題所知甚少，但我們在這類工程的專家是史黛拉。我相信她會對此提出有趣的看法，因為她剛剛完成一些引人關注的相關研究。而且這些研究才剛發表，連我都還沒有機看到。我們應該跟她安排電話會議嗎？」你不需要擁有所有答案，你可以透過其他專家為客戶提供答案，或者如果你有更多時間，可以

自己找到答案。

建議開會討論提出的概念如何運作。現在，潛在客戶的興趣被激發了，跟對方提議一起開會，這樣就可以討論如何進行給予就會有收穫提案。或者，有時你不需要進行這類提案，而是建議雙方能開會討論合作方式。無論下一個步驟是什麼，都要求開會。比方說，「如果由我說明一個由我方引導，讓事情容易展開的兩小時互動會議，是否會有幫助？這個會議將產生一個完美的工作計畫，以便進行你需要的改變。而且這個工作計畫可以讓客戶在很短的時間內展開行動。我們樂意免費提供這次服務，這樣我們就能跟你介紹我們的變革管理實務領導者和我們的全面流程。」

讓對方可以輕鬆選擇會議日期。不要在這個關鍵點製造任何阻力，而是以清晰的格式提供幾個日期與時間，好讓潛在客戶的團隊方便協調出日期與時間。當然，你也要留出足夠的時間，讓你的團隊做好準備。比方說，「我們電話聯絡，雙方親自到場並選擇暫定日期，如何？我發現面對面達成共識，比透過電子郵件跟 11 個人搞定日期要容易得多，不是嗎？這樣既可以節省許多時間，又能避免很多麻煩。」

從公司內部獲取最佳資源。不要猶豫，邀請貴公司領導高層參加這次會議。這樣做明確展現出，你重視這個關係。如果你要談論自己所屬領域以外的主題，請確保邀請該領域專家一同與會回答問題。比方說，「我們有幾位專家專門研究這個主題，但我會找最頂尖的專家艾莉莎。她必須從達拉斯辦公室搭機前來與會，但我相信她很樂意這樣做。我們稱她為了不起的艾莉莎可是有原因的。」

投入足夠的時間做好準備。做好功課，使用全腦®思考模型，從各種可能的角度預測問題和想法。偏好關係型思考的潛在客戶前來與會時，可能備妥自家分析團隊成員所關注的一長串清單。

一旦你真的用這種方式搞定潛在客戶，你一定會納悶以前那種急就章、沒準備周全的做法怎麼可能搞定新客戶。把義大利麵往牆上扔，看看哪些麵條會黏在牆上，這對 3 歲小孩來說可能很有趣，但對需要清理自己造成爛攤子的業務型專家來說，卻一點也不好玩。

現在，你不用拖著潛在客戶完成交易，而是潛在客戶會催促你簽訂合約，讓工作全面啟動。當你播下好奇心的種子，潛在客戶會想立即進入你所描述的新世界。而且，愈快愈好。

讓潛在客戶產生強烈興趣，最後**他們**就會要求討論付費交易。這時，你已準備好進入下一個步驟，也就是共同建立一切。這部分會在下一章介紹。在此之前，我要先介紹一項關鍵工具，這項工具將拓展並深化你的溝通與聯繫能力，讓你在 4 步驟流程的任何步驟都能如魚得水。

擴大舒適圈的影響力模型

現在我們要來談談被誇大濫用的「舒適圈」。當人們為了要做自己明知應做的事情而感到緊張時，這個詞就會出現。「我不知道我是否可以做到，這件事有點超出我的舒適圈。」然而，我們到底該如何勾勒此種人人談論的神祕地帶？對我來說，那可能是我那張

破舊的伊姆斯（Eames）設計款躺椅。大約每年一次，我們會喝光冰箱裡的紅牛（Red Bull）飲料，然後我會在那張躺椅上午睡。那就是我的舒適圈。

每個人都有自己的舒適圈，那是自己感到最自在的環境，可以安心表現出個人的行為和感受。當人在此狀態時，其行為舉止從容不憂慮，並堅守有限的行為模式以求穩定的表現，且不會有危機感。但事實上，舒適圈根本毫無舒適可言。在某種程度上，你是被困在那裡。你知道要做什麼，也知道該怎麼做，但你做不到，因為你該做的事情都超乎你的舒適圈。你的舒適圈不是舒適的躺椅，而是一個有軟墊的牢房。

每個人的舒適圈都不一樣，這取決於個人的生活體驗、思考偏好、外向或內向的程度等因素。有些人可能非常樂意向一大群人發表演說，但要進行一對一的親密對話，卻會讓他們相當不自在。有些人可能只想在辦公桌上處理電子表格，並且抵制工作的其他方面，尤其是涉及跟他人交談的工作。

身為業務型專家，你目前的成就主要來自培養和精進自身的專業知識。也許你拿起這本書，是因為這是你第一次必須跟客戶談交易，但也許不是這個原因。然而，有些負責為自己找客戶的專家，**多年來**竭力避免某些業務開發活動，直到絕望迫使他們不得不動手處理。想想看，你是否曾因為社交焦慮而避開建立人脈的活動，或是不得不參與會議，卻在角落待上 5 分鐘後就躲回酒店房間，然後告訴自己「我有很多電子郵件要回。」事實上，我們的工作總是超出自身主要的專業知識範疇，譬如：我們的職務可能要求我們做一

個重要宣傳、跟一大群人演說，甚至是跟企業最高領導人報告。

我們的工作領域都會超出個人舒適圈。因此，想在業務開發上獲致成功，並成為一個真正神通廣大的業務高手，你必須通過這些令你不舒服的區域。一方面來說，公司可能指望你協助開發舒適圈以外的業務。而專家之所以成為專家，是因為他們都有想知道答案的偏執。儘管進入不熟悉的領域，最容易讓人感到不自在。但從公司的成功和個人發展及職業發展的觀點來看，因為感到不自在就不做，可能要付出很大的代價。

舉例來說，喬因為本身在特定保險訴訟領域有出色的專業知識，而晉升為律師事務所的合夥人。他比業內任何人都更了解這個領域。身為事務所合夥人，他的任務是拓展公司在其他 29 個業務領域的業務，但他對於業務拓展的基礎知識所知甚少。

這項任務讓喬覺得很不舒服，因為他原先大部分時間只要負責擴大訴訟領域就好。由於他希望在即將到來的合夥人評核留下令人滿意的結果，因此沒有興趣在這個關鍵時刻嘗試任何新業務。雖然他因為只從事自知較可能成功的行為而降低了風險，但他也沒有從其他實務領域學到洞見。此外，他也很少跟具有不同領域知識、負責不同實務的其他合夥人互相推銷自己，而他對公司和自己職業生涯的影響更是停滯不前。

沒有人是全方位專家。而且，正如本章先前提到奧塔蒂博士的研究顯示，更多專業知識可能導致更加封閉的思想。業務高手學會在不熟悉的領域中自在地大展身手。而實現這個目標的最有效方法之一，就是透過**影響力模型**，如 234 頁的圖 7-1 所示。

【圖 7-1】 影響力模型

提升格局

跟什麼或跟誰有關

未來

觀點

關聯

時間

主題

時間

關聯

觀點

少了什麼或少了誰？

過去

根本問題

掌握 3 個軸線，打造影響力

影響力是一種實體特質，是人格的深層特質。影響力也跟責任、尊嚴與正義並列，是古羅馬時期每位公民都期望的美德之一。但是，你不必像古羅馬人那樣穿著長袍，才能認出這種特質。比方說，你有沒有認識那種能夠大幅改變討論過程或現場能量的人？那種提出最具啟發性的問題，做出大膽且富有洞察力的觀察，讓你在談話結束後久久難忘的人？你是否見過有人能為每次交談增加價值，且有辦法連結看似毫不相干的主題，並幫助其他人看出連對方都不知道的問題？

這就是影響力發揮功效的緣故。這是一種能夠與人**深度**交流、言之有物的能力，此種人不管討論任何主題都能為其增加價值，並鼓勵其他人接受他的幫助。有時，這是能夠指出顯而易見事實或問題的能力，或者正如派屈克‧蘭奇歐尼（Patrick Lencioni）所說的「示人以真」（getting naked）。他的同名著作影響了我。而他建議我們提問，即使是別人不敢問的「愚蠢」問題。有時，最有力的問題是質疑那些答案已被接受或答案「顯而易見」的問題。

　你可能無法徹底解決某人的問題，但你可以引進一位專家進行分析或採取其他措施，推進業務開發流程到下一個步驟。當你在傾聽與學習和讓對方產生好奇心時，使用影響力模型會非常有幫助。

　要培養影響力，你的目標是在影響力模型的一個或所有維度上進行交談。你談話時，請針對每個軸線仔細考慮，以取得意想不到的關聯，並提出能夠開闢新思考方向的突破性問題。接下來，我們詳細探討每個軸線。

　時間。檢視過去，為當前和未來的決策提供資訊。比方說，讓你獲得這個職務的最重要經驗為何？為什麼你認為先前的領導階層強調這個領域？如果當初由你主導，你會採取什麼不同做法？你認為我們可以使用哪些歷史數據，為我們目前討論的可能改善制定衡量基準？

【圖 7-2】 時間軸線

未來

時間

主題

時間

過去

展望未來，激發創造性思維。比方說，如果這個方法運作良好，你認為會是什麼模樣？你對這件事有什麼打算？你認為這個流程需要改變嗎？你認為這個行業在 1 年內會有什麼變化？

觀點。有時，你見樹不見林。在觀點這個軸線的高點處，你可以採用 1 萬英尺的高度來看待問題，如：貴公司執行長認為這個做法跟你的整體策略相符嗎？什麼是最重要的績效指標，以及這個問題會對這些績效指標產生什麼影響？

【圖 7-3】 觀點軸線

提升格局

觀點

主題

觀點

根本問題

與此同時也要注意到，光重視全面性，往往會遺漏關鍵細節。因此，若要發現根本問題，請詳細說明：你認為客戶對你目前的引導流程有何看法？你是否在這個問題上投入適當資金，才能發揮作用？你的員工真正關心哪些步驟？你怎麼知道這樣做是否有效？

關聯。現在是時候透過繪製關聯來全面處理主題了。在這個軸線的一端，你設法找出跟該主題相關的人士與活動。比方說，誰是你團隊中最關鍵的人？他們需要改進什麼技能？還有誰也有關？他們正在進行什麼專案，他們對本身工作的優先順序有何看法？

在軸線的另一端，你探討還未發現的關聯。比方說，還有誰應

該參與這項專案？還有誰會影響我們的進展方向？還有什麼數據有幫助？還漏掉了什麼實情？

如你所見，這些問題都不需要特定專業知識才能解答。更棒的是，注意這些問題如何

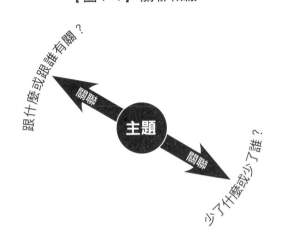

【圖 7-4】 關聯軸線

活化潛在客戶大腦的快樂中心。這些問題不是你可以從網站上取得的事實和數據，而是來自你深入探討客戶的觀點和他們的優先要務。即使客戶沒有提到這些問題，你也會透過提問來幫助他們。你正在幫助他們預測可能出現的問題。

透過系統化的方法，影響力模型以人們會立即注意到的方式，讓對話內容得以擴大和深入。通常我們只能輕鬆地沿著其中 1、2 個軸線進行對話。結果，我們的對話最終陷入同樣的困境。一旦你學會整合影響力模型到每次互動中，你就會發現你的所有溝通內容都會更豐富，並獲得更多的回報。

這是我最喜歡的工具之一。影響力模型讓我關注客戶，也對我的問題有所幫助。問題的深度顯示出我的專業知識，也讓客戶對我產生好奇心。舉例來說，我最近與一家醫療保健公司的執行長共進早餐。巧合的是，原來這位執行長跟家人一起搬到城裡時，我們已

經當過 1 年鄰居。

在亞特蘭大難得一見的下雪天，我們在他家門口巧遇。同年稍晚，發生一件很好笑的事。我跟兩個年幼的女兒一起在院子裡練習壘球。突然間，女兒滿臉通紅，露出驚訝的表情，她們默默地指著隔壁。我站起來，看到鄰居的兒子，一個 2 歲、一個 4 歲全身赤裸地出現在我身後的窗戶。在我做出反應前，事態變得更糟。他們開始跳起舞來。我朋友和他老婆大約 30 秒後才出現。在那之前，我的兩個女兒都用壘球手套遮住眼睛。

（蘭奇歐尼，如果你看到我寫的這段話，這個故事可能把「示人以真」帶入新的境界。）

10 年後，我們仍然保持聯繫。這位朋友最近跟我聯繫時，他發現他的公司需要協助，而他們的銷售和帳戶管理技能也需要提升。我們見面吃早餐，一起敘舊後，就開始談公事。我們談了 1 個多小時，談到我的公司可以做哪些具體事項，也探討他們公司如何發展到現況。另外也談論哪些事情可以迅速改變，哪些事情需要時間慢慢改變；哪些流程有效，哪些流程效率不彰。而他可以迅速創造哪些勝利，以及哪些事項不容修改。

然後我們研究他的策略規劃流程，包括他們目前的階段，以及接下來應該發生的事情。我提到我們用獨特的工具解決這些問題，同時也評估了他跟他的團隊可採用的特定行為，藉此引發他的好奇心。當服務生幫我們清理餐桌，再次加滿咖啡時，他有十幾個問題要問我。透過讓他引導對話，我讓他可以依照對他有意義的優先順序，考慮要討論的主題。與此同時，我可以依照先前他提到的策略

規劃流程，來回答他的問題。我們吃了一頓豐盛的早餐，現在我們公司正協助他的公司解決問題。

透過增加對話的實質內容、找出機會並推進業務開發流程，影響力模型能幫助你跟潛在客戶和客戶互動。無論你是遇到潛在客戶，或為客戶處理棘手問題，或者只是為任何看似沉悶無趣的對話注入活力，影響力模型都能派上用場。沉悶無趣表示我們沒有活化對方的快樂中樞！

當然，如果你負責大公司其他領域的業務開發，你就不能只靠影響力模型。你要對貴公司提供的主要解決方案有一定程度的了解。無論是白皮書、單頁文宣、一邊午餐一邊學習、內部人脈關係、員工會議，甚至公司網站，都有助於你了解組織其他人正在做什麼。另一方面，你要幾乎可以回答所有關於你專業領域的問題，至於其他領域，請減輕壓力，你只要有基本的了解，能跟客戶共進早餐時應付即可。

迅速拓展業務的兩個關鍵

現在，是時候結合起兩個關鍵概念。你已經看到給予就會有收獲提案，在你跟客戶進行初次會議時所發揮的強大效力。現在，你知道如何使用影響力模型，增加你在非個人專業領域的價值。而同時使用這兩種技術，你就能在舒適圈外迅速拓展業務。

一旦你與潛在客戶或客戶建立信任，你需要做的就是傾聽，並主動向客戶建議，由該領域專家參與對客戶有價值的給予就會有收

獲提案。一旦每個人都齊聚一堂，由於你先前已經花時間了解客戶的問題，這時你就可以讓客戶的問題跟專家提出的解決方案產生關聯。在這種時候，你就是成功的關鍵。影響力模型使你能塑造對話，讓對話有價值。此外，在理想情況下，你也可以提出另一個給予就會有收穫提案，甚至是小專案。

無論你做什麼，都要堅持安排和參與舒適圈外的會議，大部分的建立客戶關係工作，都在舒適圈之外。人們經常告訴我，他們「太忙了」，無法這樣拓展業務。也許他們忙於其他客戶的工作，無法花時間介紹其他人接手「他們的」客戶。就算你的行程滿檔，為什麼不能把同事介紹給客戶？當你行程滿檔卻願意介紹其他同事給客戶時，這樣不是顯得你很重要嗎？如果你真的很忙，客戶是否會更加重視你的努力？在你忙碌時還抽空幫助他人，比你積極尋找工作而付出努力，更讓人印象深刻。

你可以這麼想：如果你在接下來的 6 個月裡，為最好的客戶和其他領域專家設計一個強大的給予就會有收穫提案，那麼可能發生的最壞情況是什麼？答案是，你將大幅拓展公司的業務。你可以透過提供價值來加深與客戶的關係，讓他們通往成為狂熱粉絲之路。你的客戶會開始視你為策略顧問，而不僅僅把你當成單一領域的服務供應商。你將透過參與這些專家的真實對話，開始了解不熟悉的領域。而你的公司會認為你是業務高手。你自己想想看，值得冒這個險嗎？

業務高手不只是像卡通影片裡面的達菲鴨（Daffy Duck）那樣，頭頂上有一朵風暴雲，他們還能讓整個組織和整個人脈網絡都

降下甘霖。業務高手是無所不在的機緣製造者，為他們認識的每個人創造價值。

你現在可以看出系統化、循序漸進的做法，為何是創造有效購買體驗並取悅潛在客戶的最有效方式。你知道如何使用機會清單來善用手上的每個機會，不會讓任何機會從手中溜走。你已經學會如何解決4步驟流程中的前兩個步驟──傾聽與學習和讓對方產生好奇心，也懂得如何運用影響力模型充分利用最具挑戰性的互動。

現在，是時候了解這個神祕卻關鍵的事件的內部運作，也就是**完成交易**。

8 | 贏得客戶
並完成交易

「太棒了。那麼一起工作會是什麼情景？」

對於勤奮努力的業務型專家來說，聽到客戶這麼說，真是再窩心不過。你現在已經看到要花多少心思精心策劃和刻意努力，才能順利開發大量銷售線索，從中篩選出理想的潛在客戶，並從零開始逐步建立這些關係。而上述的神奇話語就是一個明確的信號，意味著所有的努力即將變成一個真實、活生生的專案。是時候進行你最擅長的工作了。很興奮，對嗎？這種事，我從不厭倦。

能進入這個階段，是因為你**傾聽，也學到了，並讓客戶產生好奇心**。潛在客戶已做好準備，甚至渴望與你合作解決他們的問題。這項交易即將成交。這部分還算容易，不是嗎？畢竟，你已經運用剛學到的業務開發技能精心打造一切。

但你相信嗎，有些人一路走到這裡，最後還是把事情搞砸了？迄今為止，我們見過無數的拙劣方法，這種事當然可能發生。

我自己就發生過這種慘劇。在我的職業生涯初期，我在翰威特

顧問公司剛升遷為管理顧問時，接到一通電話，內容是某個重要客戶有事相求。我們為這個客戶完成許多工作，這個客戶是全美最大的連鎖醫院之一。而客戶要求幫忙的事，對他們和我們來說，都是一個新的、具有策略意義的重要領域。他們希望為營運長制定人才發展計畫，包括個人評估、能力發展、輪調計畫、參與監督和培訓。

這是一個重大交易，我很興奮。這正好是我們的人才與組織發展部門積極尋求的那種專案，而我們的傳播顧問業務部也可能涉及其中。我召集團隊並主持十幾次內部會議。由於這個專案金額超過100萬美元，因此受到幾位業務領導人和當地辦公室負責人的關注。我們至少投入100個工時來準備你能想像到的最長也最精美的提案。為了製作出精美的提案，我們甚至打破翰威特顧問公司的品牌視覺識別準則。我是叛逆者！

我突然覺得我努力建立的所有關係終於獲得回報。人們問我是怎麼找到這種大好機會。我透過電子郵件寄送提案，並在行事曆上註記，以便在幾天內與決策者確認。

然後，就沒有回音了。沒有人打電話給我。我跟對方的人才主管關係很好，但他竟然沒回我電話。我跟他的老闆，也就是人力資源主管也處得很好，但他也沒我回電話。幾天過去了，幾星期過去了。在公司內部，人們問我，我們什麼時候開始工作。對於這樣一支明星團隊和如此出色的提案，我們應該勝券在握才對。

幾週後，我有機會在討論其他專案的小組電話會議結束時，跟對方的人力資源主管交談。我問他這次會議結束後，是否可以打電

話跟他談談。會議結束後，我直接打電話給他，並緊張到全身冒汗。我結結巴巴地問他，原先那個大提案是怎麼回事，他團隊中的其他人有何意見。他聽起來有點震驚，幾乎就像他已經忘記這件事。「喔，這個嘛！天啊，你們寫那份提案時，究竟是怎麼想的？100 萬美元？我們可能只想花 3 萬美元。我們只是希望你們協助擬定計畫，因此在看到你們的提案後，知道你們不明白我們的需求，所以就自己處理了。」

我甚至不記得自己當時怎麼回答。我想，我一定跟對方道歉後就掛斷電話。當我的頭撞到桌子上時，那次腦震盪讓我到現在都還想不起當時發生什麼事。

在**客戶沒有提供意見的情況下**建構提案，這樣做是完全錯誤的。我永遠不會忘記這個教訓。我以為我在節省時間，我以為我知道客戶的心聲，我以為我清楚客戶的需求。但我想錯了，我浪費每個人的時間，也在這個過程中損害我們跟客戶的關係。我個人帶領團隊惹出這個爛攤子，開了一個接一個過於樂觀的內部會議。20年過去了，至今我**仍然**感受到那種椎心之痛。

好消息是，你不必重蹈我的覆轍。本章將向你說明讓交易達陣的種種細節，教你如何完成交易。

「只會耍嘴皮」時代的銷售專家談論如何完成交易時，通常會說到拿出一支筆，讓戲劇性的沉默迫使潛在客戶屈服，並在虛線上簽字。但用這種方式完成交易難免會影響你原本認真建立的關係。如果你設法賣掉佛羅里達州的一塊沼澤地，這樣做可能沒問題，但對於業務型專家來說，**雙方關係至關重要**。

關係**就是**你的事業。你能想像工廠老闆說：「是的，就算操壞所有設備也要做，重要的是，我們要達成這個月的生產目標。」儘管一筆交易既不會造就你，也不會搞砸你，但是一段培養得當的狂熱粉絲關係，卻可以改變你的整個職業生涯。我們希望客戶在跟我們合作時感到興奮，像中樂透那樣開心。拿筆給客戶，用沉默迫使客戶簽名完成交易，這種做法是不管用的。

然而，我們**確實**需要客戶在虛線上簽名。那麼，我們如何以一種既**真誠**又**互惠**的方式實現這個目標，且該方法既能增加彼此的**信任**，還能以我們想要克服阻礙並協助客戶的**渴望**為出發點？答案就是，217頁介紹的4步驟推銷流程，這些特徵就是業務高手的標誌。

在前一章中，我列出推銷流程的4個階段，並解釋前兩個階段。你可能已經注意到，在完成「傾聽與學習」和「讓對方產生好奇心」階段後，是進入「共同建立一切」這個階段，因此還無法完成交易。雖然不同階段都是以完成交易為目的，但採取的做法卻截然不同。

共同建立一切

請業務型專家說說工作上最令人沮喪的部分，他們可能會說，「要花很長時間，才能讓客戶同意簽約。」對於所有行業和服務的業務開發來說，事實幾乎就是如此。在此針對完成交易介紹的循序漸進合作做法，雖然增加一些步驟，卻大大縮短完成交易所需的時

間，並大幅提高你的成功率。

這表示每一個步驟都要跟潛在客戶合作。你跟潛在客戶保持愈密切的關係，你就能愈快完成交易。你的目標是讓潛在客戶保持積極參與，這樣他們就會跟你一樣，渴望看到有建設性的成果。

在提出付費專案時，很容易破壞關係。我們往往以為自己有讀心術，急著提出交易並完成交易。因此，我們對潛在客戶做出各種假設，臆測對方對我們產品的理解、猜測他們的承諾程度，及他們對我們的服務期望等。然後自己提出提案，讓潛在客戶產生好奇心，並在 1 週後，自行擬好所有內容、帶著自己想做的具體細節見客戶。令我們懊惱的是，我們有時還會被對方說的「你這是什麼意思？」嚇到，甚至摸不著頭緒。

我們發現，在最初的對話和設計提案間，雙方理解有差距。我們提出的提案，就像摩西拿出刻有十誡的石板那樣，大家都明白彼此的理解差距，也讓潛在客戶和賣方都感到非常不安，並損害到雙方關係的進展。就算最後事情重回正軌，傷害也已經造成了。

因此，還有另外一種方法：想讓事情迅速進展，就要放慢步調。

麥克‧諾頓（Michael Norton）、丹尼爾‧莫瓊（Daniel Mochon）和丹‧艾瑞利（Dan Ariely）發現一種現象，並以瑞典家具巨頭 IKEA 為名，稱為「IKEA 效應」。這是我最喜歡的調查結果之一。他們的研究顯示，自己組裝 IKEA 家具的人，在轉賣家具給其他人時，會要求更高的價格。因為人們用自己的雙手辛苦組裝的 MALM 化妝台或 BILLY 書架，為家具增加更多的價值。

不要求客戶參與，就設計出方法或撰寫提案，「讓客戶樂得輕鬆」似乎合乎邏輯。畢竟，忙碌人士都重視便利。但是，賣方獨立完成所有工作，就無法讓客戶為這些事情做出承諾。若只是交給客戶一筆已經設計好的交易，那他們只能以一種方式增加價值，也就是從交易內容找出問題。

人們重視自己協助創造的東西。然而，當我提出這種方法時，我經常聽到的反駁是：「我們的客戶沒有時間協助撰寫我們的提案。如果我們要求他們這樣做，他們會抓狂。」

我知道。但有一種方法可以確保客戶提供意見，也認同這種做法，同時輕鬆完成。你可以使用下面這 4 個簡單步驟。

引導客戶參與的 4 個步驟

目標。根據你在傾聽與學習階段學到的內容，編寫專案目標草案。讓客戶知道草案只有 60 到 80% 正確，所以邀請他們一起編寫。就算你該問的問題都問了，也無法理解所有細微差異。在此，一定要結合你的獨特定位。如果你並非獨一無二，你就只是一種商品。在繼續下一步前，先獲得客戶的支持。因為如果沒有在這個階段取得客戶的同意，你就無法確定他們想要臨時應急的做法，還是一勞永逸的做法。（或者，我應該說客戶是 3 萬美元就想搞定，還是肯花百萬美元進行大型專案？你瞧，痛苦是真實的，我到現在還因為那次經驗耿耿於懷！）

流程。協議好目標後，你可以設定流程。這時，你寫下誰做什麼，及何時做。例如，從客戶需要展示結果的董事會會議，往前回

溯分析。將他們已經跟自家團隊的面對面會議列入流程中，甚至納入客戶跟你完成合約流程所需的時間。制定計畫讓客戶知道這只是草案，看看他們有何想法。在進入下一個步驟前，先設法向客戶確定流程。

團隊。既然你跟客戶已經對目標和流程有共識，現在你可以建議雙方有哪些成員必須參與專案團隊。此外，團隊由誰領導？由誰支援？誰需要加入？誰可以參與部分作業從中學習？前兩個步驟會告訴你，他們是否需要你的頂尖團隊關注，或者你能否使用較低層級的資源，搞定這件事情，因為它可能大幅影響事態進展。

條款。確定前面 3 個步驟後，你就可以制定訂價和其他條款。按照這種順序運作的一個好處是，你可以消除客戶在了解你所投入的努力和提供的價值前，就「直接先問訂價」的傾向。依這這種順序運作，可以讓你定位自己為客戶的最佳選擇，同時讓客戶看到你的用心以及提供的價值。這樣做有助於讓客戶了解你的訂價，並幫你避免不必要的議價。

現在，我們就來解決「客戶沒有時間為提案的草案提供意見」這項質疑。在實務中，一切都跟你的說法有關。因此，只要向客戶明確表示，這個過程將節省他們的時間和精力，也能確保他們得到所需要的就夠了，不要多也不要少。與其回到辦公室，寫出可能只有 50% 正確的提案，你可以跟客戶一起完成上述 4 個基本步驟，而這些步驟只需要客戶修改一些草案內容、快速取得共識，並且敲定適合的提案。一次就搞定。我的客戶就用這種方式，而他們做得

相當成功。

你或許不好意思跟最忙碌且最重要的客戶，建議這個多步驟流程，但通常這些人最喜歡能夠一次把事情搞定的高效流程。我以自己幾年前的經歷做說明。當時我們取得一個重要機會，也找一個策略夥伴跟我們一起合作，他們負責一些組織設計工作，而我們處理培訓和持續強化。這個客戶是一家大型上市公司，在世界各地都設有辦事處，我們跟策略夥伴都希望共同努力爭取到這家知名企業的大案子。

跟客戶的領導高層的初次會面進展順利，雖然他們反覆說明時間最要緊，而且董事會也在催促他們，但我還是建議大家進行這個流程。我們會擬妥單頁報告，總結目標、流程和團隊，取得客戶的反應，然後根據範圍和價值為工作訂價。

在去機場的路上，策略夥伴公司的領導人跟我說：「他們不可能編輯這份單頁報告。那些傢伙太忙了。」

不管客戶忙不忙，最後他們還是幫忙修改單頁報告。而且，還大幅更改內容。後來客戶告訴我們，他們開了好幾次會斟酌每個用字，甚至還考慮是否調整重點項目的順序。如果問題很重要，如果客戶有理由留住你，他們就會參與。客戶端的執行長會抽出時間，很慶幸有機會在一開始就能把事情適當歸類，而不是日後再進行繁重的方向修正。

最後要注意的是，這個流程也可以協助你處理那些**不想**參與的潛在客戶。當客戶說「給我一個關於該主題的提案」時，你不知道對方是隨便說說，還是認真的。畢竟，召集團隊、制定計畫、訂價

並製作提案報告，可能需要 50 個工時。以某些業務來說，可能需要 200 個工時或更長的時間。如果潛在客戶不是真心真意想這麼做，你還要大費周章地做白工嗎？因此，請讓潛在客戶做一些事，衡量他們究竟多麼感興趣。

這就是「邀請潛在客戶對目標提供意見」這個初始步驟，大力協助你之處。你可以透過一封簡單的電子郵件完成此事，而內容則是以條列重點的方式列出目標。因為你已經完成傾聽與學習階段，所以只需要 15 分鐘就能寫好這封電子郵件。如果潛在客戶回覆你並修正目標，那就**太好了**！你知道他們願意參與。接下來，請向他們致謝並開始設計流程。如果他們從此音訊全無，不再回覆你的電子郵件，**那也很好**！因為你只花 15 分鐘，而不是 200 個工時，就搞清楚對方的意願。

每當潛在客戶同意做某件事時，就把它當成在一連串交易事項中，完成其中一小件交易。透過這種方式，你會**持續完成交易**。當潛在客戶答應你小請求的次數愈多，就愈有可能同意你的較大請求。

共同建立一切，這樣做可以確保事情不會出乎意料，也讓潛在客戶協助推動事態發展。對彼此而言，這都是雙贏的局面。

共同建立一切的做法

你可以從一開始，就請潛在客戶或客戶跟你共同建立一切。比方說，針對初次拜訪會議共同制定議程，或要求潛在客戶邀請其他

主要利益相關者。透過邀請這些人，等於潛在客戶暗中支持你。同樣地，當你跟潛在客戶一起制定目標和目的時，向對方提出給予就會有收穫提案最有幫助。

透過這種方式，當你準備好處理小專案和大型專案時，潛在客戶已經更像是一個合作者，而不像是一個被迫購買東西的顧客。只要有可能，就要跟客戶攜手合作。

若是較簡單的合作關係，你可以透過電話或會面完成 248 頁所述的 4 個步驟。但若是較複雜的合作關係，最好跟對方面對面開會，利用白板討論，花幾個小時完成。或者，透過一連串的電話討論完成那 4 個步驟。我們甚至看到客戶使用線上會議軟體完成這個流程。他們透過在 WebEx 上寫好 4 個步驟的答案，跟遠在世界另一個角落的客戶合作。由客戶提供意見，業務型專家聽到意見後負責輸入。

混合式的做法也行得通。我們有一位客戶安排 30 分鐘面對面會議，讓雙方在目標上達成共識，並徵求對方高階主管對於流程和團隊的意見。然後回到辦公室使用甘特圖軟體填寫細節，接著請客戶上網查看並向客戶說明撰寫邏輯。之後，只要有任何變更，都要經過雙方團隊的同意。接著，雙方口頭討論費用事宜，整個流程就完成了。每個人都很興奮並準備向前邁進。

一位專業人士在接受我們的培訓後，實施這個流程。身為與財務主管合作的顧問，他很習慣面臨訂價壓力。他在 1 週內跟財星 50 大企業的一位重要客戶，共同建立一切，並同意在早上 7 點到客戶辦公室見面簽約。

這位顧問拿著咖啡走進客戶的辦公室，做好心理準備，擔心最後還是被客戶拒絕。他心想，不可能成交的。畢竟，這是跟一個大客戶簽下金額高達 7 位數美元的合約，而且在短短 1 週內就發生了。但客戶沒有反對，還脫口而出：「麥克，這是我看過最棒的合約！」麥克回答說：「你**應該會**喜歡的，因為有一半是你自己寫的！」

客戶開心，顧問開心，我也開心。

回到潛在客戶提出的這個問題。本章一開始就提到：「太棒了。那麼一起工作會是什麼情景？」你就回答：「我們一起做就知道囉。我有一個流程可以節省你的時間，還能制定完美的計畫。這是我的建議……」

解決異議

在業務開發週期中，隨時都可能出現障礙。優秀的專業人士會積極解決阻礙。他們預先設想問題，並在問題陷入困境前，盡全力去除或克服問題，避免減弱得來不易的動力。

業務高手專注於解決方案，而不是障礙。根據經驗，他們發現在完成交易的過程中出現的大多數阻礙，實際上並沒有看起來那麼大或困難。其實，只要一些基本的問題解決方法就足以讓你解決任何問題。

當你與客戶一起建立交易時，透過詢問潛在客戶的意見，找出過程中可能出現的阻礙。這樣就能在阻礙發生前，先解決掉反對意

見。用馬歇爾・葛史密斯（Marshall Goldsmith）的「前饋」（Feed-Forward）概念來說就是，**為了獲致成功，接下來我們應該做的第一件事是什麼？**很少人會問這個問題，所以潛在客戶可能需要想一想，才會意識到某些事情一直困擾他們，或者某個問題即將出現。記住：傾聽與學習。閉上嘴，讓他們有時間想清楚。

假設你沒有預測到某個異議會出現。沒關係，這種情況很常見。但是這種情況發生時，要記住兩件事。首先，要有正確的心態。你可不能想著「喔不，該不會有人又把我們的訂價拿出來談吧？」這會使你的潛在客戶立即感受到挫敗。相反地，接受對方的反對意見，**學會愛他們**，並感謝潛在客戶提出這個問題。如果潛在客戶不想跟你合作，或是不重視跟你的關係，他們就會避免交談或躲起來。如果他們提出反對意見，就代表著無論是現在還是未來，至少有一部分的人尋求能跟你合作的方式。所以，感謝他們提出問題，讓氣氛變得**輕鬆**。

要記住的第二件事是什麼？驚喜、驚喜！答案是，又是一個流程……

解決異議的方式

當你在完成交易的流程中，培養預測和解決異議的能力時，你會開始發現某些模式。雖然有些反對意見前所未見，需要集思廣益來解決，但絕大多數的反對意見，你都很熟悉。因為在特定行業中，特定服務的購買者往往都有許多相同的考量。

你不必每次重新想方設法，你只要取得**解決異議清單**（Resolving Objections List）工作表，或在一張空白紙上畫出 4 欄並寫下異議、問題、潛在問題和解決方案。從現在開始，當你解決新的異議時，請將詳細資訊增加到這張清單上。最重要的是，你為了獲得回應所提出的問題。經年累月下來，你將建立一系列有用的問題和解決方案，得以解決共同的異議。

實際運作方式如下。假設潛在客戶指出訂價「似乎太高」，你就查看解決異議清單，而你會看到這個異議的對應問題是，「請告訴我，您對費用的期望？」用一個問題來回應異議能發揮一些功用。譬如：它讓你從防守轉變為解決問題，讓你有時間思考，而且重要的是，向潛在客戶展示跟你合作的情況。

潛在問題和解決方案都取決於思考偏好，因此你需要將每個潛在問題和解決方案，分成 4 種思考偏好，以便從正確的角度做好準備。比方說，如果潛在客戶以分析方式回應：「你的費用比另一個競爭對手高出 13.2％」，你就在第四欄中得到適當的分析回應：「要不我們檢視所有事項，看看是否能找到改變流程和團隊的方法，好讓我們的費用可以符合您的需求？您的目標費用是多少？」

或者，潛在客戶可能以偏向實驗型的思考作出回應：「我只是沒有看出如此高價背後的價值，以及依據我們的策略，為何要優先考慮這個專案。」這時，你可以查看解決異議清單上解決方案那一欄，並回答：「那麼，您會優先考慮怎樣的價格？或者，您會優先考慮這個專案的哪個部分？」

通常，潛在客戶不願意說出他們真正反對的內容，畢竟沒有人

想當壞人。或許，你並沒有看出來對他們來說顯而易見的事情。無論出於何種原因，他們都無法徹底解釋自己為何反對，如同我們從上述價格異議中所見。儘管客戶表面上說出同樣的阻礙（「你的價格似乎太高」），但潛在含義可能不同，從價值問題到價格公平與否都有。這也是因為潛在客戶不想在老闆面前出洋相（竟錯把蘋果拿來跟橘子做比較）。所以，你要提出問題，判斷出真正問題所在，而不是浪費時間治標不治本。

想想看，整個團隊共用一份設想周全的解決異議清單，效力有多強大。對我們培訓過的許多團隊來說，這可是讓交易完成的神奇魔杖，也是新員工對工作迅速上手的重要工具。

加速成交的頭號方法：要求有進展

我相信這是加速完成交易流程的頭號方法。而且，身為保險精算師，我對事情的排序可是一點都不馬虎。第一！只有一個。

我們都聽過這類研究，業務代表需要進行確切次數的互動，才能跟潛在客戶達成交易。正如許多賣方所做的那樣，他們將這些數字當成宗教真理，讓我感到十分震驚。在我看來，需要跟潛在客戶打多少通電話、拜訪多少次，完全取決於專家的技能、行業的不同、推薦的強度、需求的強度、接洽對象本身的預算權限，以及許多其他因素。

也就是說，從某方面來看，這些數字確實有助於釐清事情。我聽說過幾種不同的說法，在成交前要跟潛在客戶進行 5 次、7 次，

甚至 14 次互動。然而，一般銷售人員只互動兩次。無論「正確」次數為何，但兩次互動絕對不夠。

儘管如此，我們可以做一些事情加速這個流程。透過總是要求下一步並收集小承諾，我們就能加速整個流程。

在針對承諾進行的一項突破性研究中，史丹佛大學的強納森・費里德曼（Jonathan Freedman）和史考特・弗雷澤（Scott Fraser）發現，人們在同意與較大承諾呼應的小承諾後，就更有可能答應大承諾。在另一項相關研究中，安東尼・格林沃德（Anthony Greenwald）和他在俄亥俄州立大學（Ohio State University）的研究團隊發現，人們更有可能追蹤他們告訴別人自己打算做的事情。

方法很重要。同前所述，研究人員發現，面對面要求獲得對方同意的機率，是透過電子郵件要求獲得同意的 34 倍。（巧合的是，透過電話要求獲得同意的機率，似乎也是透過電子郵件獲得同意的 34 倍。）

小小的要求就能產生大大的不同。以我自己最近在業務上的一個例子做說明。前一段時間，我們有 1 季的業績未達標。回顧過去，業績未達標的原因很多，但當我回顧我的領先指標和落後指標（lagging indicator）* 時，我生氣了，想著「**怎麼會發生這種事？**」我們已經有一個很棒的客戶群，以及成千上萬的狂熱粉絲。不知何故，我讓業務飛輪慢了下來。

我仔細思考，發現我需要一個新的專注重點。我以前從未衡量

---

* 【編注】落後指標多為執行成果，如業績表現、品牌知名度等。

過要求進展這件事。何不這樣做呢？畢竟，這種事情完全由我掌控。而且，這似乎是讓我的業務飛輪再次轉動的完美領先指標。

我估計，那週我曾經 6 次要求事情有進展。我打定主意要讓事情有所進展。在我的每週規劃會議中，我想到運用十幾種方法要求事情有進展，而且這些方法都是以客戶的最佳利益為前提。在某些情況下，我會要求特定事情，譬如：簽訂工作聲明或安排會議共同建立一切。在其他情況下，我會委婉地詢問，譬如：在說明交付事項的電子郵件結束時提及，「我們還能做些什麼，可以對你們有幫助？」

結果讓我跌破眼鏡。我簡直不敢相信，我因為沒有開口要求，錯失多少機會。我在接下來的 1 週獲得 26 個機會，後續那週獲得 27 個機會，再來那幾週分別是 14、31、20、29 個機會。我能**感覺**到業務飛輪再次轉動。

然後，我們在週一晚上發表一篇重要文章。我決定花時間電郵這篇文章給客戶和潛在客戶，並在每封電子郵件中，針對收件者撰寫特定內文，指出他們可以從這篇文章的哪個部分獲得價值。在每段客製化內文最後，我會要求下一個步驟。

這項工作很辛苦，但感覺很棒。在週三結束時，我私訊公司營運長達拉（Darla），跟她分享令人振奮的消息。這星期我提出 32 個要求！我高興到無法思考，是時候可以放心好好慶祝勝利了。當我離開辦公桌時，達拉回我訊息說：「你為什麼不等到提出 50 個要求再慶祝？今天才星期三，你還有兩天時間考慮。」

50 個要求？她不明白這有多難嗎？難道她沒有看到我為每一

次拓展業務付出多少心血嗎？

那天晚上，我跟老婆貝琪講到這件事，我決定**要**以提出 50 個要求為目標。跟往常一樣，達拉給我明智的建議，儘管這不是我當初想聽到的話，但達拉說得對，這件事我做得到。（附帶一提，如果你生活中沒有像達拉這種益友，那就趕快開始尋找吧。）

那個星期五下午 5 點左右，我發出第五十個要求。就像第一次衝過終點線的馬拉松跑者一樣，我在該週結束時，雖然精疲力盡卻無比開心。

最棒的是，兩個月內，我們的業務量增加 1 倍以上。結果，我新採用的領先指標「要求進展」，跟我最重要的落後指標搭配得當。機會突然開始出現。

你可以採取多種形式要求客戶。不過想讓要求進展奏效，首先，你必須總是從對潛在客戶有價值的觀點，向潛在客戶提出要求；其次，使用能夠引起潛在客戶共鳴的語言。

以下是各種情境的一些範例：

- 我們應該安排一次電話討論，為啟動會議做規劃嗎？
- 我跟團隊一起制定 3 個選項，確定該怎麼運作，您覺得如何？我們發現客戶看到 3 個廣泛選項時，很快就知道後續該怎麼做。
- 您有機會審核這項提案了嗎？我們必須在週五前取得您的同意，才能以優惠價預訂航班。
- 接下來我們應該一起做什麼？

這種做法就是細分整個流程，一次處理好一個部分，而每個進展都是一次勝利。透過積極主動地要求，你正在加速整個流程的運行。

我們的客戶從他們的客戶那裡聽到的最重要事情之一就是，客戶渴望他們**積極主動**。當你正確地要求進展時，不但對你有幫助，也對客戶有幫助。

購買流程的最後階段是取得同意。正如你所見，當你養成在流程中的每個步驟都要求進展的習慣時，這個曾經迫在眉睫的阻礙突然就像另一個要求那樣容易，跟其他要求並無不同。

訂價 7 大原則

談到在完成交易流程中會遇到的異議時，價格往往是第一大阻礙。畢竟，**在商言商**。

在我們談論金錢前，先說說「談論金錢」這件事。大多數人都避免這個話題。也許他們被教導，討論金錢是不禮貌的。也許在內心深處，他們擔心自己不值得開出的價碼。也許他們在過去談論金錢時，有過不好的經歷。如果你就是這樣，那就克服這種習慣吧，馬上克服。因為討論金錢是任何健全客戶關係的一部分。

麥克‧達菲（Mike Duffy）是與客戶談論金錢的頂尖專家之一。他是全球頂尖律師事務所之一「凱思律師事務所」（King & Spalding）的訂價主管。律師事務所成功的主要措施之一就是持續獲利。凱思律師事務所在過去 10 年獲利大幅成長，突破 2015 年

10億美元的營收門檻。達菲的對內指導和對外跟客戶討論，就是獲得這項成功的重要關鍵。他還是安永（EY）這間全球最大會計師事務所之一的長期合夥人。在頂尖會計師事務所和律師事務所任職的20多年來，他一直教導合夥人如何跟客戶談論金錢。

「許多專業人士都是他們客戶的絕佳代言人，卻不是自己或所屬公司的絕佳代言人。」麥克告訴我。「忽視或拖延討論金錢，會損害買賣雙方的關係。聰明的專業人士會將費用談判跟其所能提供的價值貫穿討論，而其中通常是從價值開始談起。這些對話對於買賣雙方的關係**極為重要**，如果做得好，可以加深和加強雙方的關係，而且彼此都能獲得最有利的結果。」

麥克補充說：「在交易沒有談成時，我經常向客戶請教我們提案失敗的原因。在公司內部，我們很容易把失敗歸咎於價格因素。但根據我的經驗，我們沒有談成交易，有95％的情況跟價格無關。你該做的是專注於你的價值，以及撇開價格不談，客戶為什麼應該雇用你。但你也要儘早提出訂價，並經常提到訂價。讓潛在客戶可以輕易發現，你開的價碼物有所值，跟你一起工作很輕鬆，雇用你也很容易。你的競爭對手可能避免談論金錢。但如果你可以跟潛在客戶自在地談論金錢，那麼你就具備一個極大的優勢，而這也是讓你創造差異化的重要因素。」

更常見的情況是，價格異議跟金額多寡較無關，而跟心理因素比較有關，也就是雙方談論金錢的**方式**。最後，潛在客戶希望對他們付出的代價感到滿意。他們希望那是「對」的金額。

邁阿密大學（Miami University）的瑪莉亞・庫隆尼（Maria

Cronley）與羅徹斯特大學（University of Rochester）和辛辛那提大學（University of Cincinnati）的 4 位研究人員合作。他們發現人們嚴重依賴價格作為品質的預測指標，**而且**這種關係強烈影響購買決策。根據這項研究，價格很重要。而且對於複雜的採購而言，當這項採購對客戶來說很重要，而且又有時間因素牽涉其中時，價格就更重要。這 3 個要素的重要性愈高時，訂價就愈重要。

聽起來像是你的情況嗎？

以下 7 種訂價原則，將幫助你制定出對你和客戶都適當的價格。

擁抱訂價，不要自行調價

業務高手不會在訂價討論中退縮。他們就只是視金錢為執行工作範疇及所需團隊水準的量化指標。訂價代表客戶對他們從該項工作所獲價值的看法。

為什麼訂價很重要？你的目標是，讓有關金錢的談話像購買流程的其他部分一樣簡單輕鬆又愉快。請擺脫對討論金錢事宜的恐懼與沉悶，並記得在討論金錢事宜時，開一些玩笑，保持輕鬆的語氣。研究顯示，用開玩笑的方式開啟財務對話時，人們甚至會減少討價還價的情況。想想看，這樣做對客戶也幫助，他們也可能害怕討論金錢事宜。如果你輕鬆甚至**有趣**地談論錢，他們就會跟隨你的引導。記住：這只是提供服務和建立關係的另一個漸進步驟。

你什麼時候該提出訂價呢？你要在提案初期就提出訂價，而且要經常提到訂價。如有必要，請從大範圍的訂價開始說起，這樣你

就不會框限住自己。如果對方覺得你的訂價太貴了，**好極了！**儘早發現並將潛在客戶推薦給收費更便宜的同業。這樣你就為自己和客戶，節省大量時間和精力。如果你的訂價符合客戶的條件，**好極了！**當你對客戶有更多的了解，就要調整你的訂價。最糟糕的情況只發生在你把訂價拖延到最後才提出來，雙方浪費大量時間，結果每個人都感到挫敗。

抗拒自行調價的衝動，也不要猜測你的訂價。我在培訓某家全球諮詢公司的主管時，就看到企業自行調價的真實案例。在中場休息時，其中一位高階主管喊道：「大家注意！我剛接到公司一位顧問寄來的電子郵件，內容說到，『我認為我們應該將這個專案的價格從 75,000 美元調降到 49,000 美元，但專案工作內容不變，因為對方**不可能**支付 75,000 美元。』他補充說，『我**保證**，我們還沒有詢問客戶是否可以支付 75,000 美元。我們這樣是在自行調價！』」

（然後他開玩笑地問我，以自行調價為主題開培訓班是否有市場需求。他認為這方面他們非常擅長，可以教教別人。）

從潛在客戶著手，便能避免這種情況。如果你的訂價高於同業，就要早一點讓潛在客戶知道「有時我們的價格會比其他人高一些，但我們值得這種價碼」，這樣潛在客戶就會大略了解你的收費標準。這樣做讓人們產生一種認知：你的費用較高，是跟你提供的價值有關。然後使用這樣的措詞：「您打算花多少錢？」但不要問他們有多少預算。預算編列過程充滿痛苦，沒有理由在交談時提到這種事情。此外，對方可能還沒有預算，或是可能獲得更多預算。從對方正在尋找的東西開始著手。如有必要，後續等到適當情況再

討論預算。

如果客戶回答的金額高出你的預期，請告訴他們，跟你合作可能不用花那麼多錢。他們會很高興的。當然，如果他們感興趣的話，你也可以提供額外的服務來補足差額，甚至可以再附加更多的價值。如果客戶的答案低於你的預期，請解釋他們提出的金額，能獲得何種服務。在提出數字前，先具體說明會造成的影響。

以價值為錨點

以下是一個簡單的定錨示範。請你選擇一個數字，任何數字都可以，譬如：5、6 或 7。選好了嗎？太好了！

我在幾百個團體中進行過這種示範。幾乎每次當我問某人他們選擇什麼數字時，答案不是 6 就是 7，偶爾有人選擇 8。但很少有人選擇的數字超過 10。沒有人回答 1,569,234 這麼長的數字。儘管這是完全開放式的指令，可以選擇宇宙中的任何數字，但 99％的數據集中在我提到的數字上。這就是定錨的力量。一旦一個數字出現在人們的腦海中，他們後續想到的每個數字都將與那個錨點有關。

定錨有科學依據。它是最強大的行為科學原則之一，能影響從決策到談判的思維過程。

那麼對於潛在客戶來說，可以定錨的最有用數字是什麼？答案是，你所提供服務的**價值**。比方說，我們可以透過詢問潛在客戶，我們的工作能為他們帶來什麼重大影響，讓他們自己提出假設。以我的業務來說，如果我們培訓人員並為身價 10 億美元的公司增加

1%的營收，那就是 1,000 萬美元的價值。相較之下，我們的收費似乎並不高。那麼，你如何量化你的價值？

如果你計算過你的工作每年可以為客戶節省 50 萬美元，那就以這個數字為錨點。每次討論訂價時，就要提出這個錨點當參考：

- 你只需要花 X，就能節省 50 萬美元。
- 未來 5 年內，你的投資就可以回收 X 倍。
- 你省下的錢是你第一年花費的 X 倍。

不要依賴潛在客戶來計算你的價值。有些潛在客戶會這樣做，但大多數潛在客戶都不會這樣做。他們會直接比較你的訂價跟其他選項，因為這樣很容易。如果你沒有給潛在客戶一個相關的數字來定錨，他們可能會用任何東西做判斷，不管那種比較有多麼糟糕。在一開始就為服務本身的價值建立錨點。無論你的一項分析收取 5 萬美元（幫潛在客戶第一年節省金額的 1%），還是進行完整專案收取 50 萬美元（相較於第一年花費，潛在客戶將省下 10 倍多的錢），只要你提出數字，潛在客戶就有明確的判斷依據。一旦你建立一個邏輯價值錨，你的費用就會突然變得更加合理。

另外，請避免折扣。如果你在談判期間調降費用，就表示你一開始提出的價格是隨便報價，這樣潛在客戶會想知道，在價格上還有多少議價空間。這就是為什麼我強烈鼓勵針對所有客戶制定標準訂價。我們在幾年前就改用這種訂價模型，雖然一開始很難，但自從做了這種轉變以來，效果一直很棒。接受我們建議採納這種做法

的客戶，也覺得這種做法很棒。

值得了解的是，根據瑪麗亞‧梅森（Malia Mason）和她在哥倫比亞大學的研究小組所進行的研究，具體明確的價格比四捨五入後的價格更不會讓對方討價還價。以服務來說，人們往往會計算他們的價格，**然後將價格四捨五入為整數**。諷刺的是，四捨五入後的數字似乎很籠統，於是潛在客戶就會更努力殺價。因此，堅持使用更準確的原始數字，客戶就比較不會討價還價。

提供高價值的高價策略

因為要估計尚未體驗之物的價值是相當困難的事，所以大腦會用捷思法走捷徑，告訴自己貴一點的東西比較有價值。因為我們的大腦發現，這種說法往往是真的，所以我們將這種說法當成起始點。

比方說，你和你的未婚妻一起去買婚戒。其中一只鑽戒 3,500 美元，另一只鑽戒 7,000 美元。

現在，在你做任何研究前，你認為哪一只鑽戒品質更好？請說實話。這是每個人的起始點。

我們喜歡認為自己是完全理性的消費者，但在壓力下大量購買時，直覺就會扮演相當重要的角色。

服務甚至比產品更難衡量，產品可能有已經備妥的詳細規格。大多數人會說，服務的價格取決於提供者的背景、經驗、資格、訓練、重大的成功與失敗、和客戶的關係、推薦者、之前是否合作過，以及其他各種因素。這些因素主要是無形資產。無論你指出什

麼，服務的價格仍然是一個非常精心設計之物。雖然鑽石戒指的價格至少在某種程度上，取決於鑽石和黃金的價格，但服務的價格主要是一項發明。那麼，如何比較兩種服務？比較兩種服務，比衡量兩個簡單的產品還難。所以，買家需要一個具體的數據點，也就是價格。

這並不表示客戶想付更多錢，或者他們總是願意付更多錢。但毫無疑問，更高的價格會產生更大的價值感。如果顧問 A 每小時收費 675 美元，而顧問 B 每小時收費 200 美元，那麼潛在客戶會假設 A 有更多經驗、知識、技能等。光是價格差異本身就會對潛在客戶傳達出，顧問 A 能提供更多價值。就算潛在客戶最後決定選擇顧問 B，但對於價格更高的供應商可能提供的內容總會有一些好奇。

當然，更便宜的服務可能好很多，但需要有其他證據來克服偏見。

這只是訂價既混亂又主觀的層面之一，所以訂價始終讓業務型專家和潛在客戶都很頭痛。

記住這一點：你在第 3 章中學到的定位是關鍵。如果客戶打從心裡認為你是獨一無二的，那麼你就可以開高價。如果客戶認為你跟其他商品一樣毫無特色，那麼你就是處於殺價競爭中。

讓每件事都有代價

跟客戶共同建立一切時，價格應該反映每一個重要的價值變化。請記住：金錢只是量化工作範圍、團隊和客戶對你所提供價值

的看法。如果工作範圍改變，價格就**必須**改變。否則，最後就會降低客戶對你的認知價值，甚至會破壞你跟客戶之間的關係。

假設客戶打電話來說：「吉姆，我喜歡我們一直討論的專案。但你的價格比另一家高出 7％。你可以降價 7％，做同樣的工作嗎？」你默許並掛斷電話，認為你這樣做取悅了客戶。有嗎？客戶掛斷電話後開始盤算，「吉姆本來還打算多收 7％的費用！也許我應該要求他降價 10％才對！」

當客戶要求你給予折扣，而你沒有要求客戶回報時，你會為自己製造更多問題。客戶已經知道後續如何要求更多，試探你的最低價格是多少。而**你正在訓練他們下次要求折扣**，這樣做一點也不好。

價格調整只應該作為回報。比方說，在數量增加、更迅速付款或專案期間更長時，才可以調降訂價。即使為了贏得客戶及發展客戶關係，你不得不提供折扣，但你可以要求客戶提供無形資產（見下列範例）作為交換條件。以下是就是這類做法的一些範例：

- 跟領導階層、其他業務部門，或特定個人、行業團體安排初次拜訪會議。
- 草擬共同新聞稿。
- 同意由客戶在你的網站或 LinkedIn 上提供推薦。

你可以要求客戶提供有形或無形的讓步，以換取客戶要求的折扣，改變整個對話內容。比方說：

「吉姆，我喜歡我們一直討論的專案。但你的價格比另一家高出 7％。你可以降價 7％，做同樣的工作嗎？」

「菲爾，我也很想做這個專案，但我們現在很忙，而且如果你要我調降價格，我就必須選用不那麼了解你這一行的不同團隊進行同樣的工作，這樣品質難免會受到影響。我們確實預料到，你可能會要求折扣。如果我們願意調降 3％ 的價格，換取以下兩個條件，你覺得如何？首先，由你的團隊處理 2a 步驟以簡化流程，節省一些時間。其次，如果專案進展如預期順利，請帶我跟貴公司財務長共進午餐慶祝一番。我們跟她見面是有價值的，因為她可能會把非常適合我們去做的其他業務，介紹給我們。當然，我們會讓你像個大英雄似的。你覺得這筆交易如何？對你來說很容易，對我們很有價值，而且還能為你省下 3％ 的費用。」

這次對話截然不同。當菲爾同意並掛斷電話時，他會覺得自己正在跟一個非常棒又非常忙碌的人一起工作，而且他已經完成一項對每個人都很有利的交易。每件事都是有代價的。當每件事都是有代價時，一切才會有意義。

共同建立一切尋求雙贏

跟客戶合作時，尋求對雙方都有利的交易。最好的交易是你可以很輕鬆地提供，但對客戶卻有龐大價值的交易。

因此，請持續提問，也不斷檢查你的交易是否讓客戶產生共鳴。如果某件事情隨著目標、流程或團隊發生變化，請適當調整訂價，明確標記並確定你因為 Y 改變而更改 X 價格。我們發現標記

交易有助於讓對方清楚看到正在發生的變化。

這個原則的關鍵是**心態**。但不要走向人質談判專家那種心態，相反地，要以積極主動、樂於助人的問題解決者自居。你要表現出在獲得客戶同意後，一起工作時的那種心態。

此外，讓彼此能自在討論金錢話題。

買更多的搭售策略

「買更多」應該永遠是客戶明智的選擇。以保險來說，跟著壽險、汽車險和產險購買附加險，保費就會更便宜。如果搭售網路、電視和網路電話，寬頻費用就更便宜。只是**購買更多同樣的東西**，也符合這種心理捷徑。比方說，多盒大包裝的 Cheerios 早餐麥片，每盒平均單價就比每盒零售單價要便宜一些。而好市多便是透過大量採購制定完整的商業模式，「你看！我買這包牙刷有 50 支，省很多錢！」更大量的購買可以節省每件物品的平均費用。這樣才有意義。

搭售服務可以幫助你增加交易規模。其中一個做法是，提供好、更好、最好這 3 種選擇。這可以向潛在客戶說明，投資更多能獲得怎樣的價值。這樣做對你有幫助（減少需要管理的購買流程），也對客戶有幫助（取得更好的交易）。這是雙贏局面，而且，你能主動地提供協助。

對最後一件事做出有價值的讓步

最後是關於談判結束時總會出現的「最後一件事」。但首先，

你要提前決定該如何回應客戶最後提出的請求，而不是在當下交談熱絡之際，為了完成交易而讓步，失去可以要求客戶交換條件的大好機會。這種難以理解的現象相當常見，值得制定原則來避免它發生。

你該堅守的交易原則是，**絕對**不該在在價格上做最後讓步、絕對不在最後一刻打折。如果你在最後一刻降價了，這是讓對方質疑是否還有講價空間的最壞訊息。相反地，想想你是否可以做出另一個有價值、但非價格上的讓步，可以在交易結束時給潛在客戶獲得一個滿意的小勝利。事先準備好，當你聽到「最後一件事」這句神奇話語時，就知道怎麼做。

所謂有價值的讓步可能是工作地點異動、加速完成計畫、增加專案查核的次數，或對潛在客戶有價值的任何其他修改。如果客戶**真的**要求降價，考慮你可以向他們提出的最後一個小請求，以簡化事情。但要再次強調，每件事都必須有代價。即使在最後一刻，也沒有免費贈品。

準備好處理「最後一件事」。克服好這個心理障礙，就能完成交易並讓雙方都愉快地為專案揭開序幕。此外，這個障礙有助於避免買家懊悔，並讓新客戶感到放心，知道自己以對的價格挑選對的選項。

現在，你了解如何與客戶共同建立一切，並在你要求預付款時順利解決異議，同時也準備好以雙方都樂於同意的價格完成交易。哇！這句話涵蓋整章的內容。重點是，如果你做好本章介紹的大小

事項，你就很容易獲得客戶的同意。用對的方式去做，**客戶**就會要求你把合約寄給他們。

如果你在獲得客戶同意方面遇到困難，那就表示你的進度超前客戶。回到客戶身邊，看看你究竟處於哪個階段，然後從該階段著手。對於業務型專家來說，無論是任何交易都沒有比經營關係來得重要。跟任何訂價選項或定位聲明相比，充分發展客戶關係，長久下來將帶來更多的價值。在下一章中，我們將學習如何將每個新客戶變成狂熱粉絲。

9 | 打造長久客戶關係的 策略規劃

　　現在，是時候放大檢視為客戶互動所做的規劃了。基本上，成功與否取決於兩方面，分別是個別客戶會議，以及目標客戶規劃。而短期規劃和長期規劃則各以下週和明年作為目標。上述兩個框架是行動發生之處，也將塑造你的未來。

　　首先要談論的是會議。人們在會議中做出決定，而會議也會激發動力。雖然電子郵件和語音郵件有其作用，但當人們實際交談時，重大決定就由此產生。通常，人們在實際交談時能取得重大進展。

　　你如何規劃這些客戶會議，決定你在這些會議中的表現。就像比賽場上的運動員，你照著練習方式上場表現。但如果你事前沒有準備，就無法得到預期結果。我會說明如何準備客戶會議，讓客戶願意參與並投注心力，同時決定出後續具體步驟。

　　其次要談論的是客戶規劃。良好的業務開發習慣將全面改善你的成效，但最後你的成功是建立在客戶和與客戶的關係上，而且一

次跟一個客戶打好關係即可，不必要求多。儘管客戶規劃和會議準備一樣重要，但卻經常被忽視。

客戶規劃很難。「客戶關係」可能包含你團隊中多人與客戶組織中多人之間的許多交叉聯繫。無論這個關係看起來如何，客戶端和供應商之間的聯繫只有奏效與否之分，因此彼此的關係不是萎縮，就是有進展。那麼你如何確保每段客戶關係都充分發揮潛力？

障礙很重要。還記得定錨有多強大嗎？客戶會以過去跟你的購買體驗為錨點，而不是以他們日後雇用你做的事為錨點。與此同時，你和你的團隊卻傾向於假設客戶會在需要時打電話給你（你們可能是使用心靈感應來了解他們應該打電話給你的原因）。「我們做得很好，所以手機會響。」這種想法有時可能是對的，但卻不像你想的那樣可以跟客戶迅速發展關係。

許多專業人士讓每段客戶關係像在樹林裡迷了路，沒有指南針，進展很緩慢。要解決上述狀況，客戶規劃就是你需要的地圖。它可以精確定位你目前的位置和你尋找的目的地，並指出從此處到目的地的路徑。

6 步驟規劃成效顯著的會議

我花幾年時間指導兩個女兒的壘球隊「紅辣椒」。我們玩得很開心，雖然我們未必贏得聯盟冠軍，但我們一直在進步。

起初，我不在意小事而重視防守，也就是接滾地球封殺對手這種事。對於剛學習比賽的小孩來說，球的速度並不是很快，而且球

技不優的外野手接到球的機率還高達 80%。她們可以併攏雙腳、站直、慢慢彎腰，攔截以蝸牛般速度向她們腿部滾去的球。在練習時，我會考慮糾正這個問題。然後我想，**嘿，她們只是在學習**，所以我就先不糾正。（問題是另外 20% 的時間，球出現奇怪的反彈或方向突然低於預期。如果女孩們當時沒有處於適當的運動位置，就會漏接。）

在我剛當教練的第一場真正比賽中，情況出現不利的發展。最後一局，我們領先 1 分，由我們防守，但呈現滿壘局面。只要再 1 人出局，我們就能贏得勝利。對手球隊打出二壘方向、速度很慢的滾地球。我心想，太好了，出局。然後，我們的二壘手展現平日練習辛苦養成的糟糕姿勢，隨意彎下腰來。球稍微跳起來，竭盡所有能量晃動，該死！結果球滾到二壘手右邊幾英寸處，難以再滾動幾英尺。對手球隊的兩位球員跑回本壘得分。我們輸了。輸贏對我來說無關緊要，但對女孩們卻很重要。她們感到沮喪，尤其是可憐的二壘手。這不是她的錯，這是我的錯。

我們照著練習的方式上場比賽。

這次比賽後，事情發生變化。我專注於教導她們適當的基礎知識。從接球、投球、擊球，我為每個我想要的技能都設計一個模式。我想出一些好記的措詞，幫助孩子們記住正確擊球的重點，譬如：瞄準、上膛、擊出！我們甚至讓女孩們互相批評彼此的防守姿勢，並記錄個人正確姿勢與不正確姿勢的次數。我們用各種技能製作一個遊戲，並在練習中讓大家輪流攻守。我最喜歡我們每年的戶外活動日，我們會評量每個女孩的各項基本技能並加以評分，得分

最高者獲得獎勵。女孩們無法掌控自己的體型大小或體力強弱，但她們可以掌控自己對基本技能的練習。

這種注意小細節的方法奏效了。我們不僅持續大幅進步，女孩們也玩得盡興。有些女孩現在上大學了，當我看到她們時，她們還會背誦我們當時的隊呼：「我們是辣椒！我們是辣椒！我們是辣椒！我們辣！辣！辣！」

談到客戶會議，你就要照著平日的練習去做。許多學員告訴我，他們根本沒有準備，只是跟同事在計程車上臨時想一些法子。當我們的客戶說，他們在接受我們培訓前，確實花時間規劃客戶會議，卻在會議進行時，不知不覺地說個不停。這表示他們花上好幾個小時，製作一個跟上次類似會議雷同的簡報。然後他們用剩餘時間練習要說的話，低聲敘述一個又一個無聊的圖表。「實施這種新方法後，這是第四季度的結果……」

還記得嗎，我們要為客戶提供像過生日般美好的體驗。你上次要求某人，為你的生日做一場30張投影片簡報是什麼時候？

相反地，我們應該設計一個充滿活力的互動會議，這個會議可以推動讓每個人都興奮無比的有意義目標。由於我們會照著練習時的做法去做，因此我們就來練習一下，我們希望會議以何種方式進行，並明確定義目標、互動，並為任何事情做好準備。

以下是規劃能創造明確方向、產生顯著成效的客戶會議的6個步驟：

目標。寫下這次會議要達成的一個目標。會議可能有十幾個目標，但業務開發會議應該只有一個目標。比方說，以這個客戶關係

來說，下一個合理步驟為何？牢記這個目標能賦予你開動態會議的應變能力。當你總是小心翼翼地將談話內容轉向目標時，整個對話就會自然地進展。舉例來說，會議要達成的目標可能是讓潛在客戶興奮地跟他們的主管，推銷我們一起設計的給予就會有收獲構想。

架構。架構是你在開始時向客戶解釋會議目標的方式，好讓他們明白可以得到什麼利益。你可曾在會議中，納悶自己為什麼在那裡，或參加會議的目的為何？很抓狂，不是嗎？你甚至無法專注於所說的內容，因為你正忙著解開這個謎團，想著「我為什麼在這裡？我們想要完成什麼？」專業人士在交付會議中，很少犯這個錯誤，但這種情況卻經常發生在業務開發會議中。所以，請從一開始就獲得潛在客戶的支持。如果他們知道每個人都想要完成什麼，他們會幫助你實現目標。因為你們是試圖完成某件事情的**團隊**，即使在業務開發上也是如此。沒有人想在毫無生產力的會議上浪費時間。如果潛在客戶從一開始就支持你的架構，**太棒了**！如果他們想要調整你的架構，**太棒了**！不管怎樣，你都需要明確的方向。如果你的目標是讓客戶同意給予就會有收獲提案，你的架構可能是：「我認為，我們今天要討論彼此建立關係的方式。我們的團隊設計出 3 場為期兩小時的研討會，而我們能免費主持這些研討會。我們真的很期待這樣做。但我認為這些想法最多只有 60％ 是正確的，我們需要聽聽你的意見。在前 20 分鐘，我們想要向你提供 3 個概念，並徵求你的看法。在最後 10 分鐘，我們可以請教你對下一個步驟有何高見。然後，我們安排下一次電話聯繫，計畫一下研討會的地點、時間和應該與會的人員。你覺得如何？」

變動。相較於交付會議，業務開發會議的時程變動更大。有時，這類會議會被縮短：「對不起，我遲到 15 分鐘。我還必須提前 5 分鐘離開，要接聽一個重要電話。我們可以在 10 分鐘內討論什麼？」有時，這類會議會持續很久：「這真的很有趣。可以讓我邀請傑夫和克雷格一起來討論嗎？」開會前先設想一下，如果時間縮短一半或增加 1 倍，你會做什麼。這種方法既簡單又有效，能讓你因應任何時間變動。此外，如果與會人員有變動，會怎麼樣？好好想想你將如何處理。當客戶丟給你一個變化球時，查理大叔，你可要做好準備。

　　問題。你會照著練習時的做法去做。如果你練習唱獨角戲，你在會議上就會自說自話，而客戶也會在中場休息前聽到睡著。相反地，你要練習提出很多問題、複習影響力模型，並思考一些完美的問題，這些問題會讓你更加清楚客戶的需求，也使你展現個人經驗與專業知識。記住：要讓客戶獲得愉快的體驗！另外，想想客戶可能問你哪些問題，這時先前學到的解決異議清單就能派上用場。同時，準備好應付客戶可能提出的任何問題，並思考你能反問客戶什麼問題，從客戶可能提出的任何事情中，發現客戶究竟在反對什麼。若要為動態互動討論做好準備，請練習提出自己要問的問題，也練習回應客戶可能提出的問題。

　　個人化。逐一檢視 4 個思考偏好並詢問：我如何在會議中運用這個象限的語言？將這個步驟作為稽核，審查你所準備的方法。你有沒有提出新的想法和策略？你的分析、故事、流程和後續步驟呢？你可以提出什麼事情，展現或建立更多的共通性？仔細想想與

會者是誰，以及你認為他們的思考偏好。強調與會者的思考偏好，同時確保你將 4 個思考偏好都列入考量。

接下來，想方設法增加個人化。你跟客戶有共同的朋友可以提及嗎？有任何有趣的故事可以提出來嗎？請盡你所能，讓你的業務會議愉快又有趣。科學顯示，我們不僅喜歡歡樂的會議氣氛，而且我們實際上也在這類會議上**完成更多**事項。

議程和資料。可悲的是，大多數人從這個步驟**開始**做起，他們想潤飾出一份精美的簡報。其實在許多情況下，你甚至不需要這樣的簡報，像我們就會不惜一切代價避免浪費時間在製作簡報上。因此，你該做的是，想想要達成目標，真正需要哪些資料？一旦你仔細考慮前面的步驟，這個步驟該怎麼做就會變得清晰。

在我們提供的工作表中，客戶最常使用的工作表可能是**動態會議準備**（Dynamic Meeting Prep）工作表。趕快去下載表格。由於人們經常舉行會議，而有效的會議便能創造有效益的動能。因此明智地規劃會議，就一定能從中獲得進展。

加強關係並拓展業務的策略運用

推動會議成功的原則也適用於培養長期客戶，但其中有一個差別。當然，設定目標很重要，不過實現目標所需的執行層面更複雜。比方說，業務開發會議的時間範圍可能是 30 分鐘或 1 小時，但客戶規劃的時間範圍則是 1 年或更久的時間。所以，客戶規劃需要更多的前期規劃作業和更詳細的執行計畫。而且，客戶規劃的內

容不是單一會議，而是整個關係。

從實務面來看，你可能跟客戶公司較低職級的人士接洽，但你真正想認識的是高兩個職級的主管；客戶可能跟你的組織購買某些商品，但並沒有以最佳方式使用你的服務；你可能只為客戶的一個業務部門提供服務，但其他部門也可能因為你的服務而得到幫助。那麼你如何加強跟客戶端認識者的關係，並擴展業務到新的領域？

這時，客戶規劃就能派上用場。對於重大商機來說，在新客戶第一次付費參與那一刻，你就該為新客戶制定長期計畫，這一點至關重要。這樣做清楚地表明該客戶的潛在終生價值，也釐清後續跟工作順序有關的所有決策，讓你可以明智地投入時間。

或者，對於完全符合你的定位標準的現有客戶，每年進行一次高層級策略分析。這種客戶計畫可以讓你了解要加速客戶關係的發展，你必須做什麼，最重要的是，你不能做什麼。然後，你可以深入探討日常工作中的細節，讓你的待辦事項跟業務開發策略相呼應。

如果你是個人工作者，這一點就很重要，因為這樣做可以幫助你脫離困境。如果你隸屬於大型團隊，那這一點就更加重要，因為完成這個流程將讓整個團隊行動一致，幫助每個人了解整體成長策略，以及自己在團隊中扮演的角色。

從客戶端來看，我們會面臨先前討論過的定錨效應。一旦客戶雇用你提供特定服務，他們往往就認為你只提供那項服務。

從身為服務提供者的我們來看，則要面臨兩個偏見。加州大學戴維斯分校和柏克萊分校的研究人員理查德·羅賓斯（Richard

Robins）和珍妮佛・比爾（Jennifer Beer）的一項研究發現，人類往往高估自己的生活現況，美化實際狀況。這是我們要面臨的第一種偏見。在我的工作中，我跟客戶一起進行客戶規劃時，發現客戶也成為這種觀點的犧牲品。但我認為第二種偏見更為強大，也就是「我們已經為某個客戶做了……這很棒。為什麼要沒事找事想獲得更多？」如同我們多次提及，業務型專家傾向於做好工作，而不是擴展業務。

而從客戶端來看，由於客戶也忙於自己的工作，只想得到過去雇用我們做了什麼。從我們這方面來說，我們一直想著事態進展很好，就照著以往的工作模式繼續做下去。這就是為何適切的客戶規劃如此重要的原因。沒有它，事情就會嚴重偏向維持現況。

現況

運用**客戶規劃**（Client Planning）工作表，分析及評估現況。所有評估程序都能在這張工作表上完成，所以先下載這個工作表，或是用一張紙畫出 4 個象限。現在，依據 4 種思考方式，誠實評估客戶關係。使用 282 頁圖 9-1 的範例問題，在每個象限中作答。

A. 分析型	D. 實驗型
• 去年我們跟這個客戶的交易金額是多少？ • 我們拿到多少利潤？	• 目前這個客戶正在設法解決什麼重大而且需要我們協助的問題？ • 客戶對我們的品牌有何看法？我們以什麼聞名？
B. 實際型	**C. 關係型**
• 外部：在客戶端，我們的流程效率如何？例如：我們在「創造需求並讓客戶更願意雇用我們方面」做得如何？） • 內部：我們在「內部像團隊般一起工作、分享資訊，並且共同擬定、執行及評估業務開發策略」方面做得如何？	• 在客戶端，由哪些高階主管決定是否跟我們購買？ • 依據培養狂熱粉絲的 7 個階段，這些高階主管分別位於哪個階段？

依據赫曼全球公司的全腦®思考模型　©2018 HERRMANN GLOBAL LLC

　　儘管我們先前討論過，要抗拒維持現況的偏見，但如果你身處於團隊中，自然會認為一直做得很好的事情，不會有什麼大問題。而且我看到無數團體避免談論問題，因為這可能表示對房間裡某位人士太過嚴厲。所以，當你回答這些問題時，切記要對自己說實話。

　　你可以慶祝自己獲得的成功，並從成功的經驗中學習。如果你完善處理了跟某個客戶的溝通問題，就稱讚自己一下。更重要的是，檢視為了實現這個目標而採取的措施。同樣地，要誠實看待你的缺點。也許你需要找對影響力人士，並加強跟他們的關係。也許

你沒有跟客戶公司具有最大購買潛力的部門合作。也許你們的關係陷入困境，導致客戶無法向你大量採購。不管是什麼問題阻礙業務成長，你都必須大聲說出問題。

花些時間徹底完成這項練習。

你是跟團隊一起進行這項練習嗎？我們發現完成這項練習的最快方法是，找一個人先填好客戶規劃工作表中的現況評估，並傳送給所有人。讓每個人都同意看看這張表，然後一起開會討論內容應該如何更動。這項練習的重點是制定未來計畫，而不僅僅是反省過去。當團隊聚在一起時，設定計時器來限制爭辯現況的時間。基本上，20 分鐘就夠多了。我們發現如果不限制時間，團隊會很自在地討論過去狀況而耽擱太多時間。切記，你每花 1 分鐘談論過去，就少 1 分鐘關注未來。

未來願景

現在再叫出客戶規劃工作表檔案，或在另一張空白紙上畫出 4 個象限。你希望在 1 年內跟該客戶發展到怎樣的階段？請從機會和關係的角度思考這個問題。另外，以主題來看，客戶組織內部有哪裡需要幫助？哪裡有預算？誰是最強大的決策者？你的內部流程和外部流程必須具備怎樣的條件？

這樣做旨在定下目標，讓你可以朝目的地前進，不要擔心還有哪些方面更重要。開始做，才是重點。以下這些問題，可以讓你邁出腳步、著手進行。

【圖 9-2】 未來願景

A. 分析型	D. 實驗型
依據已排定的專案和預期成長領域，我們明年能從這個客戶獲得多少營收成長？我們希望明年拿到多少利潤？ **考慮追蹤的指標（範例）** • 給予就會有收獲提案產生小專案的百分比。 • 小專案的金額。 • 給予就會有收獲提案的數目。 • 我們召開的策略會議促進客戶參與的次數。 • 投資金額相對於已實現收入的百分比。 • 從客戶參與而獲得的平均客戶投資報酬率。	客戶未來會把最多預算分配到我們的哪些服務？ 我們想要客戶知道我們的品牌以什麼聞名？ **考慮追蹤的指標（範例）** • 客戶已經在哪些採購領域雇用我們，以及客戶可以在哪些採購領域雇用我們。 • 為其他客戶或產業進行過、但可能對這個客戶有幫助的專案。 • 跟這個客戶的專案，在跟另一個客戶商談時可以善加利用。 • 客戶跟我們針對一起設計的創新解決方案進行共同簡報。
B. 實際型	**C. 關係型**
外部：我們如何讓業務開發流程更有效率，包括創造需求、運用給予就會有收獲提案或小專案、主動解決異議等方式來協助客戶？ 內部：我們如何更善加利用所有內部資源，讓業務在明年得以成長，並對客戶有幫助？ **考慮追蹤的指標（範例）** • 客戶參與促進重複購買的百分比。 • 從初次拜訪會議到實現收入的平均時間。 • 業務開發會議產生專案的百分比。	我們希望跟現況客戶規劃工作表上的關鍵買家，發展怎樣的關係？（例如：以我們團隊的首要名單來說，我們希望首要名單上的每位客戶聯絡人，分別位於培養狂熱粉絲 7 階段的哪個階段？） **考慮追蹤的指標（範例）** • 首要名單上的人數。 • 狂熱粉絲的數目。 • 我們在客戶公司有直接關係的人數。 • 向客戶推薦我們的策略夥伴數目。 • 我們在客戶端認識的領導高層人數。 • 客戶對我們的服務滿意度。 • 會幫我們說好話的推薦人數。

依據赫曼全球公司的全腦 ® 思考模型　©2018 HERRMANN GLOBAL LLC

展望未來時，務必要鎖定客戶組織中會實際投資你的產品或服務的領域，而不僅僅是那些你已經建立關係的領域。

完成本節的練習後，優先考慮最重要的想法並確定未來願景。

策略主題

既然你知道自己跟這個客戶的現況，以及你希望跟這個客戶發展到怎樣的關係，現在你可以為未來 1 年制定 1 到 3 個策略主題。但不要超過 3 個，這樣才可以強迫你集中精力。現在，利用工作表或在一張紙上寫下你的 3 個主題。

這些策略主題的目標應該直接源自於你的現況和未來願景。看看消除哪些差異最有意義？如果你跟客戶公司發生溝通問題，可能危及彼此關係，那麼在未來 1 年解決這個問題，可能是你能否再從這個客戶獲得更多重大專案的決定因素。你的第一個策略目標可能是：「客戶溝通：設計系統以確保在 24 小時內回答客戶的所有問題，而且我們主動依據最新狀況，每週與客戶聯繫。」這將需要一些較小的步驟才能達成，但透過立即確定目標，你可以計畫在未來幾個月內如何妥善處理這個問題。

這只是一個例子。針對每個客戶制定的計畫要由你與這個客戶的現況和未來願景、你可以負擔的積極程度、經費要花在哪裡等因素來決定。發揮創意並強調既重要又有意義的機會，而不僅僅是簡單容易的機會。想想看，你今年如何讓這個客戶關係有最大的進展？

在探討策略主題時，請運用我們在第 3 章學到的定位知識，來簡化你的措詞用語。為你自己或整個團隊設計一個口頭禪，這將使你的策略主題更好記難忘。以下是我從客戶那裡看到的一些例子。

主動、採購和流程（proactive, procurement, and process）。首先，該團隊決定積極主動地提供客戶更多幫助。其次，跟採購部門人士建立關係。再者，建立更好的內部業務開發流程，包括決定哪些人負責哪些客戶關係、他們想要提供哪些給予就會有收獲提案，以及如何改善團隊溝通。

雜草、種子和飼料（weed, seed, and feed）。這個客戶團隊想要逐漸減少一些服務，跟客戶一起邁入新的領域，並繼續發展重要的既有關係。這是整個團隊迅速動起來的最佳方式。

解決、基礎和未來（fix, foundation, and future）。這個外包團隊要處理與履行客戶需求相關的問題。他們決定專注於解決現有問題，修補最重要關係的基礎，並引進新的團隊成員，投注心力展望未來。目前的團隊成員專注於解決問題，而新的團隊成員可以向外擴展，在整個組織中開拓新的關係。

儘管完美主題並不存在，但對未來有一個概略的願景，比完全沒有想法要好得多。因此，對這個流程不用想太多，只要依據你的客戶關係決定需要改變什麼，並專注於可能產生最大影響的 3 件事。隨著時間演變，你將根據實際情況優化你的策略。

90 天戰術

一旦建立策略主題，現在就可以制定 90 天戰術，作為你和你的團隊在最初 3 個月的行動準則。在那段時間裡，你可能無法完全實現目標，但至少你可以建立一些強大的動力。從一開始就採取正確的策略，明年的現況評估就會跟今年大不相同。

制定策略的最簡單方法是使用以下列欄位繪製的簡單表格，或使用下載的客戶規劃工作表。

原因（Why）？ 描述這個行動與策略主題之間的聯繫。

內容（What）？ 描述下一步所需的適當步驟。

日期（When）？ 為這個流程中的下一個適當步驟設定截止日期。

人員（Who）？ 挑選一個人負責制定策略作業。

針對每個策略目標，設計好未來 90 天針對此客戶所採取的行動步驟。同時，請確保你的策略主題至少包含一個行動。

一旦你設計好你能想到的每一個行動，就把這個工作表簡化為在 90 天內可以完成的可行方案。90 天後，你可能發現你完成的事情比你當初想的更多。此時，你可以在下一個 90 天，投注心力於這張表上的其他行動。

比方說，先前提出主動、採購和流程這個策略主題的客戶團隊，可能會列出以下這些初始行動：

原因	內容	日期	人員
主動	擬定客戶關係對應圖,以及我方主導各個關係的人員。	8 月 15 日	約翰
採購	跟採購部門的貝特聯絡,要求開會討論雙方關係。	8 月 14 日	海倫
流程	透過行事曆邀請相關人員參與 90 天客戶規劃執行會議。	8 月 18 日	特納

執行計畫

我們的所有客戶在進行客戶規劃時,幾乎都經歷過以下這一連串的情況:

團隊中有人說,「我們需要見到這個客戶!」大家對此表示贊同,並同意這個客戶關係應該發展得比以往更迅速。

負責這個客戶的 9 名團隊成員坐在一張桌子旁。每個人輪流談論自己對客戶的了解,巧妙地提起自己對客戶的了解程度。你會聽到像「他們需要我們時,會打電話給我們」和「我還沒有聯絡到克里斯,因為這段時間他很忙」這類句子。在團隊決定任何行動前,時間就用完了,只好安排下次會議時間。

進行第二次會議時,由於工作上突然發生「緊急情況」,這次只有 5 位團隊成員可以與會。大家討論的事情跟上次會議一樣。不過確實有推動跟客戶之間的關係。有希望。排定下次會議時間!

到了第三次會議,只有 2 位團隊成員有空與會,他們倆聊起足

球。但之後，後續會議就取消了。

等到兩年後，一切又回到第一個步驟。

這樣說一點也不誇張。若是沒有流程，上述情況就會經常發生。

那麼，你**應該**如何執行你的計畫？基本上，每個業務開發流程都需要協調。如果你是個人工作者，請定期審查每個客戶計畫，最好在你訂定的業務開發時間內做好這項工作。追蹤哪些行動已按計畫進行，哪些行動進度落後。對於每個已完成的行動，找出下一個適當的行動，好讓該特定策略主題有所進展。如果你已經完成一項策略主題，還有剩餘時間和精力，請再檢視你的未來願景，並針對客戶要投入的下一個最重要事項擬定適當戰術。

如果你帶領一個團隊，請設立定期會議審核客戶計畫。在制定90天戰術時，每項行動都有一個負責人，因此利益相關者應該向團隊更新最新進度，慶祝勝利但也委婉公開地報告負面或出乎意料的結果。（下一章將詳細介紹這部分，我們會**深入**探討高績效團隊的運作方式。）

客戶團隊領導人應該收集每位團隊成員的進度資料，更新記分卡，並**在下次會議前**將這些資料傳給每位團隊成員。當你透過電子郵件傳送這類回顧檢視時，就能在面對面會議時有多一點時間展望未來。如有必要，請挑選 1 人來催促每個人按時呈報數據、提供更新並分享資訊。這個人可以是團隊成員，也可以不是團隊成員。通常，這個人必須強烈偏向實際型思考風格，像是喜歡檢視工作表，也愛好推動事態發展。由於他們可以在幕後做到這一點，因此核心

小組可以花時間在展望未來上。

在會議進行時，再次使用計時器。團隊領導者可以徵求大家同意，限定回顧過往的討論時間，畢竟記分卡的數據已經透過電子郵件共享。如果開會時間是 1 小時，那麼只要花 10 分鐘感謝人們的出色工作，並詢問是否有人未能完成分內工作，而需要額外的幫助。

一旦計時器響了，領導者就可以轉變會議為腦力激盪，大家集思廣益想出接下來這段時間該進行的最有價值行動。透過重新制定下一個行動，並對整體計畫達成共識來完成會議。事實上，進步的關鍵就是，用大部分時間展望未來。

在開會時，先快速慶祝一下團隊獲得的勝利，這樣可以營造致勝團隊的心態。接下來，將會議時間用於關注未來，維持動力和興奮程度在高點。當你做這些事情時，人們會保持投入，團隊成員也會持續出席會議。對了，記得給那些說自己無法做到的人，分配一些額外的工作。這樣做會有幫助。

強化客戶關係的必備戰術

業務開發策略跟你身為專家在日常工作中使用的策略是分開的。起初，你可能無法很清楚了解，從現況邁向為未來願景要嘗試的具體事項。當你將各種戰術付諸實踐，觀察各種戰術如何推動你的策略主題持續進展時，你會發現有些戰術比其他戰術更強大。

在這裡，我想跟大家介紹業務開發武器庫中，一些最強大的客

戶成長戰術。無論是哪個行業或服務本質為何，事實證明對於我們培訓的專業人士來說，這些戰術能跟客戶建立起更強大也更深層的關係，而且成效驚人。如果你不確定在發展客戶關係時該從哪裡開始著手，或者你使用的戰術未能實現你期望的進展，請考慮從以下戰術中，挑選一些戰術列入你的客戶計畫。

向客戶請益

加強客戶關係（甚至是任何關係）的最佳方式之一，其實就是尋求協助。正如格蘭特的研究發現所示，**尋求協助**跟實際協助一樣，可以加強自己與對方的關係。這就是為什麼這種請求建議的做法如此強大。

最重要的是，這樣做讓我們開放心胸，而對方提出的建議可能非常有價值。獲得不同的觀點總是很好，而且客戶可以針對你提供的服務和對業務開發所做的努力，跟你分享看法。其他人都無法從這個有利位置觀察你，所以你要仔細聽。

當客戶指點你並提供建議時，他們也會得知更多有關你的業務和目標客戶的資訊。因此，這種做法也能教育客戶，促使客戶提供你更好、更合適的構想，並向你建議他們人脈中有哪些人可能因為你的服務而受惠。

如果你打算運用這種戰術向某個客戶請益，就要認真看待此事。不要只是在為更全面主題進行的冗長視訊會議中，花 5 分鐘要求客戶提供一些快速建議。相反地，你要請求客戶特別撥出一些時間幫助你，而且會議重點僅限於這個主題。這樣做可以提高對話的

重要性。如果你把這個主題放到討論其他主題的會議中，就會讓這個主題顯得不重要，客戶也不會深入討論這個主題。因此，請安排一個只為詢問客戶有關拓展業務建議的會議。你會驚訝地發現，竟然有那麼多客戶願意提供幫助。

向客戶具體簡報你明年打算拓展業務到哪些領域，並解釋你為何向他們請益和尋求支持。當你獲得客戶的建議，尤其是客戶針對潛在新客戶提出建議時，你接下來要做的是針對每個潛在客戶採取行動，也讓提供建議的客戶了解最新狀況。感謝客戶提供建議並根據客戶的建議採取行動，對這項戰術是否奏效至關重要。詢問建議，後續卻不採取行動，情況就會比原先更加糟糕。如果你能正確地向客戶請益，你不但能建立新的關係，同時也能加強舊有關係。

基本上，簡單的投影片或簡短的書面文件就非常有效，而簡報內容如下所示。

現況。跟先前的客戶規劃一樣，這是利用 4 大思考象限，概述你的業務現況。比方說，市場對你有何看法？為什麼你的服務既重要又獨特？你對什麼事情感到不滿意？

競爭環境。其他同業的狀況如何？你的服務如何跟同業比較？總歸一句話：你的服務如何獨樹一格？如果你能用簡單的圖表表達這種差異，那就再好不過。

現行策略。使用 4 個思考象限，簡單定義你正設法採取的行動。比方說，「我們正設法透過『實際步驟』，在『相關目標市場』進行『實驗性的行動』，以取得『分析結果』。」

無用策略。列出你不做和你不適合做的事情。這樣可以讓你更

清楚競爭態勢，也能讓你跟競爭對手有所區別。

本身專長。描述一下你真正擅長做什麼。同樣地，以圖表表示的效果最好。以高度流程導向的做法，解釋你如何以競爭對手無法做到的方式提供服務。

目標。包含你在未來 1 年設法實現的財務結果和分析結果。這是你到目前為止所講述故事的數字版本，方便觀眾中的分析型思考者好好解讀。你的目標可能是某位目標潛在客戶、你嘗試獲得的介紹數量，或者你希望提供多少給予就會有收獲提案。

需求。完成這張投影片以獲得最佳成效。提供包含「我們在什麼地方需要幫助」、「對新關係的好處」等兩欄的表格。如果你需要的幫助是「測試我們新產品的 5 次機會」，那麼對新關係的好處可能是免費提供客戶該項產品。如果你需要的幫助是「在個案研究中展示 3 個客戶成功案例」，那麼客戶得到的好處可能是在個案研究出現之處，提高本身的知名度。

這些投影片清楚表明你的業務現況，請求受到最直接影響的人們針對計畫提出有用的意見，讓客戶對他們目前沒有使用的服務感興趣，並給予忠實客戶和狂熱粉絲更多機會來幫助你。記住：你只要提出要求，這些客戶都想幫忙！

設計好這份文件後，就要安排跟客戶共進午餐或開會討論文件內容，而且至少要撥出 1 小時討論你的策略，並請客戶提出建議。這對雙方來說都很重要，也很有價值。我的一個客戶針對業務開發成長制定年度策略，並拿掉不對外透露的細節，轉換為客戶可以查看的文件。然後，他去找 6 到 7 個忠誠客戶和狂熱粉絲客戶，請對

方享用美味午餐，同時分享計畫並徵詢意見。

他跟我說，他每次在會議開完時都獲得讓業務得以成長的絕佳構想，也得到幾個優質潛在客戶的線索。據他說，他至少會從這類會議獲得一個有價值的介紹，否則他就不會離開現場。

向客戶請益這個戰術的美妙之處在於，你不必要求客戶介紹潛在客戶。透過簡單列出你在未來 1 年要完成的工作，並真誠地向客戶請益，客戶就會主動提供他們的支持。

價值群組與顧問委員會

透過**價值群組**（value group）來提升與客戶之間的關係，是我最喜歡的做法之一。價值群組有點像一次性的論壇（詳見第 6 章），但群組定期碰面。而論壇的主要價值來自其提供精彩內容，同行聚會則為次要價值；價值群組則強調同行聚會，其內容為次要價值。

我們有一個客戶是大型醫療保健業者。他們透過第三方顧問和經紀人進行銷售。他們為鎮上所有主要顧問和經紀人，設立一個地區醫療實務領導者的價值群組。儘管每次聚會邀請的演講嘉賓都很有意思，但對與會者來說，價值群組的主要價值在於能夠與競爭對手交談。在這個行業中，人們經常在大型雇主、醫療保健公司、顧問公司和經紀公司之間轉換角色，所以彼此見面總是有用的。我們這個客戶在設立這個價值群組前，還沒有任何簡單方法讓同行可以定期見面。

這個價值群組每季聚會一次，每次都挑選很棒的餐廳作為聚會

地點。這個價值群組運作良好的原因之一是，該群組只邀請頂尖的區域領導人參加。每次聚會都有人問，他們是否可以派代理人參加，但我們的客戶會拒絕。在價值群組中，一旦你允許人們委派「職級較低的代理人」參加，每個人都群起效尤，群組很快就會失去價值。當然，未必每位成員都能參加每次聚會，但這也沒有關係，但要確保唯有**合適的人**才能參加聚會。

其他例子包括，我們的一位管理顧問客戶，每年舉辦一次航空公司執行長聚會；一家商業經紀公司客戶，每季會聚集其所在城市市值超過 1 億美元企業的財務長；一家糖果糕點廠商邀請熱愛創新產品的零售業買家，每半年聚會一次。

價值群組的好處相當龐大，不僅對客戶有利，對設立價值群組的公司更有利。在價值群組中，客戶可以互相見面並持續討論相關問題。而你也會注意到彼此交談的內容和故事情節，從一次聚會延續到另一次聚會。聚會時，大家會熱絡地握手、擁抱，說著「山姆，我們上次談過那個問題，後來發生什麼事了……」

當然，每次聚會內容都很重要。這是展現你合作夥伴的大好機會。因此，請讓整個聚會有價值，而不是宣傳自己，這樣人們才會繼續參加聚會。當人們這樣做時，你就能提升彼此的關係。另一方面，你可以將價值群組成員鎖定在比日常聯絡人高兩個職級的主管。隨著價值增加，更高職級的客戶將開始出現。雖然你需要花費數小時的前期工作，籌劃一個成功的群組，但所有努力都會得到回報，因為身為籌劃者，你自然是聚會的焦點。當你建立一個對所有相關人士真正有價值的價值群組時，你能馬上獲得這些人的信任。

在讓價值群組運作得當的過程中，你有機會根據你的目標，設計完美的會員資格，包括狂熱粉絲客戶、高價值的潛在客戶、高度相關的影響力人士。有些人一開始先找 3 到 4 個成員聚在一起共進晚餐，有些人則找活動場地，邀請 100 個或更多的與會者。你可以為每位與會者有效地增加龐大價值，並依據每位與會者的時間調整聚會頻率。最重要的是，針對你的定期會議，你可以向合適的與會者發出一次性的邀請，這為你提供一種一桿進洞的戰術，能持續推動任何重要關係，無論是對客戶還是潛在客戶。

這種方法的另一種版本就是建立一個顧問委員會。它結合了向客戶請益和價值群組的要素。顧問委員會是由一群客戶、潛在客戶和影響力人士組成，他們持續針對你的工作方式和接下來該關注的事物，提出自己的看法。你不必是財星 500 大企業，也可以成立顧問委員會。即使是獨資經營者也可以成立這類團體，只要他們能為參與的客戶提供大量價值。

顧問委員會的主要目標是取得意見並強化重要關係，但也可以成為潛在客戶的重要來源。你可以為你的公司、為單一實務領域，甚至為單一產品或服務設立顧問委員會。

如何讓客戶重視你的顧問委員會，讓他們願意在百忙中抽空定期與會？我認識的一家公司為其外包業務設立一個顧問委員會。他們邀請客戶和一些關鍵潛在客戶，每季開會一次。每個人都在下午搭機前來參加當天的盛大晚宴。通常，晚宴會邀請一位高價值的演講嘉賓，針對產業中最感興趣的話題向顧問委員會成員發表演說。隔天上午，顧問委員會將討論事情的進展、當前的趨勢以及未來的

計畫。該公司總會在簡報不同階段提出具體要求，跟向客戶請益時做的事情類似：「我們需要科技產業的 5 個潛在客戶，讓我們針對新的服務進行 beta 測試，而且只有這 5 個潛在客戶會得到我們最優秀團隊的服務和優惠的價格。」早上會議結束後，每位成員都會拿到一個高檔餐盒，方便趕往機場搭機。

利用這種定期會議，顧問委員會的每位成員都有機會了解趨勢和其他有價值的產業資訊，並與委員會的其他成員建立聯繫，同時聽取高價值演講嘉賓的意見。難怪當該公司希望推動客戶關係向前發展時，這種顧問委員會的成員資格讓人夢寐以求，而且一直都很搶手。另外，回想一下席爾迪尼博士關於稀缺誘惑的建議。透過**限制**顧問委員會的席次人數，發揮物以稀為貴的功效。當你知道可能有多少人對參與顧問委員會有興趣時，就選擇比這個人數更低的數字，限制顧問委員會的人數。如此一來，每個人都會因為這種專屬團隊而受惠。

一旦顧問委員會成立了，每次會議都開放一個席次給潛在客戶。這是簡單有效的強化關係方式，也能讓潛在客戶認識你的狂熱粉絲客戶。如果你有大量的客戶，有定期舉行會議的好地點，也有規劃和舉辦這類會議的資源，那麼顧問委員會可能就是你該採取的戰術。

設計和實施成功的價值群組和顧問委員會的做法類似，主要步驟如下：

重點。首先，為這個團體選擇一個重點區域。對於價值群組而言，鎖定比你平常互動者高出一或兩個職級的人士為成員。如果地

理區域中有夠多符合資格者（例如，亞特蘭大地區被列入羅素 2000 指數〔Russell 2000〕的企業財務長），就增加一項地理限制因素。如果沒有夠多符合資格者（譬如：知名航空公司執行長），就不要考慮地理位置。對於顧問委員會來說，你最初可能認為這種做法適用於整個公司。但事實上，挑選一個特定產業、實務領域、產品或服務，往往才能產生最佳成效。不管你選擇設立價值群組或顧問委員會，務必確定你要為成員提供的價值類型。以主題來說，這個群組對什麼事情最感興趣？

規模。依據你的重點區域選擇完美的規模。有時群組成員在 3 到 4 個人的效果最好，有時可能數百人的效果最好。規模大小取決於你的專業知識，你想要見多少人，以及他們必須是多麼資深的人士。如果你不確定，那就從小規模做起。當你找幾個客戶組成一個小組後，後續要增加成員人數就容易得多。一旦你知道有多少人願意參加這類聚會，就增加一定比例的人數，以解決不可避免的衝突和人員缺席的問題。

頻率。高價值客戶難免都很忙碌。（如果你的成員有時間參加世界各地的會議，那麼你鎖定的對象可能職級不夠高。）通常，價值群組和顧問委員會每季或每半年聚會一次的效果最好。你希望成員期待下次聚會。

主要客戶。這個步驟非常重要。在一開始招募價值群組或顧問委員會成員時，每個人都會問的第一個問題是：「還有誰會參加？」在招募成員時，先找誰參與會有號召力？選擇幾個關鍵客戶，並馬上確保他們會參與，同時讓他們參與規劃。先前你學過：共同建立

一切。一旦你獲得他們的參與，要其他人參與就容易得多。專業提示：我們的一些客戶就找人合作，讓團體開始運作，而實際做法則是與當地商學院或策略夥伴合作。儘管這些夥伴處在相同環境，但他們各自具有不同的專業知識，這是分享人脈和讓價值群組或顧問委員會迅速成長的好方法。

執行。制定建立價值群組或顧問委員會所需採取的具體行動步驟，譬如：為這個團體打響名號、尋找合作夥伴、確定聚會地點及設定預算。記得跟往常一樣，從 4 種思考模式處理整個規劃流程。

價值群組或顧問委員會能有力地提升客戶關係，並開創一種可持續且簡單的方式，建立強效接觸點。一旦你組成一個價值群組或顧問委員會，就可以將其用於各式各樣的事情上，從開發潛在客戶到建立客戶關係，以及建立同業人脈都適用。因為你是籌劃者，所以你會成為整個聚會的焦點。

規劃是有力量的。規劃幫助你鎖定更高的目標並安度難關。規劃幫助你強化與客戶之間的關係，並讓你在預定時間內獲得最高的投資報酬率。善用這些工具，你現在就可以規劃有效的客戶業務開發會議，並運用有效的客戶成長策略。

現在，你可以為自己小小慶祝一番。你已經大有進步，值得稱讚自己一下。你現在幾乎了解在業務開發獲致成功所需的所有主題。無論你是大企業的專業服務提供者，或是推動業務的平面設計師，還是負責公司最重要關係的客戶經理，或是要為某項非營利公眾倡議籌募資金的律師，如果你善用得來不易的專業知識為客戶提

供服務，雪球系統將協助你拓展業務。

　　如果你是個人工作者，或由你全權負責公司的所有客戶關係（**而且你很樂意保持這種狀態**），那麼你現在擁有成功所需的一切。遵循雪球系統的做法，理想的潛在客戶和大好機會將源源不絕地出現。

　　但是，並非每個人都可以成為一座孤島。更大的交易需要團隊合作，並制定完美的解決方案，同時透過人脈關係跟潛在客戶交流。更重要的客戶關係則需要專家團隊協調合作，為客戶提供服務並拓展業務。許多複雜的解決方案甚至需要**不同**組織的專家團隊一起工作。

　　團隊合作和領導團隊需要一套新的技能。在體育界，最好的球員很少成為最優秀的經理人。成功的運動團隊領導者擁有自己的專精知識，精通從團隊戰術到一對一激勵等所有知識。而團隊中最出色的貢獻者則以強效的方式**彼此協助**，在團隊文化中締造致勝團隊的心態。同樣地，最優秀的業務開發團隊也是如此，傑出領導者設計並執行業務成長計畫，而傑出團隊成員善盡職責，協助每個人做得更好。

　　剩下的就是，將你個人學到的知識應用到一群人身上，建立一個高績效團隊。沒有比成為不斷壯大成功團隊的一分子更棒的感覺了。接下來，我要告訴大家如何做到這一點。

10 | 提升執行力的團隊成長策略

　　重大事件會發生在團隊裡。比方說，更大的交易需要團隊推銷才能成功，更大的客戶需要團隊提供服務，更大的產品和解決方案需要團隊加以落實。而團隊則需要領導和合作。但另一方面，適合個人的做法，可能不適合個人所屬的團隊。

　　我喜歡聖路易紅雀隊（St. Louis Cardinals）。想像一下，如果他們的領導團隊抓狂了，決定不計任何代價爭取最有才華的球員，即使在過程中賣掉擁有的每一項資產也沒關係，以便贏得明年的勝利（而且只是為了明年的勝利）。因此，所有事情都將付諸討論，譬如：把目前的球員交易出去，把培育系統中的年輕球員也拿來交易，花掉所有可用的現金，可用的一**切**。儘管這樣做能獲得優秀的球員，但其中大部分球員可能只簽 1 年合約。所以，雖然明年球隊會有很多優秀球員，但後年這種優秀球員就寥寥無幾。

　　這樣做有什麼好處？明年，紅雀隊可能會擁有最出眾的球隊。壞處呢？紅雀隊有 1 年時間贏得世界大賽（World Series）的冠軍，

但之後就沒有替補力量，也沒有錢，合約到期時，球員就會走人。

　　現在，想像事情有了轉折。他們解雇經理和教練，也不允許有才華的新進球員互相交談。他們告訴所有人：「我們擁有最有才華的人才，所以我們不需要經理帶領球隊，也不需要教練來幫助你們更加精進，更不需要你們為球隊的表現負責。我們不需要任何合作。你們是最棒的球員，所以只要上場照著自己的想法打球，我們就會贏。」

　　這是像我這樣的球迷最害怕的惡夢。他們不會贏。如果沒有一個總體策略，每個人都會爭著誰先上場、誰次之，以及誰在擊球順序中有理想的位置。如果大家都不必為團隊的表現負責，人們就會開始在練習時鬆懈，變得更不努力，也因此無法進步。如果沒有重複持續的比賽準備流程，人們會開始「各做各的事」，也不會進行團隊練習。最糟糕的部分呢？在沒有合作的情況下，球隊會陷入混亂、爭吵、互相指責，並為前一天晚上輸球的原因和下一場比賽該採取什麼不同做法爭執不休。

　　那種情況是我的想像，對吧？要我這種紅雀隊死忠球迷寫這段話，實在很難下筆。但是如果沒有一些努力，你的內部團隊可能會遇到同樣的情況。當優秀的個人待在效率不彰的團隊時，真的一點樂趣也沒有。

　　傑出的團隊需要領導者和團隊成員盡最大努力做出貢獻。若每個人都以自己的最佳利益行事，這樣做是行不通的。每個人當然都要出類拔萃，但必須以**對團隊有幫助的方式**出類拔萃。

　　努力在團隊中部署雪球系統，是我最喜歡做的事情，主要是因

為如此一來，跟我合作的人都能獲致成功。無論你是只有少數員工的小公司，或在專業服務公司的某個實務領域服務，還是與許多專家一起為財星100大企業這種大型客戶提供服務，本章將教你如何利用雪球系統，讓每個人都參與其中，彼此有效地合作以獲得最佳成果。

這些技能也適用於客戶團隊。有時，客戶團隊是最難管理的群體，因為依據產品、實務、服務領域和（或）地理位置而隸屬不同部門的專家，可能透過許多不同的主管來進行報告。在大多數情況下，並沒有管理客戶團隊的「正式」呈報結構。還記得上一章中關於這些團隊如何在幾次會議後，只剩兩個人出席聊足球話題，後來團隊迅速瓦解的故事嗎？我會教你善用更好的方法，讓你的團隊不會落到這種下場。接下來，我們將以前一章的客戶規劃策略為基礎，說明如何讓團隊運作，並讓團隊在這個流程中感到有趣（提示：兩者密切相關）。

本章還將幫助那些**想要**擔任這些職務的人。我們發現職務升遷的最佳方式是，開始展現你想要的工作所需的行為。我們讓客戶使用本章介紹的方法啟動客戶團隊，並讓先前缺乏領導或協調的團隊獲得成功。沒有什麼比推動積極變革，更能促使人們對你的看法有正向的改變。

要讓團隊獲得突破性的成果，就必須讓**每個**團隊成員都使用雪球系統。雪球系統是一種處理客戶的全方位合作方式，而團隊領導者是焦點所在。領導者是划船隊的舵手，需要讓每個人齊心協力在河面上划行。你最不希望發生的事情是，一個團隊成員針對某位客

戶的精心策劃和準備，因為另一個團隊成員的不當努力而受阻。問題是，你如何讓每個人齊心協力，且一旦你這樣做了，又該如何讓這個使用雪球系統的團隊繼續前進？

使用雪球這種全方位系統的好處在於，你不必再使用直覺，一切都寫在這本書裡。我的客戶把這本書當成所屬團隊和組織的「共同語言」。透過讓團隊閱讀這本書，他們可以確切知道該做什麼。而不是 10 個人為了某項策略投資是否值得進行，爭論 40 分鐘。大家都看這本書，讓每個人都知道給予就會有收獲提案的功效，也讓團隊在 10 分鐘內選出理想的給予就會有收獲提案。擁有共同語言可以提高效率。也許你作為團隊成員的首要步驟是，趕緊下單大量購買這本書，讓團隊成員人手一冊。這樣做，你的團隊跟我的編輯考琳．羅瑞（Colleen Lawrie）都會很開心。但要確保你的成功，還有更多事情要做。

團隊成員需要明確了解成功的樣貌，而且每個團隊都有獨特的目標。在本章，我會介紹如何為團隊制定成長策略，確定實施該策略所需的行為，選擇衡量團隊績效的領先指標和落後指標，並設計一個流程讓團隊保持對成長的關注，同時慶祝團隊順利完成流程的每個步驟。這些要素影響每個人的思考方式，讓團隊文化與問責制和持續進步相呼應，並建立有趣的致勝心態。如果你是團隊成員，對你來說這可能是本書最重要的一個章節。至少，本章的內容跟你更息息相關。

3 要點打造高效成長團隊

有效的團隊巧妙運用 4 種思考偏好。他們密切關注數字並將數字納入決策，同時使用系統、流程和節奏來簡化操作。此外，他們考量每個團隊成員的觀點，並以最適合他們的方式跟每個團隊成員進行溝通。而且，**作為一個團隊**，他們制定並傳達未來的願景。富有成效的團隊從策略發展計畫開始做起，而最優秀的團隊懂得一起制定計畫。

良好的策略計畫有助於使每個人的活動跟組織的更重大目標保持一致。此外，制定一個明確的計畫也有助於避免團隊犯下常見的失誤，譬如：期望其他人「知道該做什麼」。這是導致失望的捷徑。沒有計畫，人們就會以不同的節奏划向不同的方向。**有了計畫**，事情就可以順勢發展。

講到我最喜歡的團隊之一，就要說說我在翰威特工作的那段時光。當時我剛升遷為管理顧問，一切都很新奇，我剛剛從專家轉型為業務型專家。而經驗豐富的管理顧問安迪·海爾斯（Andy Hiles），則成為我的良師。我們同意一起領導 4 個客戶團隊，工作 1 年後再挑選出適合各自領導的 2 個團隊。跟安迪一起工作的那一年，是我職業生涯中最重要的一年。這是一個雙贏做法。我大有收獲，因為我可以跟自己十分景仰的人學習。安迪也大有斬獲，因為他的事業相當成功，希望有機會回饋公司。

4 個客戶中，有 1 個客戶對我印象很好。這個客戶是一家全球金融服務公司，是全球最大金融服務公司之一。我跟他們的執行長

很合拍。她剛接任這個職務，新官上任三把火。我們也有很多有利條件。雖然我們在一個主要業務領域完成一些很棒的工作，但我們的其餘工作都是零星的，而我們的幾個業務領域的團隊也時有變動。儘管人才很優秀，但協調不足。

安迪跟我決定專注於 3 件事，包含我們在**所有**主要業務領域（甚至是我們只有零星工作的領域），為團隊配置全職人員，專注於跟這些團隊新成員介紹給予就會有收穫提案，並跟整個團隊持續分享我們正在學習的東西。當時我對領導團隊所知甚少，也沒有花俏的押韻策略，更不知道給予就會有收穫提案為何物，而且公司裡也沒有相關的模型。我們的計畫很直觀，但對我們來說風險也很大。當時翰威特沒有為那些交易規模**還不大**的客戶做這些事情。我們下了一個很大的賭注，也就是我們給該客戶極大的幫助，並藉此拓展業務。這件事就算我們不做，後續也會聽聞競爭對手這麼做。

結果奏效了。這個客戶喜歡我們的投資思維，也看出我們的人員帶來的價值。我們在短短幾年內為這個客戶的交易金額增加將近 10 倍，提供翰威特迄今為止最為複雜的一些全球諮詢服務。這項工作如此先進又有影響力，讓翰威特的領導高層登上《翰威特雜誌》（*Hewitt Magazine*）的封面。我們甚至建立一個複雜的合作模式，量化我們增加的價值，並允許客戶為我們接下來要進行的投資提供意見。這就像某種飛行常客計畫，客戶可以累積點數，將點數使用在自己喜歡的新區域。客戶喜歡這種做法，我則喜歡跟客戶一起制定計畫。

但對我來說最棒的部分是，看到我們的內部團隊蓬勃發展。這

件事未必總是那麼容易，但我們一直向前邁進，始終以「我們可以做任何事」的心態幫助這個重要客戶。我們的團隊**策略**推動我們持續前進，也讓我們充分發揮潛力。這項策略運作得當，成為全球其他客戶團隊的典範。現在，我仍然跟這個團隊的所有成員保持聯繫。

這是我第一次領導一個大客戶團隊，我很喜歡這次經驗。那麼我從這次經驗獲得的最大收穫是什麼？答案是，一點點協調就能發揮大作用。舵手可能不用划槳，但他們的角色會產生巨大的影響。

開始在團隊中展開此類重點調整的最佳方式是，制定策略計畫。再次強調，是要由團隊共同制定戰略。因此，團隊能共同草擬計畫或交由個人或小組擬定「60％正確」的版本，再跟團隊分享並透過幾次反覆作業，與每個團隊成員一起完成這個計畫。這樣做可以營造認同，並教育團隊了解每個策略要素背後的**原因**。

讓一個人從頭到尾擬好整個策略似乎可以節省時間，但這種做法成效不彰。我們試過了。在大多數情況下，這種做法反而比讓每個人都參與**更花時間**。因為每個人都想增加價值，如果你給某人某樣徹頭徹尾都很複雜的東西，那麼只有一種方法可以增加價值，就是針對這樣東西挑出毛病。對於規模較大或較為複雜的團隊，先擬妥 60％正確的草案可以節省時間，但在獲得團隊意見前，不要再繼續深入。我們已經討論過如何跟客戶一起建立所有內容，也就是說，使用 IKEA 效應是在內部尋求支持的最佳方式，而且你不需要艾倫扳手就能做到這一點。

讓團隊充分理解就是魔法發生之處。

依照第 9 章介紹制定客戶策略計畫的相同流程，為你的團隊制定策略計畫。以下迅速回顧，並調整一些內容以符合更廣泛的團隊觀點：

　　現況。讓團隊從每個思考偏好象限，針對策略、財務、流程和關係，設計一個誠實的評估。比方說，我們目前的聲譽和品牌形象如何？我們目前的財務狀況和其他指標的現況如何？外部和內部的業務開發流程有效嗎？內部和外部最重要關係的現況如何？

　　未來願景。從業務開發的角度來看，你希望團隊在 1 年後發展到什麼程度？根據個人經驗，在 1 年內，你認為自己能完成多大的宏願，但回答要切乎實際。你的團隊應如何轉變品牌？你希望相關數字在 1 年內有何變化？無論是從內部或從外部，你可以如何改善團隊的業務開發流程？在接下來的 12 個月裡，你的關係應該有什麼改變？

　　策略主題。既然你已經清楚現況和 1 年內想要達成的目標，接著就要確定 3 個策略主題，來籌組和指導團隊的工作。策略主題請不要超過 3 個，這樣可以迫使你和團隊專心做好優先順序最高的工作。當**每一項工作**都「相當重要」時，就等於沒有一樣工作是重要的。策略主題可適用於業務開發工作的任何方面。

　　假設你的團隊一直按照尋常方式做事，譬如一開始只是宣傳自家產品或服務，而不是用心跟潛在客戶建立關係，然後碎念說：「你有沒有收到我的電子郵件，我在語音信箱留言給你，問你有沒有追蹤提案後續發展？」

　　這種團隊可能要利用 3 個關鍵主題重新定位：

- 透過傾聽與學習進行所有業務開發會議，創造有意義的對話，而不是擬定無聊的推銷內容。
- 使用給予就會有收獲提案創造需求。
- 執行更好的後續溝通，增加價值並建立關係，而不是嘮叨。

一旦你針對廣泛的主題達成共識，就要發揮創意，如使用押韻或頭韻輔助，讓主題更好記。而上面這個團隊或許會選擇：

- **學習心態**驅動完美。
- **給予就會有收獲**。
- 始終利用**資產**追蹤進度。

他們的策略主題是：學習心態、給予就會有收獲、資產。

每個團隊的策略計畫都不一樣。要有創意，專注於對團隊最重要和最有意義的事情上。

一旦你確定團隊在未來 1 年的策略主題，記住不要只是打好字，黏貼策略主題到牆上，就期望團隊能夠達成這些目標。你反而應該問問自己，團隊的每個成員需要採取哪些新**行為**，才能達成這些目標。

在上述例子中，團隊需要學會提出有重要影響力的問題。聽起來很容易，但要打破多年來「開會出席，聽到反感」的習慣卻很難。在接下來的 1 年內，團隊可能會定期花時間共同發想富有洞察力的問題，建構共享數據庫，並分享使用數據的結果。每個小改進

都可以在整個團隊中分享。分享成功很有趣，又能為團隊創造動力。

這個團隊將一起針對另外兩個策略主題制定計畫，也就是設計新的給予就會有收獲提案和收集資產。他們可以在實施方面進行合作，譬如：弄清楚何時以及如何提供給予就會有收獲提案或資產，才能得到最佳成效。團隊成員可以根據個人思考偏好來處理專案要素。講究實際的思考者可以處理流程，注重關係的思考者可以報告客戶體驗等等。

我已經看到數百個團隊為了讓他們的策略奏效，整個團隊變得活力十足。我看到人們為了推動事情的進展而自願加班並在週末工作。我也看到人們的熱情，為重大突破提供動力。

最高指導原則

致勝團隊還有其他共同點，也就是每個人都給予其他人指導。基本上，每個人都在觀察，也都有可能幫助另一個人。當每個人都抓住每次機會互相幫忙讓彼此變得更好時，正向的改變就會更快發生。

我認為同儕指導比經理對部屬的指導更為強大。身為同伴，每個人都了解彼此的角色和目標，並為彼此提供新的觀點。同伴不受績效目標或先前說過的管理偏見所影響，他們看到每個時刻的本質。數字會說話。同儕互相指導的機會，是主管指導部屬的 10 倍。同儕指導非常有效，而且還有更多好處。原因很簡單，高績效

團隊互相指導，大家一起變得更好。

　　還記得第 4 章提到的「洛薩達比例」嗎？這個比例也適用於此。高績效團隊的積極互動與消極互動的比例為 5.6：1。你可能還記得中等績效團隊的比例為 2：1，績效最差的團隊實際上消極互動大於積極互動。我喜歡洛薩達比例，因為 5.6：1 這個數字為團隊提供一個確切基準。關鍵是要提高積極互動，找出任何能帶領團隊往正確方向前進的小動作，然後為這種行為提供真誠正向的讚美。

　　現在，讓我們擴大眼光到整個團隊。對於團隊找出的每個行為，你將從每個團隊成員獲得以下 3 種反應的其中一種，分別是適當地採用這種新行為、根本不採用，或不當採用新行為。每個反應都代表一個指導機會。如果團隊成員順利採用新行為，那麼可別把這件事視為理所當然，而是要提供正向強化。**人們會為了獲得讚美而努力**。如果努力沒有被注意到也沒有立即獲得獎勵，大家就傾向於假設團隊沒有真正關心新行為，最後就會退回到更舒適的舊有方法。如此一來，習慣就很難破除。

　　如果團隊成員沒有採用新行為或不當採用新行為，那麼任何目擊者都可以立即進行後續對話。另一方面，學習新技能或習慣也需要時間。也許他們忘了，也許你沒有發現有障礙阻止團隊成員採取新行為。要以一種開放、不帶批判的方式，詢問團隊成員在採取新行為上有何進展，然後跟往常一樣，確實地傾聽他們所說的話。

　　針對更大型的指導對話，有一種非常有效的方式來檢查各種思考偏好。請參閱 312 頁圖 10-1 的模型。

　　這個模型的運作原理如下：

【圖 10-1】 全腦®思考指導模型

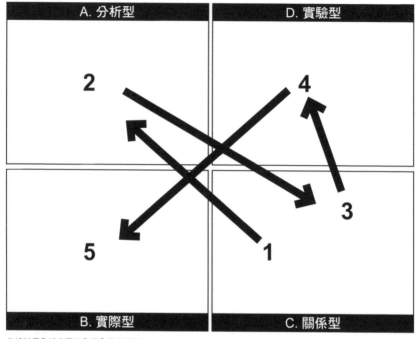

依據赫曼全球公司的全腦®思考模型　©2018 HERRMANN GLOBAL LLC

關係。從關係開始進行。如果你要提供正向強化，就讓對方知道他們做 X，是多麼有意義的事。如果你要提出有建設性的看法，就讓對方知道你提供一些意見，是因為你關心他們，也想看到他們如何改進。

分析。完全客觀並且**具體**。如果對方的行為對團隊有利，就以指標或金額衡量他們所產生的影響。如果對方的行為對團隊不利，就具體說明可能發生什麼變化和多少變動。數字是具體的，但像「很多」這樣的措詞並不具體。

關係。以開放式問題詢問對方對於正向強化或有建設性意見的看法。在這個步驟中，你可能會跟對方反覆討論，雙方要麼慶祝成功，要麼討論建設性的意見。無論哪種情況，先保持現狀，等待進行下一個步驟的時機。

　　實驗。針對團隊的新行為，我們該怎麼做呢？如果是對團隊有利的行為，我們能否與其他人一起推廣這種行為？這個人可以分享他們對團隊的所作所為嗎？如果是對團隊不利的行為，那麼團隊成員認為需要做些什麼才能解決問題或下次改進？對此保持高度關注，直到你開始採取特定行動。

　　實際。現在制定一個實施計畫，制定誰將在什麼時候完成什麼事情？

　　接下來，我們使用這個模型應付兩種情境，一種是正向強化，一種是建設性的意見。

　　以下是正向強化的例子。蒂法妮為優質的新潛在客戶提供一個給予就會有收獲提案，並順利執行了提案，且獲得客戶口頭承諾，願意簽下 3 萬美元的合約。是時候慶祝了！

　　在返回機場的路上，你們可能在車上擊掌歡呼。然後你具體一想，根據你的快速計算，進行這種突破性專案的客戶，後續 5 年內可能為公司額外創造超過 1,000 萬美元的營收。還有很多工作可做，但如果沒有談成第一個專案，就不可能有後續專案可做，如果不是蒂法妮順利執行給予就會有收獲提案，也不可能談成第一個專案。

　　因此，請詢問蒂法妮對此事的看法，比方說，此事對她的職業

生涯意謂著什麼,或者,如果適合談論金錢的話,那麼業務拓展帶來的獎金對她的家庭意謂著什麼。然後,提出一個實驗性的想法:若因為這次成功讓她在內部獲得升遷,她有何看法。或許你可以跟蒂法妮的老闆,或是團隊領導者提及此事。我們可以在團隊會議中宣布這個好消息嗎?事業部總裁想知道嗎?組織中的其他人可以從這件事學習嗎?決定策略,然後完成後續步驟和待辦事項。當每個人都像這樣互相幫助時,就會創造永續的致勝心態和長存的個人關係。

再來要講的是建設性意見的例子。吉姆在業務開發會議上總是話太多,一直無法好好傾聽與學習。你跟他一起參加過 3 次前瞻性會議,但情況並沒有改變。你可以在第三次會議後,在返回辦公室的路上跟他提及此事。你可以從令你失望的事實開始講起,比方說,你準備好相關問題,但這是第三次了,吉姆沒有使用你準備的資料。

現在,提出具體細節。你監督 1 小時的會議,並估算吉姆發言的時間。比方說,在 60 分鐘中,他的發言時間為 48 分鐘。記住用詞要清楚明確,因為使用「很多」或「許多」這類措詞,很容易又回到模糊的意見。而語意模糊只會引發爭議,畢竟每個人對「很多」的含義有不同的看法。所以,要提出具體明確的數字,如 60 分鐘中占了 48 分鐘。接下來,以開放式對話詢問吉姆對此事的看法。好好傾聽,看看問題出在哪裡。一旦你發現這種行為背後的基礎,就轉向實驗型思考,跟吉姆合作設計一個策略。再來就利用實際型思考,採取後續步驟。

無論是正向強化還是建設性的建議，這種模型運作良好，你不需要成為某人的老闆才能使用這種模型。這是朋友之間互相幫助。使用這種模型，你就會愛上指導。

慶祝成功

業務開發中最常被忽視的一個方面，就是慶祝成功。大多數組織都會慶祝重大的勝利，但很少有人會慶祝真正推動業務成長的漸進式成功。

大腦喜歡獎勵，但它不會選擇要用什麼作為獎勵，不管是食物、金錢、象徵性代幣，或簡單幾句讚美或談論自己的機會都好。（我們喜歡談論自己，還記得嗎？）

慶祝是一種獎勵。透過讚揚所屬團隊成員的成就，你就是在為形塑健全行為模式做出貢獻。實際上，透過善意的話語，你讓人們更容易採用和實施適當的業務開發行為。善意的話語會發揮效力。我們的一些客戶最初都迴避「慶祝」一詞，把它跟啦啦隊用彩球歡呼相提並論，好像說出勝利就不專業。但這不是我們在這裡所談論的。我們正在談論的是，團隊成員從自己尊重的人那裡獲得**真誠的讚美**。這樣做既不花錢，卻能強化行為並加深彼此的關係。

不要猶豫。如果你想看到團隊成員更常做出某種行為，當他們做出這種行為時，請給予獎勵。舉例來說，慶祝的好機會包括：

• 完成本週最重要事項。

- 建立一個重要的新業務關係。
- 利用狂熱粉絲關係進行推薦。
- 鎖定新的潛在客戶並與其會面。
- 順利執行給予就會有收獲提案。

這些小事都很重要。想像一下，如果我喜歡的紅雀隊只在打贏比賽時慶祝，不為其他任何事情慶祝，即使打出全壘打，球員們不會擊掌歡呼，也沒有拿整桶水灑在擊出全壘打的球員身上，球隊就不可能有出色的表現。值得慶幸的是，紅雀隊慶祝所有促成球隊大勝的小事，包括完美執行短打戰術、漂亮的雙殺、捕手順利接捕造成打者出局。我觀看很多場比賽，我看到紅雀隊球員在發生這種小事後，在球員休息區裡擊掌歡呼。他們整場比賽都在慶祝，甚至還為這種做法命名為「紅雀之道」（Cardinal Way）。他們創造一個品牌，始終如一地把小事做好。

在整個團隊中，為微小的勝利小小慶祝一番。當團隊中的每個人都完成自己當月最重要事項，或業務開發總時數達到一定里程碑時，你可以買一些甜甜圈，請大家到會議室裡慶祝一下。無論你選擇什麼指標來追蹤團隊的進展，都要持續衡量並慶祝任何改進。身為人類，我們發現找出錯失的機會和失敗的實驗相當容易。但我們反而應該每天注意小小的勝利，並抓住每個機會慶祝一番。這樣做可以創造一種致勝團隊的心態，並為團隊創造動力。**這種事再怎麼做都不嫌多**。這樣可以增加團隊成員的積極互動，讓你日後可以提出更多具有建設性的意見。

關注最重要的指標

　　每個團隊成員都有不同程度的責任，如衡量、監控和指導團隊，讓團隊獲得更好的成效，並為客戶創造更棒的購買體驗。團隊必須為成功制定衡量標準，確定團隊如何報告進度，參加團隊定期會議，並互相指導取得成功。這是讓人們支持自己協助創造之物的另一個領域。我們參考一些最佳實務，以便讓團隊開始運作。但跟往常一樣，記得調整這些最佳實務以符合團隊需求。將最佳實務當成你 60％正確的版本，準備好由你跟團隊成員一起修改並完善內容。當大家都為計畫提出自己的看法，並成功制定計畫，每個人都會覺得自己是計畫的一環。

　　我們已經討論過大多數公司如何追蹤落後指標，譬如：產生的收入、售出的單位或專案、新客戶數量等。雖然這些落後指標都很重要，當然不能忽視，但它們並不完全能由團隊成員掌控。而且，要了解團隊的努力如何轉化成這些成果需要時間。你無法即時得知團隊是否偏離常軌，直到 1 季或 1 年過後，才知道團隊進展出了問題，但一切為時已晚。儘管上述都是要追蹤的重要事項，但還有更多事項必須追蹤。

　　常見的活動式指標追蹤員工的作業水準，卻沒有透露實際的影響。比方說，只衡量打出電話或寄出電子郵件的數量並不能真正告訴團隊，客戶經理與潛在客戶的關係**品質**、商機狀態或購買流程的下一個步驟。它們只是容易追蹤和獎勵的事情。如果凱莉打了 10 通電話，陶德打了 9 通電話，是否表示凱莉更有效地拓展業務呢？

我們反而應該關注跟成功的業務開發真正相關的領先指標。這是經過實證確實有效的一套指標。根據我的經驗，當這些數字上升時，落後指標也會隨著時間演變而上升。隨著團隊發展，你可以修改這張領先指標清單以符合團隊的需求，但這張清單是一個很棒的起始點。

- 選擇並完成的最重要事項。
- 業務開發的時數。
- 給予就會有收穫提案數目及被客戶接受的提案數目。
- 符合目標客戶標準的潛在客戶數量。
- 目前的狂熱粉絲數量，更廣泛地說，團隊集體的首要名單，包括首要名單上每位人員所位於的步驟。

儘管措辭如上，但這些指標並非由一個人百分之百掌控，因此你需要細分它們為更小的部分，以符合你獨特團隊的後續步驟。這些指標不僅透露團隊成員的一般作業水準，還透露在提升關鍵關係和機會方面獲得的進展。這些指標能讓團隊在質（譬如：團隊決定的最重要事項）與量（譬如：業務開發總時數）之間取得良好的平衡。注意團隊的領先指標組合，因為最適合衡量團隊的領先指標組合或許不是將最適合衡量個人的領先指標集結起來就行。你想要的是一個巧妙平衡。

這種衡量和報告過程在一開始時，並不需要很準確或很完善。隨著團隊的發展，你可以隨時根據需要改變。一開始的關鍵是，**啟**

動整個作業。因此，還有一件重要的事情是，**主觀地衡量正確的指標，總比完美地衡量錯誤的指標**好得多。

當指標正確時，就算主觀衡量也沒關係。在選擇指標時，可以產生**很棒的**對話。我們的一位客戶追蹤他們有多少**有意義的客戶業務開發對話**。他們希望加強既有的客戶關係，將客戶從穩固的工作關係（大部分既有關係已經停滯不前），轉變成忠誠客戶和狂熱粉絲。他們在內部針對何謂有意義的對話所做的討論極為有用，而團隊也獲得每位成員的支持。大家針對這個指標進行辯論和下定義，最後達成共識，打定主義要跟客戶進行有意義的對話。有點主觀嗎？是的。這樣做比追蹤客戶接洽更有效嗎？當然是這樣。因為對他們來說，客戶接洽只是對客戶嘮叨，並沒有增加價值。

隨著時間演變，你可以隨時改進你要衡量的指標。首先，當每個人都參與討論，並交出自己的數據時，你可以跟團隊一起慶祝。報告可能是一種吃力不討好的工作，所以讓報告成為遊戲並變得有趣，這樣團隊就會開始期待每週或每月的進度檢討，你也會想公開展示每個人的數據。以友好的競爭心態審視結果，就能大幅激勵團隊士氣。

最重要的是，對團隊保持耐心，這一點非常重要。所有團隊成員都在學習如何實施雪球系統，同時學習如何相互溝通與協調。

如果由你領導團隊怎麼辦？對於任何業務高手來說，這都是業務開發的全新層級。你也必須建立新的行為。那麼，你想要關注自己的哪些行為？哪些領先指標可以顯示**你的**進步？你如何慶祝自己的漸進式改進？把整個流程套用在自己身上，你會立刻完成很多事

情，包括增加對團隊的同理心。

現在，把焦點回到團隊。當你要讓團隊針對業務開發進行更好的溝通時，請對每位團隊成員提出下面這些關鍵問題。

- 團隊將使用哪些工具來報告進度（譬如：電子郵件、即時通訊軟體〔IM〕、客戶關係管理軟體〔CRM〕、應用程式、共用文件檔等）？
- 要報告哪些團隊數據以及報告順序？
- 誰將負責收集數據並彙整團隊報告？
- 何時需要團隊成員提交數據？

由團隊一起好好思考這些選擇。當然，你們隨時隨地都能夠予以微調，並請時時牢記這些神奇話語：大處著眼、小處著手、順勢擴展。

整合團隊的高效會議技巧

讓我們實際應用學到的知識吧。此時，你的團隊已經看完《雪球心法》的大部分內容，也制定了策略計畫並選擇一些領先指標來衡量並追蹤團隊的績效。接下來，團隊的下一個步驟是讓每個人的想法一致。

而要讓每個人的想法一致，最好的方法是透過一次雪球發表會議。這是一項旨在讓每位團隊成員團結一致的團隊活動。

關於本次會議，你需要攜帶：

- 策略計畫。
- 團隊已同意的新行為。
- 追蹤和報告指標的方法。
- 團隊成員對使用雪球系統例行作業的任何期望。
- 團隊同意如何慶祝成功。

大多數團隊在此時已經參與許多這類事情，尤其是如果團隊成員一起制定策略，但也許團隊成員並沒有參與每件事。正式發表會議的最佳時間各不相同。有時，你可以在一次會議中完成所有事情，有些團隊則要透過一系列會議才能完成這些事情。

如果你已經把這些事情都搞定了，那麼兩小時的發表會議就可以集結起所有東西，並推動團隊前進。或許你的團隊不需要兩小時，請隨意修改會議議程，以符合團隊需求。關鍵要素是，人們會有疑問，而這次會議將審查所有內容並提供答案。因此重點在於，釐清一切。一旦團隊清楚如何落實雪球系統，就要確定任何必要的後續步驟，並解釋會如何安排每月會議推動整個進展。

以下是典型發表會議的大致流程，但你可以隨意修改以符合團隊需求：

20 分鐘：檢視團隊的策略目標，強調現況、未來願景和策略主題。務必詳細說明團隊為什麼要以不同的方式做事。

20 分鐘：討論你希望在團隊中看到的行為，同時也要說明每

個行為的定義，並針對每個行為提出例子。

20分鐘：討論你將用於追蹤行為的衡量指標，同時也要說明完美指標並不存在，但團隊已經同意一開始先衡量這些指標，並再次強調主觀地衡量重要指標，總好過準確地衡量較不重要的指標。請做好準備，因為人們會抱怨取得數據和提交數據是很麻煩的事。**這種抱怨每次都會發生**，即使人們先前已經同意這樣做，但還是有人會說「我太忙了！」因此，請跟大家分享如何迅速追蹤事情進展，及輕鬆提交數據的方法。同時，解決許多人抱怨的真正癥結，也就是他們很害怕。他們害怕顯示自己的作業水準，也害怕被評判，更害怕變化。這時，請提醒大家以高績效運動團隊為榜樣，解釋為何衡量指標是團隊獲致成功的重要環節。為了大家一起進步，每個人收集的數據將是關鍵。

30分鐘：讓每個團隊成員討論自己下一步要關注什麼，以及希望得到什麼幫助。這些應該比最重要事項更具概念性，因為最重要事項比較偏向細部性的任務。無論如何，確保每個人都在談論未來、展望未來。若只是花時間回顧，**總結一直在做的事情**，這種團隊很快就會衰敗，往往到第三次或第四次會議就玩完了。

20分鐘：討論近期的時程表，包括下次會議、數據提交截止日期和方法，以及每個人如何透過慶祝漸進式成功來提供協助。此外，每個人都可以尋找和分享值得開心的事，譬如：持續的進步，至於實務做法，則由團隊來決定怎麼做最合適。同時，也記得為找到最佳慶祝方式而歡呼。

10分鐘：每個人告訴團隊，自己在未來這段時間內要完成的

最重要事項，以及最想要在什麼地方獲得協助。這部分應該迅速完成，團隊成員要積極做出承諾，領導者則要記下這些承諾。

團隊後續例行會議也差不多是這樣，只是會議時間較短。例行會議的一個重點是，在會議前傳送彙整的團隊數據給每個團隊成員。要求大家在會議前先看過資料，準備好問題在開會時討論。這個關鍵步驟讓你可以將會議大部分時間用於展望未來，而不是回顧過去。

典型的團隊會議議程可能如下所示：

5 分鐘：檢視策略目標。

10 分鐘：查看過去這段時間的指標和學到的課題。強調成功以及團隊需要改進之處。記得在強調指標時要取得平衡，畢竟無論是領先指標（吉姆在我們最近的會議中提出 6 個影響力問題，我們學到了 X）和落後指標（蒂法妮獲得一個 3 萬美元的小專案，可能為公司陸續帶來 1,000 萬美元的工作！）都很重要。

15 分鐘：查看雪球系統的一項工具或技術。針對一個概念進行更深入的研究（通常是讓團隊成員展示他們的成功）。這樣做將學習、培養技能和慶祝等要素都包含在內。

25 分鐘：團隊成員共享已計畫的**未來**最重要事項及所需協助。

5 分鐘：迅速重述下一個步驟、下次會議以及下個月提交數據的截止日期，並以積極的態度結束會議。

此種團隊月例會非常寶貴，它既可以讓團隊的行動呼應策略目標，也可以幫助每個團隊成員學習其他成員的成功和失敗，並逐步磨練成為業務高手所需的技能。還要注意的是，這種會議相當關注

未來，幾乎每分鐘都在展望未來。就連檢視指標也都是在展望未來，因為大家迅速檢討發生的事情後，便開始關注團隊學到什麼，以及接下來該採取的行動。

如果由你領導團隊，你可以透過跟每位團隊成員，每月進行 30 分鐘的一對一輔導，來強化團隊會議的功效。這是關注每位團隊成員特定挑戰與機遇的機會。你可以利用這段時間：

- 討論並慶祝成功。
- 確定哪些方面運作良好，哪些方面效益不彰，以及在未來 1 個月可以做些什麼。
- 弄清楚你或其他團隊成員可以在哪些方面提供協助。
- 深入檢視最重要事項。

一對一會議讓你有機會真正深入了解每個人，激勵他們超越自我設限，讓不可能成為可能。

案例分享：如何打造高績效團隊？

我們幫助過許多團隊，其中一段經歷讓我永遠難忘。

那是一個業務流程外包商，該公司的業務成長已停滯不前。他們大規模採取重複的流程，比方說，幫一家擁有數千個分店的零售商管理所有房地產合約。他們的交易金額都很大，而且都持續進行。他們的客戶名單讓我相當驚訝，名單上大都是財星 50 大企

業，全部為美國最大的公司。

我們研究他們的情況，一直傾聽與學習。我們發現，雖然他們有大客戶，但他們在每個客戶的「錢包占有率」（wallet share）幾乎都很小。發生什麼事了？似乎業務開發悖論擴大到整個團隊。他們最初的迅速成長反而促成一種情況，也就是為客戶**服務**正在阻礙他們獲得更多業務。他們有規模龐大的客戶，有極大的成長空間，但團隊卻沒有什麼動力。

我們從訓練開始做起，納入雪球系統的所有原理。我們的團隊可以看出客戶團隊的每位成員突然都變得很有想法。不過，這些新技能只是開始，還需要再補強。我們跟整個團隊合作，專注於 3 個領先指標和技能。

第一個指標釐清數量，即每個月投入業務開發的時數。團隊成員必須同時為客戶服務並開發業務，而且他們表示為客戶服務需要耗費好幾個月，讓他們沒空拓展業務。投入業務開發的時數起初看起來似乎是一個奇怪的指標，因為它不是某人可以採取的「行動」，譬如提供給予就會有收獲提案，或是要求預付款。但是，衡量業務開發時數可以透露個人為拓展業務做了**多少努力**。一般來說，業務開發時數愈多愈好。對於同時要為客戶服務又要拓展業務的人來說，業務開發時數尤其重要，因為人們**很容易**忙於為客戶服務，而犧牲業務拓展。

第二個指標強調動力，即團隊開始**親自在場**要求進入業務開發流程的下一個步驟，而不是像以往那樣透過電子郵件設法安排下一個步驟。他們盡可能親自確定下次客戶會議的日期、時間和地點。

（還記得親自要求的成效是透過電子郵件要求的 34 倍嗎？）這是一種很棒的**質化**衡量。

第三個指標是為了創造需求而量身訂做的，即團隊開始致力於提供給予就會有收獲提案。我們優先考慮這個客戶想要拓展的領域，然後再挑選具體的給予就會有收獲提案。我們甚至透過角色扮演，依據 4 種思考偏好，練習提出給予就會有收獲提案，並說明提案帶來的好處。這是另一種很棒的**質化**衡量。

我們讓團隊參與制定這些指標，並營造認同。有關計算業務開發時數的對話很有意思，比方說，跟客戶午餐談論到服務和業務開發主題。（在這種情況下，如果午餐時花 1 小時跟客戶談論現有工作，花 15 分鐘談論新的潛在工作，就將 15 分鐘計入業務開發時數。）即使是給予就會有收獲提案也有特定的衡量方式。儘管他們的團隊也有這方面的專業知識，但我們一起決定**不**把他們自己完成的給予就會有收獲提案，列入業務開發時數。他們的邏輯是，他們需要為**其他**專家創造需求，而不是為自己創造需求。因此，雖然他們決定參加所有給予就會有收獲提案，但重點應該是宣傳其他專家。大家針對每項指標進行許多討論，最後取得共識。討論和定義這些衡量指標，就是成功的關鍵。

關於數據收集的爭論也很經典。「我們太忙了，沒有足夠的時間進行業務開發。我們該如何擠出時間？」之後，我們一起逐步解決這些問題，並專注於**讓團隊開始運作**。比方說，每天晚上離開工作崗位前，在便利貼上寫下日常數據，這個做法運作良好。當我們克服這個障礙時，也設計出了簡單的提交每週數據方式。

所以，後來發生什麼事了？以下數字說明故事的發展。

這個團隊投入業務開發的總時數大幅增加，而且驚人的是，這個數字每個月持續改善，從 109、281、484、505、683、835 到 883 小時！看到這種模式，讓曾任精算師的我興奮極了。在 8 個月內，業務開發時數**增加 710%**。以下是這個團隊發生的事情。當資深領導階層看到團隊在第一個月投入業務開發的時間**很少**，他們就會解決一些煩人的服務提供問題。你可以發現領導階層的做法在第二個月開始產生影響，因為團隊投入業務開發的總時數從 109 個小時增加到 281 個小時，整整超過兩倍。那些煩人的小問題在第三個月完全解決掉，團隊投入業務開發的總時數則大幅增加到 484 個小時，然後總時數開始激增。在那之後，團隊的工作重點是**更加**關注業務開發活動，變得更有效率，並設法打破個人最佳記錄。

團隊要求召開的會議次數也有些微變化，從前兩個月的 114 和 159 次，到最後兩個月是 258 和 203 次。最大的改進不是要求召開的會議次數，而是要求**被接受**的百分比從 54% 上升到 96%。哇！要求果然有幫助，但**有效地**要求更有幫助。兩者的影響加上專注於增加業務開發總時數，產生一種複合效應：第一個月舉行 68 次業務開發會議，最後一個月則舉行 188 次業務開發會議。

我個人最愛衡量給予就會有收穫提案的數目，但結果並不如我預期。我們開始追蹤這些指標前，我預計這些指標都會穩定改善，但是給予就會有收穫提案的數量卻沒有。事實上，每個月提供的給予就會有收穫提案數目反而**減少了**，分別是 38、24、13、18、20、15、10 和 18 項。如果沒有探究原因，我會認為這種結果很奇

怪。難道是人們沒有嘗試嗎？還是客戶不接受我最喜歡的方法？答案是以上皆非。由於最初提出的給予就會有收獲提案非常有效，他們銷售太多新業務，**因此無法再增加工作量**，導致大約有 3 個月的進度落後。他們前 4 個月平均每個月簽訂 33 個新合約，在接下來的 4 個月中，則是平均每個月簽訂 67 個合約。僅僅 8 個月，他們就創造超過 1 倍的業務。

由於團隊迅速取得巨大的成功，導致我們不得不暫停相關計畫。基本上，他們的時間都得投入到新專案，所以我們在第八個月後，暫停原本應該為期 1 年的計畫。有這種問題真好啊。

不過，我最喜歡的部分不是結果，而是過程。一開始，每個人都不太敢嘗試新事物，也有點害怕從自身舒適圈向外擴展。但每個人仍做出貢獻，並將奏效的做法整合在一個資料庫內。每個人都分享自己學到的東西。我們有一種神奇的感覺，那就是大家都在一個致勝團隊裡發揮影響力。

相信我，這個過程中有很多掙扎，尤其在一開始。毫無疑問，要人們增加工作內容（追蹤指標）、嘗試新事物（提出給予就會有收獲提案），並讓作業更透明（與團隊共享數據），都是很難的事情。但你知道真正難的是什麼嗎？答案是，身在一個停滯不前的悲慘團隊中，才真讓人難以忍受。高績效運動團隊為比賽全力以赴，獲得傲人的佳績。如果你想要獲得突破性的成果，你的團隊也應該這麼做。

雪球系統的宗旨

優秀的運動團隊有很多共同點，如共同的願景、既定的運作模式、共同對願景做出承諾、團隊成員相互信任、依據策略計畫達成目標。優秀的運動團隊衡量一切，從訓練數據和飲食數據等領先指標，到運動場上的特定活動。他們當然也衡量落後指標，如勝負。而他們也有一個評估進度和設定目標的流程。同樣地，每位團隊成員會在事情發生時立即提供回饋，有一點小進步就擊掌歡呼，有地方可以改進也直言不諱。

樹立典範可能需很長的時間，但每個指標性團隊都是從某個地方開始做起。最優秀的團隊因為日積月累地改善，最後樹立出偉大的典範。團隊一開始可能很難建立動力和一致性，但最優秀的團隊日復一日地做好這一切。他們對自己的未來感到興奮，也為自己的進步感到欣喜。

遵循這些準則，你的團隊會發揮潛力，超乎本身的想像。你們會觸發動力，互相激勵，也互相挑戰。雖然有時很辛苦，但每個人都會感受自己正在成就一件大事。人們會因此成長並實現新的目標，每個人也希望成為致勝團隊的一員，這就是雪球系統的宗旨。

結論
啟動雪球滾不停

對你來說，怎樣才算成功？

就我個人而言，我從**人際關係**的角度來詮釋成敗。我喜歡為需要和欣賞我專業知識的客戶提供服務。我喜歡將雪球系統教給聰明但陷入困境的專家，並觀察雪球系統如何在他們的業務中，釋放所有潛力。我喜歡跟大型組織的領導者合作，教授他們關心並想栽培的數百名專家如何使用雪球系統。我喜歡跟我的優異團隊和多年來結交的出色友人及策略夥伴合作。朋友變成我們的客戶，而客戶則變成我們的朋友。跟他們互動、互相介紹，並幫助他們成功，這就是驅使我前進的動力。

最重要的是，我喜歡跟妻女共度時光，並知道事業進展順利。我可以這樣做是因為我使用這些方法建構團隊動力。我仍然擔心太多，因此也還在努力戒除取悅大家的習慣。但我現在可以在一天結束時，不再那麼操勞。我不會帶太多工作回家，因為就算我回到家，工作還是照常運作。我們的狂熱粉絲會為我們做最棒的行銷。在我脫下運動外套，穿上終極飛盤健身裝備的那一刻，事情一樣照常運作。

我喜歡透過我們對於開發潛在客戶的努力，獲得新的潛在客

戶，就算邦內爾構思集團不是他們選擇的解決方案，但傾聽與學習新潛在客戶的問題，並想出一些幫助的方法，也讓我很興奮。與此同時，我們現有客戶也不斷回來尋求協助，因為我們定期與客戶保持聯繫，希望給予他們更多價值，始終以最適合他們思考偏好的方式進行溝通。在邦內爾構思集團，我們的公式很簡單：**傾聽**客戶的意見，設法**了解**他們的需求，然後盡一切努力**實現**目標。（我還沒有找到比這個更棒的邁向長期成功的途徑。）

成為最好的渴望

10多年前，我離開人力資源諮詢領域，創辦邦內爾構思集團。在公司成立幾年後，我就已經讓自己忙個不停。坦白說，我的生活根本**只有工作**。而且，我還跟朋友一起經營第二家公司。不出所料，那家公司跟邦內爾構思集團都沒有蓬勃發展。我的事業開始停滯不前。因此，我將另一家公司的股份賣回給朋友，並為邦內爾構思集團全力以赴。我設計一個清晰的願景，說明我想要建立怎樣的公司，以及想過怎樣的生活。在這個過程中，我設計自己的系統來創造這樣的願景，並把它稱為生活藍圖。當時，我是用Moleskine筆記本記錄這一切。現在，我還會**翻翻**這本已經有點破舊的筆記本。

這本筆記本的第一頁有一些引言和一張照片。

「所有成就，無論其性質或目的為何，都起源於對明確事物強

烈熱切的渴望。」

——美國勵志書籍作家拿破崙·希爾（Napoleon Hill）

「惡運不喜歡堅持不懈。惡運遇到堅持不懈的人，就會轉身離去，改找其他人。」

——佚名

「因為無形的手一直帶領著我，所以我一直有一種迷信。也就是說，如果你確實跟隨天賜之福，你就踏上你命定的道路，你的道路早就在等著你，你會過著應該過的生活。當你明白這一點時，你會開始遇到獲得同樣恩賜的人們，他們會向你敞開大門。所以我建議你，跟隨天賜之福，不要害怕，門會打開，他們會為你打開幸福的大門。」

——美國神話學大師喬瑟夫·坎伯（Joseph Campbell）

　　我經常讀這些引言，而筆記本中的照片更有意義。那是鮑勃·吉布森在 1968 年拍的照片，他是我成長過程中崇拜的聖路易紅雀隊投手。吉布森在那年的表現有如神助。2016 年，一支球隊**整個**投手群完封比賽的平均數字也只是 1 點多。1968 年，吉布森自己就創下 **13 場**完封及 **28 場**完投的記錄，以現在來說是聞所未聞的壯舉。他的平均自責分率為 1.12，根本難以擊中他投的球。他獲得賽揚獎（Cy Young）最佳投手獎，也贏得例行賽最有價值球員。我筆記本中的這張照片拍下吉布森的投球動作，球剛投出，他整個人簡

直是往橫向位移。

對我來說，那張照片意謂著一件事：**成為最好的渴望**。

在這張振奮人心的照片下，我潦草地描述希望 10 年後的自己過著何種生活，包括對邦內爾構思集團和我的家庭生活有何期待。我寫下自己希望在人際關係和妻女關係上有何發展。我甚至針對現金流和淨資產寫下具體目標，描述我們將要居住的地方，以及我想繼續保持或建立的家庭慣例，譬如每年跟女兒們一起參加老爸機器人年度旅行，以及每年元旦一起觀賞我去年為家庭冒險活動製作的邦內爾年度電影。

在完成我的生活藍圖後，我有點不好意思拿給貝琪看。我覺得自己像是剛在足球場參加完勵志大會，興致勃勃地設定目標的怪咖。但我鼓起勇氣，讓她看完我寫的內容。她覺得很棒，她支持我也相信我，我發現這正是我需要的。

還記得第 1 章提到了解**理由**有多重要嗎？我的理由是，為我的家人創造最美好的未來。短期來說，這表示要為每個人創造得以成長的理想環境。從長遠來看，這意謂著讓我的女兒蓋比和裘西知道，要大膽不畏懼，走更艱難的道路，締造了不起的成就。她們還年輕，但正在留意觀察，也在學習吸收。為了她們，**我必須**取得成功。這就是我要**成為的最好渴望**，且這一切確實不是為我自己，而是為那兩個我深愛的小女孩。

那個生活藍圖改變了一切。雖然我很幸運，但之後的進展不是因為一些驚人的好運才發生的。雖然我像中西部人那樣勤奮工作，但這些進展也不是透過艱苦卓絕的努力才出現的。獲得進展的原因

是，我總是以漸進的方式朝著我的願景前進。願景描繪出前進的方向，也說明我要完成的抱負。我不知道是否有可能達成我寫下的10年數字。但是每個星期我都知道，我正一步一步慢慢朝這個方向前進。提出目標設定理論的洛克告訴我們，目標很重要。艾默伯讓我們知道，最幸福和最成功的人們，懂得慶祝漸進的進步。而這些是純粹的行為心理學的實際應用。

慶祝漸進的進步曾是我最難應付的部分。我的大腦總是不停浮現各種想法，讓我閒不下來。有時，這種習慣讓我很受挫。當我結束1天或1週的工作時，卻只想著我**沒有**完成的事情。我必須破除這種習慣，解決這個問題。我開始強迫自己每週五下午，在筆記本上記下我所做的所有事情，以及我取得的所有進展。

經年累月下來，這種慣例逐漸發展。現在，我使用日誌應用程式，以電子檔的方式完成所有作業。我記錄指標、摘要進度，甚至包括本週發生有趣事情的照片。這個過程拯救了我，讓我了解本週的成功，而不是我有哪些事情沒做。花幾分鐘寫下本週進展是我需要的慶祝活動，這樣做為我1週的工作劃下完美的句點。我曾經抗拒這個習慣，現在卻上癮了，多年來我沒有錯過任何一週的小小慶祝。我第一次開始這樣做時，覺得這真是一件苦差事，覺得它妨礙我進行「真正的工作」。但現在，這是一種根深柢固的習慣，是我期待的事情。我喜歡記錄1週完成哪些工作的美好時光。

然後，說到成長。華特‧迪士尼說的這句話讓我深有同感：「我們製作電影不是為了賺錢，我們賺錢是為了製作更多電影。」我對邦內爾構思集團的感覺也是如此。基於許多文化因素，我們在

美國不公開談論金錢，但我希望我們可以公開談論金錢，畢竟有太多錯誤資訊在誤導人們。比方說，表面上看起來很有錢的人，事實上根本不是這樣。許多住在漂亮房子、開著時髦新車的人，可能在一點小事情出問題，就要變賣一切申請破產。與此同時，街道上的其他人住在類似的房子裡，開著同樣的汽車，銀行裡的現金卻可能超出所需，這種財務保障讓他們內心平靜，有能力做自己想做的事情。

我正是羨慕那種有財務保障、有資金緩衝的人。我記得我在生活藍圖上，寫下令人嚮往的財務目標。雖然覺得不可能實現，但我還是寫下來了。我清楚記得自己一直轉筆，想用橡皮擦擦掉並調降這個數字，但我最後決定堅持下去。「不！」我下定決心。「這就是我想要實現的目標，雖然 10 年是一段很長的時間，但我會搞清楚該怎麼做。」

實際上，我還是錯了，錯得相當離譜。我不是花 10 年達到那財務目標，我在第八年就達到目標。不僅如此，我們在那一年達成的金額還超過目標數字的 60％。

我記得當時透過筆記本回顧此事時，我很訝異事情竟然發展得那麼快，還取得如此重大的進展。在某種程度上，實現這些目標意味著我又面臨一個新問題，那就是我再次陷入停滯不前的狀態。我正在做我想做的所有事情，但新的想法仍舊不斷浮現，比方說，我一直想寫一本書。我也希望以其他方式影響更多人。儘管我們已成功將我們的計畫帶到更大的組織，但仍然有更多人可以因為雪球系統受益。起初，我們認為從大型組織開始推動是有意義的，因為只

要掌握一個商機，就可能影響數百人。但對企業家呢？對自由工作者呢？對剛開始工作，沒有錢參加我們培訓課程的人們呢？

我需要新的目標和新的願景。後來，我找到一個名為焦點課程（The Focus Course）的線上課程，並註冊上課。這個課程太棒了！這項工作帶來新的願景，以及新的 10 年計畫。我發現我做的很多工作，其他人都可以做，所以我們實施一個計畫，讓我有更多時間深入進行這項最有價值的工作，也就是撰寫這本書。原本似乎不可能的事情，利用計畫就做到了。在制定願景、選擇個人可以掌控的短期領先指標，或按時檢討戰術和執行成效，並為漸進的進步慶祝一番時，情況亦然。

滾動你的人生雪球

現在我們把焦點放回**你**身上。讓我們複習一下，確保你順利擘畫願景和制定計畫。回到你在第 1 章制定的個人策略規劃。同時，拿出你設計的慣例工作表。現在你已經看完整本書，我們可以加強這個計畫的內容。我希望你看完這本書後，有一個計畫可達成你的目標，並在進行計畫時樂在其中。

精心策劃的策略只是成功的一半。只要了解自己並養成正確的習慣，同時戒掉錯誤的習慣，就能為生活建構出策略。以戰爭為例，人們是在戰壕中取得戰爭勝利。同理可證，你每天執行的戰術，決定你能為業務開發投入多少時間，或浪費掉多少時間：「我會在午餐後傳送這封電子郵件，我只是想先做其他不太重要的事

情。」但是到了下午，你吃完飯後精神不濟。「我現在不打算寫這封電子郵件。我明天早上再處理，那時候我精神比較好。天啊，剛吃的披薩真好吃。」然後這種情況就一直重複上演。接下來你發現，你錯過一個相當重要的機會。由此可見，你必須建立嚴格的執行習慣，並觀察你的業務成長。

從開始學習雪球系統時，就檢查你的計畫。當你採取這本書介紹的做法時，發生了什麼改變？你未來的願景是一樣的嗎？如果你的願景因為更深入理解業務開發而改變，請記錄下相關轉變。當然，目標設定確實有效，而且往往比我們預期的要好。不過，在開始往目標攀爬前，要先確定梯子放對位置。

實現目標的最有效方法是追蹤進度，因此請決定你要觀察的領先指標和落後指標。如果你是組織成員，那麼像收入、取得的交易、已完成的交易、產量，可能已經是你必須衡量和報告的落後指標。儘管不同行業的模式不同，但落後指標通常可以歸納為收入、利潤和贏得的交易。這些是你的成果，是在你為實現這些目標而付出努力後才發生的。雖然你無法徹底控制它們，但它們確實反映出你的努力，所以不要忽略它們。因此，選擇一些關鍵的落後指標，讓你可以在業務開發「儀表板」上定期查看。

領先指標衡量你**可以**控制的事項，譬如：你為推動新業務、發展客戶關係以及為實現成果所採取的行動。你的領先指標可能是從你每週完成最重要事項的數量，到你本月聯絡的首要名單人數比例。請擴大思考，想想你希望激勵自己去做的事。比方說，花在業務開發上的時間、為了推動交易而做出的要求，或是提出的給予就

會有收獲提案等，有各種可能性。一開始先選擇 2、3 個領先指標，並問問自己，如果我周而復始地做這些事情，我認為我的事業會蓬勃發展嗎？如果答案是肯定的，請給它們一個機會。我發現我每季會調整一次領先指標，這些指標並非一成不變。重要的是，開始去做。

透過追蹤領先指標和落後指標，你能夠清楚掌握業務開發的進度。藉由觀察這些指標之間的相互作用，你會更加了解哪些行動可以有效地促成結果。那麼最棒的部分是什麼呢？領先指標有激勵效果。透過專注於你可以掌控的事情，而不是擔心你不能做到的事情，你會不斷進步。這是專注於**提供**給予就會有收獲提案（有趣、今天可以完成又相對容易），跟擔心達成年度目標（壓力、長期、難以弄清楚下一步該做什麼）之間的區別。我很少擔心年度數字是否達成，但我每天至少會設想數十次，如何提出「要求」好讓專案有進展。那是因為我追蹤這個領先指標，我希望將這些數字保持在可接受的範圍內。因此，只要這些數字接近甚至超過我的每週記錄，我就會興奮不已。

我們在第 10 章中討論過一個重點，也就是主觀地追蹤一個重要的領先指標，總比準確地追蹤一個錯誤的指標來得好。因此，立即選擇或改進你的指標，這是讓雪球滾動的重要決定。

推動雪球系統開始運作

現在讓我們從分析型思考，轉向實際型思考。儘管一體適用的

業務開發慣例並不存在，但現在介紹的這些工具，廣泛適用於各種類型的專業人士，從需要大量新潛在客戶的人，到那些只需要提升少數關鍵關係，就能提供更多價值的人。在了解這點後，現在，我會提供你關於工作節奏的準則，協助你將雪球系統整合到你的職場生活中。當然，你能自行調整相關做法，以符合你的需求和策略目標。

下載雪球系統海報（The Snowball System Poster），了解如何串起本書介紹的所有環節。這張海報總結整個流程。我們的培訓客戶經常把這張海報貼在牆上，提醒自己應該做什麼。羅伯是我最喜歡的客戶之一。每次我到他的辦公室時，他都會自豪地展示那張褪色破爛的海報。這讓我們都很開心。而且，羅伯可是業務高手。

人們可能有一天、沒一天地進行業務開發活動，請你不要讓這種情況發生。因此，你可以在看到的地方放置一些提醒小物，像這張海報就非常適合。

記住獎勵。在你慣例工作表上的每一個慣例，都需要一個獎勵。即使你覺得這樣做很蠢，但仍要給自己一個獎勵，因為你的大腦會注意到。隨著時間演變，你會發現自己愈來愈容易堅持每一種習慣。跟大腦建立友好關係，絕對有幫助。

年度檢討和季度檢討

年度檢討和季度檢討的目的是制定方向。畢竟，生活和事業迅速變遷，如果你想為你的目標創造動力，就不能等上 364 天才評估

策略。你需要足夠的時間，讓自己看到長期的變化，但不是每次都需要進行重大修正。

所以，每隔 3 個月安排幾個小時，讓你可以坐下來不受干擾，檢討和修改你在第 1 章制定的個人策略規劃。問問自己，你現在的新狀態是什麼？你未來的願景有變化嗎？是否有一些實務和行為不再適合你，要列入你的不辦清單？隨著業務的發展，很容易見樹不見林。因此，花幾個小時讓自己重新全盤檢視，這將是你利用時間所做的最寶貴投資之一。

現在也是針對高價值客戶，檢討長期成長策略計畫的時候了。

針對邦內爾構思集團的高價值客戶，我需要兩小時才能完成檢討。但這是我每年度過的最美好時光之一。而我的做法是，在我的日誌應用程式中輸入我的評論，並將評論標記為年度摘要或季度摘要，這樣我就可以快速找到先前的評論。

當然，你的流程將根據你的需求而更動。以下是我製作的完整清單。

記錄領先指標和落後指標。我選擇花時間自己做，而不是委託別人做。比起交給別人做，自己輸入數字能讓我有更深入的見解。

分析數據趨勢。我總能從分析數據獲得重要見解。也許數字比我想像的更高或更低，也許我會發現自己需要追蹤一個新指標，或者刪除一個不再相關的指標。即使事情進展順利，也總會有某樣新事物需要改進。

摘要結果。我將 3 個月前設定好要做的事情，跟我實際完成的事情做比較。我借用從蕭恩・布蘭克（Shawn Blanc）的焦點課程的

分類，在精神、體能、關係、休息和娛樂、職業（即邦內爾構思集團）和經濟狀況等方面為自己評分，分數從 A 到 F。

展望未來。在回顧過去的進展後，我為下一季設定目標，包括每個領域、事業和個人的具體目標。多年來，我已經學會少即是多。儘管聽起來很違反直覺，但我發現我的目標愈少，我就愈有可能達成每一個目標。

挑選領先指標。我總是希望擁有數量最少但預測性最高的領先指標。現在，我衡量 4 個領先指標，分別是花在業務開發的時數、最重要事項的完成情況、主觀地以 1 到 5 分表示我樂在工作的程度，以及要求預付款的次數。現在，這 4 個指標對我很有用，也很容易理解。這 4 項指標衡量我的努力程度（業務開發時數）、努力的品質（完成的最重要事項），我樂在工作的程度（1-5 分）以及我有多麼主動（要求）。

永遠記住這句口頭禪：大處著眼、小處著手、順勢擴展。起初，最好使用一段陳述和一個指標，這樣做比精心設計、中途放棄要好得多。從小處著手，開始進行吧。你可以稍後再增加更多指標。

不管你相不相信，起初這個過程真的讓我很掙扎。你可能因為看了這本書，認為我是一個很實際的傢伙。但事實上到目前為止，在 4 種思考偏好中，我最不傾向實際型思考。我曾經**厭惡**每季在我的日誌上檢討自我設定。我覺得這件事妨礙我進行真正的工作，因為我太忙了！

一開始我從小處著手，設法透過實驗的觀點看待此事，如 1 小

時的腦力激盪和制定策略。這種態度讓我開始季度檢討和年度檢討。經年累月下來，我愛上這些實務層面。當你順利完成這件事時，你會愈來愈期待它的到來。

每月檢討

大多數業務是以月度節奏運作，因此這可能是關注「落後指標」和「你的人際關係」等兩件事的最佳步調。

你是否能達成組織的期望？如果不是，是因為某些事情阻止你在上個月採取原本計畫好的行動嗎？或是因為你採取這些行動，但效果卻不如預期？那下個月需要改變什麼？

在進行每月檢討時，記得參考你在季度檢討中的長期策略目標，以及你的待辦清單。像是針對不同目標，你是否有規劃戰術並採取行動？比方說，如果你其中一個目標是在本季找到一個策略夥伴，那麼你是否已針對這項目標制定具體的行動步驟？通常我們完成一個步驟後，會因為匆忙而忽略指定後續工作。現在是時候檢查你的進度，並確保每個目標都搭配一個漸進步驟以利後續執行。

再來，檢查你的首要名單。你這個月是否為名單上的每個人增加價值？如果沒有，那你的完成率是多少？如果你總是無法向首要名單上的人士拓展業務，那麼這張名單上的人數是否多到讓你無法處理？

請記住：首要名單中的人士**最重要**。雖然每個客戶和潛在客戶都值得關注，但你應該優先考慮首要名單上的人士，因為他們會對

你的業務產生劇烈影響或潛在影響。他們不僅僅是你認識和喜歡的人。事實上，他們當中有些人應該是你還不了解或不熟悉的人，但他們的善意可以幫助你的業務大幅成長。現在是時候決定誰必須加到首要名單上，或誰必須從名單上刪除？

對我來說，這種每月檢討通常費時 1 小時。我設法為那個月尚未聯絡的首要名單人士增加價值，但有時候我沒有做到那個地步，我只是記下他們的名字，以及在接下來那週主動幫助他們的方式。

我沒有在日誌中記錄每月檢討的評論。對我來說，每月檢討產生的工作只要直接增加到待辦清單就行。

每週檢討

我發現，每週檢討是神奇魔法出現之處。我不會錯過每週一次的檢討，如果我週五沒空必須在週末進行這件事，我會感到不舒服，並有失落感。

我在每週檢討時，會專注於重新審視我的季度目標，記下前一週發生的所有進展，摘要我不滿意的任何事情，並記錄下週的目標。

我在日誌輸入每週檢討的結果，並標記為每週摘要，同時附上該週的幾張照片。我的工作照片可能是在某個新潛在客戶大樓前自拍，或是拍下客戶群聚一堂的有趣主題演講。而我的家庭照片可能是老婆貝琪跟我玩桌遊贏了我，或是我們的迷你小驢路易‧漢密爾頓（Louie Hamilton）在地上打滾把自己弄得髒兮兮。我**需要**這個

每週一次的儀式來對抗我聚焦在未完成事項的傾向。因此，我用這個儀式來慶祝當週的成功，而照片則能讓我回想正向積極的心態。這可能是我每週的最重要時刻，因為它將我跟我人生的「為什麼」聯繫在一起。無論是看到我提出的要求、輸入我花費的時間，或附上工作和家庭的照片，這一切都記錄我漸進的改進，也讓我全神貫注在積極的進展上。提倡為漸進式進步慶祝的艾默伯知道了，肯定會很得意。

有時我在檢討期間也會對自己感到失望。也許我沒有做到需要做的事情，或是做太多其他團隊成員可以處理的事情。這些情況都可能是我偏離常軌的徵兆。但每週檢討的好處在於，進度最多只偏離 1 週。在我養成這種習慣前，我都是整個**季度**偏離常軌，等到季度檢討時才發現並做補救！這個世界總是拉著我們去做錯事，因為世界並不知道我們的優先要務。在 1 週內就能察覺自己偏離常軌並修正方向，當然再好不過。所以，當我有 1 週過得不順遂時，我反而很開心。我會在日誌中發洩，並激勵自己在下週做得更好。

無論前一週過得如何，每週檢討的最重要要素是積極主動。務必查看你的機會清單。你清楚每個機會的下一個步驟是什麼，以及你將如何到達那裡嗎？

為未來 1 週制定 3 項最重要事項就夠了。當你每週完成 3 項工作，便已經比大多數人的做法還有效。事實上，大多數人寫下 10 項、20 項或更多「都很重要」的工作，但只完成 5、6 個不太有價值卻更容易做到的工作。或者更糟的是，他們只用電子郵件收件匣作為待辦清單，並花一整天時間回覆客戶的瑣碎問題，因而錯失最

重要的機會和關係（因為它們不會主動煩人）。

我們訓練的一些專業人士說，每週檢討太頻繁了。或許對某些人來說是這樣。如果這就是你的情況，你大可以嘗試每兩週檢討一次。不過對我來說，業務開發活動變化很快。客戶寄來的簡短電郵可能立即改變我最重要事項的優先順序。另一方面，管理行程的能力取決於週間工作日和週末的節奏。問問自己，下週我可以投入多少小時進行業務開發？你就知道可以用多少時間完成哪些最重要事項。然而，如果超過 1 週才檢討，預測起來就困難得多。

業務高手把時間花在刀口上。他們不會說，「我下週沒有時間進行業務開發。」他們會說，「下週我只有 1 小時投入業務開發，那麼我下週該做的最重要事項是什麼？」

每日檢討

每日檢討的目標是儘早推動業務開發工作。而其中重點在於，先完成最難的事情。

如果你不能在每日檢討取得一點進展，那你每週工作的漸進步驟可能分得不夠細。首先，在任何工作日都要進行最重要事項，推動那些事項持續進展。因此先關注業務開發，而不是「午餐後」或「下午 3 點 30 分」再做。你要先查看業務開發的進度是否落後，接著就可以輕鬆進行日常工作。一旦當天有任何最重要事項進度落後，就用業務開發時間將資產寄送給首要名單上的人士，或讓機會有所進展。

早上花 15 到 20 分鐘進行業務開發,聽起來好像不是很多時間,但每週 5 天、1 年 50 週,你會訝異自己可以完成多少工作。業務高手不會在業務開發上曠日廢時,更常見的是,他們只是持續且全神貫注地進行業務開發。

某位我很喜歡的客戶設計了一項很棒的日常儀式。她每天在便利貼上寫下自己當天最重要的業務開發工作,並將它貼在電腦上。然後,她用咖啡獎勵自己。之後,她會等到完成那項工作,才離開辦公室。而她給自己的獎勵就是,開心地拿掉那張便利貼,揉一揉後扔進垃圾桶。現在,她是每年創造數百萬美元營收的業務高手。那些便利貼可能是地球上最有價值的便利貼。她告訴我,她從沒必要在辦公室過夜。

驅動人生複利的「為什麼」

身為業務型專家,我們是獨一無二的,沒有人像我們這樣努力強化專業知識、管理客戶團隊、發展人際關係、滿足客戶需求並妥善經營事業。難怪培養業務開發技能經常被束之高閣,而戰術制定也被擱置一旁。日子一天一天過去,轉眼幾週過去了,幾個月過去了。等到你發現時,業務成長早已停滯不前。

我在培訓課程中,聽到人們經常提起的一項恐懼是,如果他們真的讓雪球系統發揮作用,會有太多潛在客戶需要處理,太多機會需要應付,太多關係需要維持。接受我培訓的這些專業精英,幾乎每個人都忙到應接不暇。沒錯,我們都希望完成交易,賺取收入並

獲得升遷，但在繁忙的日常工作中，有更多**事情**要做，總會讓人很頭痛。

幸好，專注於業務開發是一種可以對其他所有習慣產生積極影響的習慣。在《為什麼我們這樣生活，那樣工作》（*The Power of Habit*）中，查爾斯・杜希格（Charles Duhigg）稱其為**核心習慣**（keystone habit）。這些習慣積極影響其他許多習慣，並全面改善結果。好好執行核心習慣，其他許多好事也會自然而然地發生。

業務開發習慣是取得更全面成功的基石。畢竟，不斷發展的業務比陷入困境、沒有犯錯餘地的業務更容易管理。有眾多潛在客戶的業務管道，比缺乏潛在客戶的業務管道更容易管理。培養數百名狂熱粉絲，比培養少數幾位狂熱粉絲更容易。當你很搶手時，你的一點點關注就意義非凡，因為大家知道你有多忙。

成長堪稱是治癒所有疾病的良藥。成長加深你的知識，因為你正在與更多的客戶交談。成長可以幫助你管理內部團隊，因為它為所有人提供新的機會。成長可以幫助你建立關係，因為你認識更多人，而那是建立理想人脈的核心。成長可以幫助你經營業務，因為你有豐厚的利潤，投資令人心動的新產品、服務和人才。成長帶來更多成長，而且比業務萎縮更為有趣。

還有更多好消息！比方說，想想你花適當時間投入業務開發，可以期待的回報。你每天只需要 20 或 30 分鐘，每週 1 小時，每月幾個小時，每季大約半天（當然還有善用這些機會所需的時間），來投入業務開發。而這可能比你跟老朋友共進午餐、查看社群媒體動態，以及沉迷於夢幻足球隊陣容的時間還少。事實上，雪球系統

不僅讓你在業務開發方面的效率大增，甚至還為你省下許多時間，讓你生意滾滾，不窮忙。

最棒的消息是什麼？你可以過你想要過的生活。相較於我見過的任何方法，雪球系統更善於化業務為成功，也就是幫助你推動事業更上一層樓。比方說，它能擴展你的團隊、讓你獲得你想要的更豐富工作、提高你的價格、獲得大筆獎金、成為不可或缺的關鍵人士，或領導一支致勝團隊，這令人覺得棒透了。

回想一下，你在第 1 章寫下的**理由**，你想要成長並變得更好的根本原因。對你來說，你的理由既重要又深切。我人生的「為什麼」是，想告訴我的女兒們，她們可以設計並建立自己想要的生活。正因這樣做並不容易，所以這**正是**整件事如此有意義的原因。你可以在你的小房間裡開辦一家公司，並將其發展成教導全世界人們的教室。當你遇到挫折時，你會克服挫折。當你犯錯時，你會找到其他成功途徑。當你陷入停滯不前的狀態時，你會突破困境。你會努力工作，並樂在其中。你會建立一個了不起的團隊，並讓團隊成員成為你生活中值得信賴的朋友。你會慶祝進度，並找出下次改進的方法。你會增加專業知識和資產，並使用它們來幫助他人。你會跟世上最聰明的人一起工作，同時改善他們的生活。

我想要讓我的女兒們看到，她們可以如何創造自己夢想的生活，她們可以用自己的方式改變世界。我已經準備好告訴她們了，我迫不及待想看到她們這樣做。

這就是我的理由。

那你呢？

謝詞

我很感激我所擁有的一切。對我來說，每天都是感恩節。

——美國知名作家梭羅

這本書讓我擔心一件事，而且這件事很奇怪。

我不擔心這本書賣得好不好。我寫這本書的宗旨是，寫一些讓我引以為傲的事情。我實現這個目標了。對我來說，這樣就夠了。

我不擔心這本書是否獲得好評。我知道雪球系統有效，對我來說，這樣就夠了。

我不擔心為了一本書，而公開我們寶貴的技術。我知道這些技法可以幫助別人。對我來說，這樣就夠了。

我擔心的是，我無法對那些讓這本書成為可能的人，表達充分的感謝。

當我煞費苦心地將雪球系統的每個要素融入到書稿時，我發現自己想要感謝當初啟發我或教導我這種特殊技術的人。在整個寫作過程中，我克制感謝其他精英的衝動，正因他們的鼓勵、支持和智慧，才讓我到達生命中的這個階段。遺憾的是，有鑑於這本書的格式和讀者的耐心，我無法在相關內文時一一感謝這些人。

所以我在這本書的書末，感謝這些人。我只能說，如果由我自己決定，我會把謝詞當成第 1 章的開場白，然後在整本書相關內文

中繼續感謝這些人。（你可能很高興，這**不是**我能決定的事。）

我要從感謝我的爸媽說起。他們從許多方面，教導我何謂理想的業務型專家。我爸是一個徹頭徹尾真誠的人。你可以隨時指望他拋下成見指點你怎麼做才對。他幾乎跟所有人交朋友，且在任何時候都能找出彼此的共同點。從他每天戴著紅雀隊棒球帽，你就知道我爸很會做業務。

我媽在同一所學校教導兒童發展，長達 35 年之久。她總是不斷精進自己的專業知識，是整個威恩堡社區學校體系的無名英雄。我有一張 1970 年代的照片，照片裡她精力充沛地帶領自己的班級，而她為班級設計的公布欄上寫著：「改進從我開始。」果然有其母必有其子。我媽喜歡一個主題時，就會深入探究，無論是指導學生、園藝，還是族譜學。我媽是專家。

我從爸媽那裡學到很多東西。最重要的是，我學會堅持不懈。我們家遭遇過許多逆境，但我們總是關關難過關關過，並找到辦法脫困。我很感激他們在印第安納州的農村養育我長大，教我如何待人處事、投資自己，以及堅守中西部的工作倫理。我的爸媽為我提供一個完美的起點，用努力奮鬥拼搏一切，我至今仍然以他們為學習的榜樣。

接下來當然要感謝我的老婆貝琪，我們一起生活超過 25 年。有時候，我這個人很奇怪，常會沉迷於精通某個新主題或新技能。老實說，我可能沉迷下去而無法自拔，但貝琪讓我腳踏實地。她知道什麼時候該讓我的好奇心收斂一下，並以巧妙的話語讓我保持平衡。她是在角落裡為我指點迷津的智者，也是我的祕密武器。

再來，我要感謝我的兩個女兒。當我有孩子時，我並不知道自己會從她們那裡學到很多事情。我一直以為我會像美國電視影集裡的老爸華利‧克里夫（Wally Cleaver）和安迪‧格里菲斯（Andy Griffith）那樣有點古怪，變成現代版的電視老爹，每晚睡前 5 分鐘跟女兒說一些智慧話語。但事實並非如此。我反而是那個一直在學習的人。蓋比和裘西教會我有關決心、努力工作、同理心、包容，甚至是培育迷你小驢的藝術。最重要的是，擁有這兩個了不起的女兒已經教會我什麼是愛。我再怎樣感謝她們都不夠。

然後有一大群人協助這本書臻至完美。我出色的經紀人 Lisa DiMona 每次都為這本書增加獨到的見解。有些人告訴我，「經紀人沒什麼用處」。但他們錯了，Lisa 很重要。Dave Moldawer 是寫作天才，感謝他幫忙製作和編輯書籍提案和書稿。Rob Whitfield 是現任 Ferrazzi Greenlight 執行長，也是我最喜歡的培訓學員之一，感謝他對本書首要名單這部分內容的協助。考琳是優秀編輯和出版專家，她不僅提供正確的建議，也知道如何提出正確的建議。感謝我在 Hachette Book Group 的團隊，他們協助潤飾和宣傳這本書，特別感謝我的專案編輯 Sandra Beris、我的文稿編輯 Josephine Moore，以及我的行銷總監 Lindsay Fradkoff。

我當然不能忘記感謝邦內爾構思集團的傑出團隊。達拉是最大的貢獻者。她很棒，是邦內爾構思集團最珍貴的資產。Debra Partridge、Bradley Humbles、Matt Kress、Marshall Seese Jr.、Graham Reeves、Austin Ward、Shane Ward、Macey Smith 和 Ryan Grelecki 都對邦內爾構思集團產生很大的影響，還有許多人在此就

不逐一列出。Katrina Johnson 博士多年來一直提供寶貴的研究建議。許多時候，我們也向客戶學習。John Hightower 很久以前就教過我「大處著眼、小處著手、順勢擴展」這句話，我幾乎每天都會用到它。雖然赫曼國際公司不是邦內爾構思集團的一部分，但那裡的人們就像是我們團隊的一員，因為他們是相當棒的合作夥伴。安和她的整個團隊都好讚。感謝大家。

接下來，也是讓我最感壓力的一部分：感謝在我一生當中，所有幫助過我的人。至少我盡可能向每個人致謝。我一直努力為這份感謝名單挑選合適的人選，希望讓整件事既有趣又合理。有一天，我在慢跑時，思考所有我該感激的人，並試著選出能表達我對他們由衷感謝的簡短話語。這個感恩遊戲非常有趣，我決定在這裡使用它，並加入一些內幕笑話，不過只是好玩罷了。

為了避免這部分成為一個獨立的回憶錄，我限制自己感謝為我的職業生涯做出貢獻的 50 位最重要人士。要挑選這 50 個人真的很困難。（很抱歉，礙於篇幅，先向沒被列到又該感謝的傑出人士致歉，你知道我是在說你。）

大致依照認識的時間排列：

1. Goodrich 爺爺：教我信守承諾。

2. 貝琪：始終幫助我。

3. Tena 阿姨：長久以來的榜樣。

4. Ben 叔叔：帶我探索戶外活動。

5. 鮑勃・吉布森：渴望做到最好。

6. Dave Mendez：80 年代不朽的金屬樂！

7. Chris Weidler：抱歉，音痴。

8. Cindy Desjean：影響我的數學。

9. Doug Crandell：我的寫作靈感。

10. 波爾州立大學（Ball State University）：很棒的學習經歷。

11. Guy Driggers 和 Mike Engledow：看到我的未來。

12. Kerry Harding：我尋求解答的對象。

13. Delta Tau Delta 兄弟會：教我好多好多。

14. Bill Taylor：不斷前進、持續成長。

15. John Rhoades：給我千載難逢的機會。

16. Bill Borchelt：老兄，你是我另一個媽。

17. Anne Harris：引領我進翰威特。

18. Craig Dolezal：相信我。

19. David Batten：跳舞吧，猴子！學習！一輩子的朋友。

20. 安迪・海爾斯：了不起的業務開發導師。

21. Michael Murphy：第一個業務開發靈感來源。

22. Brian Cafferelli：完美的支援團隊！

23. Jason Jeffay：芝加哥小熊隊（Cubs）永遠**討厭極了**。

24. Bob Brubaker：今天晚上來玩桌遊吧？

25. Jim Buckley：實在太了不起了。

26. Dawnette 和 Paul Hewitt：始終都是很棒的朋友。

27. Mike R. Lee：教我人員管理。

28. Robb Stanley：再棒不過的顧問和朋友。

29. Jay Schmitt：邦內爾構思集團的第一個客戶！

30. 魯斯‧奧斯蒙：學到這麼多。

31. Larnie Higgins：設計師、開發人員、實作者。

32. 咖啡：我最好的朋友。

33. Ned Morse：最佳構想。

34. Scott Harris：聰明的外聘律師。

35. Warren Shiver：讓我們繼續分享。

36. Bonneau Ansley：你激勵我！

37. Chris Graham：愛你的想法。

38. 蕭恩‧布蘭克：我們有關係嗎？

39. Chris Dawson：持續鞭策我。

40. Merrick Olives：欽佩你的優先事項。

41. Minsoo Pak：永遠都有大創意！

42. Sandy Lutton：總是樂於助人，笑口常開。

43. David Nygren：真是大好人。

44. Spencer Borchelt：從哪裡開始？

45. 麥克‧達菲：互惠互利。

46. 亞當‧格蘭特：你的研究棒透了。

47. Denie Sandison Weil 和 Frank Weil：天造地設的佳偶！

48. Dian 和麥克‧戴姆勒：勵志生活設計師。

49. Amy Hiett：完善我們的行動與方向。

50. 路易‧漢密爾頓：沒有驢子，了無生趣。

延伸閱讀

前言　生意滾滾不窮忙

1. 我是丹尼爾・品克（Daniel H. Pink）的忠實讀者。要深入研究他對業務開發的論述，請參閱《未來在等待的銷售人才》（*To Sell Is Human: The Surprising Truth About Moving Other*），New York: Penguin, 2013。

2. 業務開發是一種可以傳授的技能。關於人們為何能習得專業知識，我推薦大家看看艾瑞克森和羅伯特・普爾（Robert Pool）合著的《刻意練習》（*Peak: Secrets from the New Science of Expertise*），Boston: Houghton Mifflin Harcourt, 2017。另外，如果你喜歡聽播客，我大力推薦摘要他們作品的 *Freakonomics Radio* 播客節目，"Peak Project," http://freakonomics.com/peak。

第 1 章　大處著眼、小處著手、順勢擴展

1. 有關心理動力的研究，詳見 S.E. Iso-Ahola and C.O. Dotson, "Psychological Momentum: Why Success Breeds Success," *Review of General Psychology* 18, no. 1 (2014): 19–33。

2. 我們以慣性模式行動的時間遠超過我們所認為。關於這方面簡單易懂又具全面性觀點的論述，詳見杜希格的著作《為什麼我們這樣生活，那樣工作》，London: Random House, 2014。

3. 有關全腦®思考的更多資訊，詳見赫曼與安合著的《莫扎特如何帶領歐普拉及賈伯斯組成的團隊》（*The Whole Brain Business Book: Unlocking the Power of Whole Brain Thinking in Organizations, Teams, and Individuals*），2nd ed，New York: McGraw Hill Education, 2015。

4. 有關丹・希思與奇普・希思針對改變提出的觀點，包括以騎大象比喻我們如何思考，詳見這對兄弟合著的《學會改變》，London: Random House, 2013。

第 2 章　讓事業飛輪持續轉動的開發策略

1. 有關艾默伯針對漸進式進步的研究，詳見 Teresa Amabile and Steven Kramer, *The Progress Principle: Using Small Wins to Ignite Joy, Engagement, and Creativity at Work*, Boston: Harvard Business Review Press, 2011。

2. 有關洛克針對目標設定之效力的原始研究，詳見 Edwin A. Locke, Karyll N. Shaw, Lise M. Saari, and Gary P. Latham, "Goal Setting and Task Performance: 1969–1980," *Psychological Bulletin* 90, no. 1 (1981): 125–152。

3. 大衛・梅斯特的著作中，我最喜歡這本：David Maister, Charles Green, and Robert Galford, *The Trusted Advisor*, New York: Free Press, 2004。

4. 關於肯・布蘭佳提出的「狂熱粉絲的威力」此概念的簡潔而富有啟發性的讀物，請參閱肯・布蘭佳和雪爾登・包樂斯（Sheldon Bowles）合著的《顧客也瘋狂》，London: HarperCollins Entertainment, 2011。

5. 有關初始效應的更多資訊，詳見 "Serial-Position Effect," 維基百科，https://en.wikipedia.org/wiki/Serial-position_effect。

6. 要全面深入了解負面體驗比正面體驗強大多少，請參閱 R. F. Baumeister E. Bratslavsky, C. Finkenauer and K.D. Vohs, "Bad Is Stronger than Good," *Review of General Psychology* 5, no. 4 (2001): 323-370。

7. 我強烈推薦啟斯・法拉利和塔爾・拉茲（Tahl Raz）合著的《別自個兒用餐》，New York: Crown Business, 2014。

第 3 章　精準定位贏得客戶青睞

1. 這是關於定位極具原創性的經典好書：艾爾・賴茲和傑克・屈特合著的《定位》（*Positioning: The Battle for Your Mind*），New York: McGraw Hill Education, 2014。

2. 以下是關於「3 個效果好，4 個拉警報」在訊息傳遞和行銷方面的效力之原始研究。我發現它具有高度可讀性和洞察力：Suzanne B. Shu and Kurt A. Carolson, "When Three Charms but Four Alarms: Identifying the Optimal Number of Claims in Persuasion," *Journal of Marketing* 78, no. 1 (January 2014):127-139。

3. 關於「我們通常能記住多少」的核心研究，請參閱 J. N. Rouder, R. D. Morey, N. Cowan, C. E. Zwilling, C. C. Morey and M. S. Pratte, "An Assessment of Fixed-Capacity Models of Visual Working Memory," *Proceedings of the National Academy of Sciences* 105, no. 16 (April 2008): 5975-5979。

第 4 章　打造真誠連結的溝通相處技巧

1. 這是傑瑞・伯格（Jerry Burger）關於共通性的研究：Jerry M. Burger, Nicole Messian, Shebani Patel, Alicia del Prado, and Carmen Anderson, "What a Coincidence! The Effects of Incidental Similarity on Compliance," *Personality and Social Psychology Bulletin* 30, no. 1 (January 2004): 35–43。

2. 有關單純曝光效應的更多資訊詳見 "Mere-Exposure Effect," 維基百科，https://en.wikipedia.org/wiki/Mere-exposure_effect。

3. 如果你想深入了解與本章內文單純曝光效應呼應的最新研究，請參閱 R. F. Bornstein, D. R. Leone, and D. J. Galley, "The Generalizability of Subliminal Mere Exposure Effects: Influence of Stimuli Perceived Without Awareness on Social Behavior," *Journal of Personality and Social Psychology* 53, no. 6 (1987): 1070–1079。

4. 或是這篇：Xiang Fang, Surendra Singh, and Rohini Ahluwalia, "An Examination of Different Explanations for the Mere Exposure Effect," *Journal of Consumer Research* 34, no. 1 (June 2007): 97–103。

5. 我極度推崇亞當‧格蘭特的研究。雖然我可以推薦幾項研究，但了解格蘭特作品的最簡單方式就是閱讀他的經典著作《給予》，New York: Penguin, 2014。

6. 以下是對真誠感謝的力量的特定研究：A. M. Grant and F. Gino, "A Little Thanks Goes a Long Way: Explaining Why Gratitude Expressions Motivate Prosocial Behavior," *Journal of Personality and Social Psychology* 98, no. 6 (2010): 946–955。

7. 我喜歡洛薩達對高績效團隊所做的研究。以下是我最喜歡的研究：Marcial Losada and Emily Heaphy, "The Role of Positivity and Connectivity in the Performance of Business Teams: A Nonlinear Dynamics Model," *American Behavioral Scientist* 47, no. 6 (2004): 740–765。

8. 有關意外驚喜為何更有效力的更多資訊詳見 David B. Strohmetz, Bruce Rind, Reed Risher, and Michael Lynn, "Sweetening the Till: The Use of Candy to Increase Restaurant Tipping," *Journal of Applied Social Psychology* 32, no. 2 (2002): 300–309。

第 5 章　將潛在客戶變成客戶的實戰攻略

1. 席爾迪尼關於我們人類受到什麼影響的研究為必讀之作。我推薦先看他這本具有開創性的精彩名著《影響力》，New York: Collins, 2007。

第 6 章　潛在客戶開發戰術

1. 以面對面請求的效力為主題的相關研究，詳見 M. Mahdi Roghanizad and Vanessa K. Bohns, "Ask in Person: You're Less Persuasive Than You Think over Email," *Journal of Experimental Social Psychology* 69 (March 2017): 223–226。

第 7 章　將有興趣者變成客戶的策略工具

1. 有關塔米爾針對談論自己的感受進行的研究，詳見 Diana I. Tamir and Jason P. Mitchell, "Disclosing Information About the Self Is Intrinsically Rewarding," *Proceedings of the National Academy of Sciences* 109, no. 21 (May 2012): 8038–8043。

2. 有關專家如何隨著時間演變，想法變得更加封閉的研究，詳見 V. Ottati, E. Price, C. Wilson, and N. Sumaktoyo, "When Self-Perceptions of Expertise Increase Closed-Minded Cognition: The Earned Dogmatism Effect," *Journal of Experimental Social Psychology* 61 (November 2015): 131–138。

3. 要深入了解好奇心的力量，以及好奇心為何是內在激勵因素，詳見 P. Y. Oudeyer, J. Gottlieb, and M. Lopes, "Intrinsic Motivation, Curiosity, and Learning: Theory and Applications in Educational Technologies," *Progress in Brain Research* 229 (2016): 257–284. Also see Mathias J. Gruber, Bernard D. Gelman, and Charan Ranganath, "States of Curiosity Modulate Hippocampus-Dependent Learning via the Dopaminergic Circuit," *Neuron* 84, no. 2 (2014): 486–496。

4. 如果你想被客戶當成可信賴的顧問，請閱讀蘭奇歐尼的這本著作 *Getting Naked: A*

Business Fable About Shedding the Three Fears That Sabotage Client Loyalty, San Francisco: Jossey-Bass, 2013。

第 8 章　贏得客戶並完成交易

1. 關於我們會比較重視自己創造的事物，我發現這項核心級研究可讀性強又生動有趣：Michael I. Norton, Daniel Mochon, and Dan Ariely, "The IKEA Effect: When Labor Leads to Love," *Journal of Consumer Psychology* 22, no. 3 (July 2012): 453–460。

2. 葛史密斯的這本著作囊括前饋概念的一些重要資訊。詳見葛史密斯與馬克‧賴特（Mark Reiter）合著的《UP 學》（*What Got You Here Won't Get You There: How Successful People Become Even More Successful*），Boston: Hachette, 2014。

3. 如果你不想看書，只想讀一篇關於前饋的短篇文章，請參見 Marshall Goldsmith, "Try FeedForward Instead of Feedback," Marshall Goldsmith | FeedForward, www.marshallgoldsmithfeedforward.com/html/Articles.htm。

4. 這是我發現有關承諾的最有趣研究：J. L. Freedman and S. C. Fraser, "Compliance Without Pressure: The Foot-in-the-Door Technique," *Journal of Personality and Social Psychology* 4, no. 2 (1966): 195–202.

5. 另外，安東尼‧格林沃德及其研究團隊發現，人們跟別人說自己打算做什麼時，就強化他們去做那件事的可能性，研究詳見 Anthony G. Greenwald, Catherine G. Carnot, Rebecca Beach, and Barbara Young, "Increasing Voting Behavior by Asking People If They Expect to Vote," *Journal of Applied Psychology* 72, no. 2 (1987): 315–318。

6. 以下是關於人們如何將價格當成品質預測指標的一些重要研究：Maria L. Cronley, Steven S. Posavac, Tracy Meyer, Frank R. Kardes, and James J. Kellaris, "A Selective Hypothesis Testing Perspective on Price-Quality Inference and Inference-Based Choice," *Journal of Consumer Psychology* 15, no. 2 (2005): 159–169。

7. 有關在跟客戶談論價格時以幽默為談判掃除障礙，詳見 Terri R. Kurtzberg, Charles E. Naquin, and Liuba Y. Belkin, "Humor as a Relationship-Building Tool in Online Negotiation," *International Journal of Conflict Management* 20, no. 4 (Oc-tober 2009): 377–397。

8. 許多研究顯示，買家以價格作為品質的關鍵指標。（價格高＝品質好，價格低＝品質不好。）這篇研究收錄簡單好記的例子，值得一讀：Maria L. Cronley, Steven S. Posavac, Tracy Meyer, Frank R. Kardes, and James J. Kellaris, "A Selective Hypothesis Testing Perspective on Price-Quality Inference and Inference-Based Choice," *Journal of Consumer Psychology* 15, no. 2 (2005): 159–169。

9. 有關明確的價格比籠統的價格更不會遭到質疑，詳見 M. F. Mason, A. J. Lee, E. A. Wiey, and D. R. Ames, "Precise Offers Are Potent Anchors: Conciliatory Counteroffers and Attributions of Knowledge in Negotiations," *Journal of Experimental Social Psychology* 49, no. 4 (July 2013): 759–763。

10. 關於行為經濟學的更廣泛討論，我強烈推薦丹·艾瑞利的著作《誰說人是理性的》（*Predictably Irrational：The Hidden Forces That Shape Our Decisions*），London: HarperCollins, 2009。

第 9 章　打造長久客戶關係的策略規劃

1. 關於我們往往對現況做出過度樂觀評估的研究詳見 Richard W. Robins and Jennifer S. Beer, "Positive Illusions About the Self: Short-Term Benefits and Long-Term Costs," *Journal of Personality and Social Psychology* 80, no. 2 (2001): 340–352。
2. 幽默可以提高會議生產力，這樣講不是在說笑，詳見 Nale Lehmann-Willenbrock and Joseph A. Allen, "How Fun Are Your Meetings? Investigating the Relationship Between Humor Patterns in Team Interactions and Team Performance," *Journal of Applied Psychology* 99, no. 6 (2014): 1278–1287。

第 10 章　提升執行力的團隊成長策略

1. 在第 10 章，有再次提及了洛薩達博士和艾蜜莉·希菲（Emily Heaphy）的研究 "The Role of Positivity and Connectivity in the Performance of Business Teams: A Nonlinear Dynamics Model"。
2. 如果你想伸入探討追蹤領先指標如何讓個人績效或團隊績效「遊戲化」，我大力推薦珍·麥高尼格（Jane McGonigal）的著作《超級好！用遊戲打倒生命裡的壞東西》（*SuperBetter: The Power of Living Gamefully*），New York: Penguin Books, 2015。

結論　啟動雪球滾不停

1. 我發現焦點課程是我為自己做過最棒的事情之一。焦點課程的資訊詳見 https://thefocuscourse.com。
2. 我先前提過杜希格的著作《為什麼我們這樣生活，那樣工作》。當我們在討論核心習慣時，有再次提及這本書。

想要快速啟動雪球系統嗎？

邦內爾構思集團培訓班讓人們更快速、更全面地啟動雪球系統。

比任何書更深入，我們的專家引導師將指導你深化你的知識，同時在整個過程中提供意見給你，並完善你的方法。

我們的課程培訓名稱為 GrowBIG®，你會獲得富有洞察力、充滿互動又樂趣橫生的體驗。在課程結束時，你會制定好一個完整計畫，而你的技能也會提升到新的水準，並且對業務開發的每個方面都有所了解。

- 你是個人工作者？你可以參加一個公開研討會。
- 你是組織成員？我們可以根據你的需求訂製課程，並到貴公司進行培訓。
- 你隸屬**非常大**的組織？我們可以培訓**你的**員工，讓他們訓練**你的**業務型專家，讓貴公司迅速擴展，並讓成長思維制度化。

上述方法都會帶來成效。

我們也提供諮詢。我們的諮詢服務有助於設計特定計畫，進而實現你的獨特目標。

或者你希望從小處著手，先由 HBDI® 的評估開始做起。這是最快獲得報酬的最簡單步驟。

請造訪 www.bunnellideagroup.com，查看邦內爾構思集團的服務，或致電 404-260-0780（美國地區的電話號碼）與我們聯繫。

你可能猜到跟我們接洽時，我們會怎麼做：**我們將專注於提供協助。**

雪球心法

The Snowball System: How to Win More Business and Turn Clients Into Raving Fans

作　　者	莫·邦內爾	
譯　　者	陳琇玲	
主　　編	呂佳昀	

總 編 輯　李映慧
執 行 長　陳旭華（steve@bookrep.com.tw）

社　　長　郭重興
發行人兼
出版總監　曾大福
出　　版　大牌出版／遠足文化事業股份有限公司
發　　行　遠足文化事業股份有限公司
地　　址　23141 新北市新店區民權路 108-2 號 9 樓
電　　話　+886- 2- 2218-1417
傳　　真　+886- 2- 8667-1851

印務經理　黃禮賢
封面設計　萬勝安
排　　版　新鑫電腦排版工作室
印　　製　成陽印刷股份有限公司
法律顧問　華洋法律事務所　蘇文生律師

定　　價　480 元
初　　版　2020 年 6 月
有著作權　侵害必究（缺頁或破損請寄回更換）
本書僅代表作者言論，不代表本公司／出版集團之立場與意見

國家圖書館出版品預行編目資料

雪球心法 / 莫·邦內爾（Mo Bunnell）著；陳琇玲 譯 . --
　初版 . -- 新北市：大牌出版；遠足文化發行, 2020.06
　　面；　公分
　譯自：The snowball system : how to win more business and turn clients
　　　into raving fans
　ISBN 978-986-5511-18-0（平裝）

　1. 銷售管理　2. 顧客關係管理

496.5　　　　　　　　　　　　　　　　　　109005243